魚類の雌雄同体と配偶システム

桑村哲生 編著
澤田紘太・須之部友基・
坂井陽一・門田 立 著

恒星社厚生閣

Hermaphroditism in Fish and their Mating Systems

KUWAMURA Tetsuo, SAWADA Kota, SUNOBE Tomoki, SAKAI Yoichi and
KADOTA Tatsuru

CONTENTS
1. Phylogeny, Evolutional Theory and Mating Systems of Hermaphroditic Fishes
2. Simultaneous Hermaphroditism and Mating Systems in Fishes
3. Protandry and Mating Systems in Fishes
4. Protogyny and Mating Systems in Fishes
5. Bidirectional Sex Change and Mating Systems in Fishes
6. Diving Studies of Hermaphroditic Fishes: Research Fields and Methods

Columns
1. Molecular Mechanisms of Sex Determination and Sex Change in Fish
2. Insect Sex and Symbiotic Microorganisms
3. Hermaphroditism in Marine Invertebrates
4. Gender Diphasy in Flowering Plants

まえがき

　雌雄同体なんて異世界の話だと思われる方も多いかもしれない．たしかに，動物では非常に珍しい．ヒトを含む多くの動物は雌雄異体で，雄か雌，いずれかの性でしか繁殖できない．機能的な雌雄同体，すなわち，一生の間に雄と雌の両方の性で繁殖できる個体が存在するのは，脊椎動物の中では魚類だけである．現在の地球上には35,000種以上の魚類が生息しているが，これまでに機能的雌雄同体であることが報告されているのは500種ほどにすぎない．わずか1.4%の少数派である．しかし少数派であるからこそ，その生態は非常に興味深い．

　著者らは機能的雌雄同体が報告されている魚類461種の種ごとの生態情報を反映させたデータベースを世界で初めて作成・公表し（Kuwamura et al., 2020），さらに20種を追加したデータベースとともに魚類の雌雄同体の進化と配偶システムに関する英語版の本を出版した（Kuwamura et al., 2023a）．そして，この機会に日本語版も出しておきたいと企画したのが本書である．本書の構成は英語版と似ているが，そのまま翻訳したものではなく，初心者でも理解しやすいように工夫して新たに書き下ろした．また，英語版以降に報告された最新の文献情報を反映させて，データベースに18種を追加した．

　本書の特徴は，行動生態学の手法を踏まえて，配偶システムとの関わりから雌雄同体の進化を考察した点にある．配偶システムとは繁殖をめぐる雌雄の関係であり，それを明らかにするには，長時間のフィールドワークを必要とする．したがって，雌雄同体魚のうち配偶システムが解明されているのはまだ一部であるが，限られたデータからでも雌雄同体の進化に関する仮説を検証することができる．その仮説の基礎となるのは，行動生態学でよく用いられる「個体の適応度」（子孫の数）を踏まえた進化理論である．すなわち，雌雄異体よりも雌雄同体のほうが，一生の間により多くの子孫を残すことができるなら，雌雄同体が進化すると考えられる．この進化プロセスに配偶システムのタイプがどのように影響しているのかをできるだけ多くの例を挙げながら検討していく．雌雄同体が進化した理由がわかれば，逆に，なぜ多くの動物が雌雄異体なのかについても理解できるはずだ．

　1章は本書全体のイントロで，雌雄同体の4タイプ（同時的雌雄同体，雄性先熟，雌性先熟，双方向性転換）の定義と魚類の系統樹における各タイプの出現状況，

雌雄同体の進化に関する基本的仮説（低密度説と体長有利性説），および配偶システムとの関係が解明された代表例3つを解説する．

2章では同時的雌雄同体，すなわち卵巣と精巣を同時に成熟させる魚類を紹介する．動けない植物では雄蕊（おしべ）と雌蕊（めしべ）をもつ花（両性花）をつける同時的雌雄同体が普通にみられるが，魚類では同時的雌雄同体はまれである．日本周辺では深海魚の例しか知られておらず，フィールドワークができそうな種がいないためか，同時的雌雄同体魚類についてまとめて紹介した日本語の本はこれまでなかった．しかし，その生態は非常に興味深い．

3章では雄性先熟，すなわち雄から雌に性転換する魚類を紹介する．無脊椎動物（エビや貝など）では雄性先熟の例が多く報告されているが，魚類の雌雄同体の中では少数派で，配偶システムがわかっている分類群も限られている．限られたデータから，雄性先熟の進化に関する体長有利性説の検証を試みる．

4章では雌性先熟，すなわち雌から雄に性転換する魚類を紹介する．雌性先熟は雌雄同体魚類の60％以上を占めており，サンゴ礁などの浅海に住む種が多いことから配偶システムについての調査も進んでいる．多様な配偶システムのタイプと，性転換のタイミングとの関わりについて考察する．

5章では双方向性転換，すなわち雌から雄へ，雄から雌へと両方向に性転換できる魚種を紹介する．双方向性転換は1990年代初めに発見され，性転換研究の新たな展開として報告される種数が急速に増えてきた．雌性先熟魚の逆方向性転換として捉えることもでき，それが起こる条件について配偶システムなどとの関わりを考察する．

6章では魚類の性転換現象に関する学術情報をはじめて体系的にまとめた『魚類の性転換』（中園・桑村編）が出版された1987年以降に，雌雄同体魚類に関する野外研究が実施されてきた代表的なフィールドの特徴と調査方法を紹介する．日本の研究者による野外研究成果を紹介した同書では，玄界灘津屋崎（九州大学水産実験所），田辺湾白浜（京都大学瀬戸臨海実験所），伊豆諸島三宅島，宇和海室手海岸が主なフィールドであった．その後，日本の研究フィールドは広がりをみせながら変遷した．各地で実際に調査を実施してきた執筆者が具体的な事例を挙げながら解説する．

さらに雌雄同体についての理解を深めてもらうために，短いコラムを4つ掲載した．

コラム1. 魚類の性決定・性転換の分子機構（性を決める遺伝的生理的メカニズム）

コラム2. 昆虫の性と共生微生物（遺伝的な性が微生物によって変わる仕組み）

コラム3. 海産無脊椎動物の雌雄同体（同時的雌雄同体と雄性先熟が多い理由）

コラム4. 植物の性転換（同時的雌雄同体が多い理由と双方向性転換の具体例）

　1～6章とは別に，随時，興味のあるコラムから読んでいただきたい．

　雌雄同体魚の異世界を楽しんでいただくと同時に，本書を読んで魚類の雌雄同体の研究をしてみたいという学生さんが出てくれば幸いである．

2023年12月13日

著者を代表して　桑村哲生

付記

　編著者である桑村哲生先生は2024年1月28日に逝去されました．享年73歳でした．桑村先生は亡くなる直前まで研究に邁進され，これからも多くの研究成果を期待されていただけに残念でなりません．この本が読者の雌雄同体性魚類への興味を喚起し，研究を志すきっかけになれば桑村先生もお喜びになることでしょう．本書を桑村先生に捧げます．

著者一同

謝　辞

　本書で紹介した研究を実施するにあたって協力してくださったたくさんの皆様，本書の執筆に際してお世話になった方々，とりわけ編集を担当してくださった恒星社厚生閣の河野元春さんに感謝します．以下，章ごとに一部の方のみのお名前を挙げさせていただきます（敬称略）．

1章　三浦さおり

2章　アクアマリンふくしま，蒲郡市竹島水族館，サンシャイン水族館，Brooke
　　　Fitzwater

3章　境田紗知子，原 若輝，平田智法，山田守彦

4章　坂上 嶺，坪井美由紀

5章　瓜生知史，鈴木祥平

6章　（瀬底島）琉球大学熱帯生物圏研究センター瀬底研究施設の歴代スタッフ，（口
　　　永良部島）具島健二，清水則雄，広島大学水圏資源生物学研究室の歴代学生，
　　　（桜島）久米 元，松岡 翠，森年エマ日向子，（宇和海）柳澤康信，海洋研究
　　　所UWAの歴代学生，（館山）内海遼介，清水庄太，松本有記雄

コラム3　角井敬知，The Vancouver Aquarium

カバー写真　平田智法，出羽慎一，尾山 匠

目 次

まえがき　桑村哲生 ………………………………………………………………… iii

謝　辞 ……………………………………………………………………………………… vi

1章　魚類の雌雄同体の系統発生，進化理論と配偶システム　桑村哲生 …… 1

1-1. 雌雄同体とは何か：性の定義と判定方法 ……………………………………… 1

1-2. 魚類の系統と雌雄同体の出現頻度 …………………………………………… 15

1-3. 雌雄同体の進化に関する基本理論 …………………………………………… 20

1-4. 魚類の配偶システムと社会的性決定 ………………………………………… 24

2章　同時的雌雄同体魚類の配偶システム　澤田紘太 ……………………… 33

2-1. 同時的雌雄同体とは何か ……………………………………………………… 33

2-2. ミズウオ亜目：雌雄同体の深海魚 …………………………………………… 43

2-3. マングローブキリフィッシュとその近縁種：自家受精と雄性両性異体 ……… 46

2-4. ヒメズキ類の雌雄同体性：取引をするかしないか ………………………… 52

2-5. その他の分類群 ………………………………………………………………… 59

2-6. 魚類において同時的雌雄同体はどう進化してきた（あるいはしてこなかった）か ……… 60

コラム1　魚類の性決定・性転換の分子機構　村田良介 …………………… 63

3章　雄性先熟魚類の配偶システム　須之部友基 ……………………………… 67

3-1. 雄性先熟と雌雄異体 …………………………………………………………… 67

3-2. コチ科 …………………………………………………………………………… 74

3-3. タイ科 …………………………………………………………………………… 85

3-4. スズメダイ科クマノミ類 ……………………………………………………… 85

3-5. 漁獲圧による性様式の変化 …………………………………………………… 91

3-6. まとめと今後の課題 …………………………………………………………… 91

コラム2　昆虫の性と共生微生物　陰山大輔 ………………………………… 93

4章 雌性先熟魚類の配偶システム　坂井陽一 ………………… 97

4-1. 雌性先熟魚類の研究の歴史と方法論の変遷 ………………… 97

4-2. 配偶システムのタイプ分け ………………… 100

4-3. 雄単型と雄二型 ………………… 115

4-4. 雌性先熟の適応的意義 ………………… 119

4-5. 性転換の社会的調節と後継性転換 ………………… 124

4-6. なわばり雄存在下の性転換 ………………… 125

4-7. 性転換プロセスにおける性転換個体のふるまい ………………… 137

4-8. 今後の研究の方向性 ………………… 142

コラム3　海産無脊椎動物の雌雄同体　澤田紘太・山口 幸 ………………… 144

5章 双方向性転換魚類の配偶システム　門田 立 ………………… 147

5-1. 双方向性転換・逆方向性転換の発見と新たな展開 ………………… 147

5-2. 双方向性転換・逆方向性転換の出現状況 ………………… 149

5-3. 水槽における双方向性転換 ………………… 154

5-4. 一夫一妻魚の双方向性転換 ………………… 159

5-5. ハレム型一夫多妻魚の逆方向性転換 ………………… 162

5-6. なわばり訪問型複婚の双方向性転換 ………………… 174

5-7. 今後の課題 ………………… 176

コラム4　植物の性転換　西沢 徹 ………………… 179

6章 雌雄同体魚類の潜水調査：フィールドと研究方法 ………………… 183

6-1. 瀬底島（沖縄県）／桑村哲生 ………………… 183

6-2. 口永良部島（鹿児島県）／門田 立・坂井陽一・小出佑紀 ………………… 190

6-3. 桜島（鹿児島県）／須之部友基・出羽慎一 ………………… 198

6-4. 宇和海（愛媛県）／坂井陽一・大西信弘・奥田 昇 ………………… 202

6-5. 館山（千葉県）／須之部友基 ………………… 207

引用文献 ………………… 214

巻末付表 ………………… 251

1章
魚類の雌雄同体の系統発生，進化理論と配偶システム

桑村哲生

　この章は本書全体のイントロとしての位置付けで，最初に有性生殖と2つの性の起源，および雌雄同体の定義を解説したのち，魚類の系統樹における機能的雌雄同体の4タイプ，すなわち同時的雌雄同体，雌性先熟（雌→雄に性転換），雄性先熟（雄→雌），双方向性転換（または逆方向性転換：雌→雄→雌）の発生状況を概観する．次に，雌雄同体の進化に関する基本理論，低密度説と体長有利性説を紹介し，配偶システムとの関わりについて，一夫多妻魚の雌性先熟，雌のほうが大きい一夫一妻魚の雄性先熟，体長調和一夫一妻魚の双方向性転換の代表例とそれぞれにおける社会的性決定を解説する．最後に，経時的雌雄同体（隣接的雌雄同体：性転換）と同時的雌雄同体の関連を示唆するいくつかの例について検討する．

1-1. 雌雄同体とは何か：性の定義と判定方法

　雌雄同体とは，雌と雄が同じ体に宿ること．より正確にいえば，一生の間に雄と雌の両方の性で繁殖することが可能な場合をいう．いずれか片方の性でしか繁殖できない場合は雌雄異体という．ヒトを含む多くの動物は雌雄異体で，各個体は雌か雄のいずれかのみを経験して一生を終える．では，そもそも雄と雌はなぜ存在するのか，まず性の由来と定義を確認しておこう（Maynard-Smith，1978；

Hamilton et al., 1990；桑村，2004）.

1-1-1. 性（有性生殖）の起源

　生物が子孫を残す方法としては，無性生殖と有性生殖がある．無性生殖では，単細胞生物の細菌（バクテリア）の2分裂や，多細胞生物のヒトデ（棘皮動物）が自切した腕1本から再生して5本の腕をもった個体になる場合など，配偶者なしで，自分ひとりで子を作ることができる．このときの細胞分裂においては，DNAの正確なコピーが行われるので，子は親と同じ遺伝子をもつことになる．ごくまれに遺伝子の突然変異が生じたときだけ，親と少し違った遺伝子をもつ子ができる.

　一方，有性生殖で子を作るには配偶者が必要である．細菌の場合は2個体が接合し，遺伝子の一部が細胞膜を通って移動する．片方が遺伝子を失い，他方がそれをもらうので，遺伝子セットが元とは異なる2個体になる．接合後に別れると「子」ができたことになるが，子も2個体なので数は増えない．増殖しないのに，なぜわざわざ接合するのか．それはウイルスなど寄生者との進化の競走の結果だと考えられている.

　ウイルスの増殖率は細菌よりもはるかに高く，同じ時間内により多くの突然変異が生じる．その中には細菌に対する感染力がより強いタイプが含まれているかもしれない．細菌のほうも突然変異でウイルスに対する抵抗性が強いタイプが生じるかもしれないが，増殖率が違うので突然変異による変化スピードがウイルスに追いつかない．そこで，接合という有性生殖を行って，遺伝子の組み合わせを変えるスピードを上げ，ウイルスの突然変異に対抗するようになったと考えられている．なお，ウイルスは有性生殖をしない．感染相手のどの生物よりも増殖率が高いので，突然変異のみで勝負できて，面倒な（配偶相手を必要とする）有性生殖をする必要がないのである.

　多細胞生物の場合は生殖のための特別な細胞，配偶子（卵や精子）を作る．その際，減数分裂という染色体数（DNA分子の数）を半減させる細胞分裂を行う．親は同じ長さでほぼ同じ遺伝子が並んだ相同染色体をもつので染色体の総数は偶数だが（ヒトの場合2n = 46），配偶子を作る際には相同染色体2本のうち1本だけを渡す減数分裂を行うので，配偶子の染色体数は親の半分しかない（ヒトならn = 23）．受精によって精子のもつ染色体が卵細胞の中に移動すると，受精卵の染色体数は親と同じ本数（2n）に戻る．つまり，子がもつ2本の相同染色体のうち

1本は母から，もう1本は父からもらったもので，その組み合わせは同じ両親から生まれた兄弟姉妹でも互いに少しずつ違ってくる．つまり，有性生殖によって遺伝的多様性をもった子たちを作ることで，寄生者等の環境の変化に速やかに対応できるようになったと考えられている．

1-1-2．性はなぜ2つしかないのか？

ほとんどの多細胞生物は雄と雌という2つの性をもち，それぞれ精細胞（精巣）と卵細胞（卵巣）を作る性と定義される．ではなぜ多くの生物では，性は2つしかないのだろうか．卵は大きくて栄養を多く含むので子の生存率が高まる．それに対して精子は小さいので生存率の面では期待できないが，小さい分だけ数多く作れるので他の配偶子との出会いの機会が増える．この大配偶子（卵）と小配偶子（精子）に対して中間サイズの配偶子（第3の性）はどうして存在しないのか．多細胞生物において有性生殖が進化した初期には，同じ大きさの1種類の配偶子（同型配偶子）どうしが接合していたと考えられている．そこで，突然変異で様々な大きさの配偶子を作る個体たちが生じて共存する状態を想定し，様々な大きさの配偶子どうしの組み合わせの出会いの確率と，接合後の栄養分に応じた生存率を踏まえて，各個体が残す子孫の数を推定して比較してみると，中途半端な大きさの配偶子を作るよりも，大配偶子（卵）か小配偶子（精子）を作るほうが子孫の数が多くなることが確かめられた．つまり，性は雌と雄に二極化する方向に進化していったと考えられている．

1-1-3．雌雄同体のタイプと定義

この2つの性をもつ生物において，雌雄同体が進化することがある．卵細胞と精細胞を同時に成熟させている場合を同時的雌雄同体（simultaneous hermaphroditism），一生の間に性が変わる（性転換 sex change）場合を経時的雌雄同体（隣接的雌雄同体 sequential hermaphroditism）と呼ぶ（**表1-1**）．経時的雌雄同体をさらに分類すると，雌から雄に性転換する場合を雌性先熟（protogyny），雄から雌に性転換する場合を雄性先熟（protandry），どちらの方向にも変わる場合を双方向性転換（bidirectional sex change，あるいは逆方向性転換 reversed sex change）と呼んでいる．花を咲かせる植物では同時的雌雄同体が多い．例えば，雄蕊と雌蕊をセットでもつ両性花を咲かせる場合や，1本の木に雄花と雌花をと

表1-1　雌雄同体のタイプ分け

同時的雌雄同体 simultaneous hermaphroditism
経時的雌雄同体（隣接的雌雄同体）sequential hermaphroditism
　雄性先熟 protandry（雄から雌に性転換）
　雌性先熟 protogyny（雌から雄に性転換）
　双方向性転換 bidirectional sex change
　（雌性先熟種の逆方向性転換 reversed sex change を含む）

もに咲かせる場合である．一方，動物では同時的雌雄同体はまれで，固着性のフ
ジツボ（甲殻類）や動きの遅いウミウシ（軟体動物）や深海魚などで知られてい
る．性転換は植物ではテンナンショウなどごく一部に限られるが，動物ではイシ
サンゴ類，軟体動物，甲殻類，棘皮動物，魚類など海に住む様々な分類群から知
られている（Avise, 2011；Ashman et al., 2014；Leonard, 2019）.

　ここで「sequential hermaphroditism」の和訳を「経時的雌雄同体（隣接的雌
雄同体）」と記した理由を説明しておく．「隣接的雌雄同体」は1930年代に
「consecutive hermaphroditism」の和訳として使われ始めたが（確認できた最古
の使用例：内田，1934），「consecutive」は時間的に連続した意味合いであるが，
なぜ空間配置関係を表す「隣接的」と訳されたのかは不明である．その後，
Ghiselin（1969）が用いた「sequential hermaphroditism」が急速に普及したが，
和訳としては「隣接的雌雄同体」が拙著を含め使われ続けてきた．しかし原語の
意味を重視すれば，「sequential」は「consecutive」と同様に時間順に起きるこ
とを意味するので，それに従い「時間の経過に伴って性が変化し，雌雄両方の性
を経験する」という趣旨で，「経時的雌雄同体」とするほうがより適切だと思わ
れる．これまでにも単発的に使用されてきたが（継時的：長谷川，1998；経時的：
山口，2015），まったく普及していないので，ここで改めて強く提案したい．た
だし，「隣接的雌雄同体」は90年以上にわたって広く使われてきた用語であるこ
とから，混乱を避けるために，当面は「経時的雌雄同体（隣接的雌雄同体）」と
併記することを推奨したい．なお，「同時的雌雄同体」との対比で「異時的雌雄
同体」としている例がインターネット上で確認されたが，「sequential」の本来の
意味からすると「異時的」はふさわしくなく「経時的」が適切だと思われる．

1-1-4. 魚類の機能的雌雄同体

　脊椎動物の中で雌雄同体が知られているのは魚類だけである．本格的な研究が始まったのは1960年代で（Atz，1964），Reinboth（1970）は6目15科79種の魚類を雌雄同体の例として挙げている．1970〜1980年代には潜水調査（行動観察と標本採集）による雌雄同体の確認がさかんに行われるようになり，余吾（1987）は少なくとも8目36科の350〜400種に達すると見積もった．Sadovy de Mitcheson and Liu（2008）は機能的かどうかの定義を厳密に検討したうえで，雌雄同体魚類を含む属のリストを作成し，真骨類（Teleostei）の27科94属で機能的雌雄同体が確認され，21科（一部は上記27科と重複）31属では機能的と判定するには証拠不十分だが雌雄同体の可能性がある種が報告されているとした．このような研究の流れの中で，Kuwamura et al.（2020）は魚類の雌雄同体に関する文献を網羅的に洗い直して，種ごとのデータベースを初めて作成し，461種が機能的な雌雄同体であると判定した．さらにKuwamura et al.（2023a）は20種を追加し，その後も現在までの約2年半の間に18種から新たな報告があり（**巻末付表1-1**），真骨類の17目41科499種で機能的な雌雄同体が確認されている（**表1-2**）．

　ここで「機能的」という用語を用いたのは，実際に機能している，つまり雌および雄として成熟して繁殖可能であることを意味している．未熟な両性生殖腺の報告しかない場合（痕跡的雌雄同体）や，環境ホルモンなどの影響で精巣内に卵細胞がみられたという異常なケースや，ホルモン等で人為的に性転換を誘導した場合などは，機能的雌雄同体とはみなさない．上記のデータベース作成の際に「機能的」雌雄同体と判定した基準は，具体的には以下のいずれかに当てはまる場合である（Kuwamura et al.，2020，2023b）．

①生殖腺の組織切片を顕微鏡観察して，卵黄を蓄積した成熟した卵細胞とベン毛をもった精子が同時に確認できれば，同時的雌雄同体と判定する．成熟した卵巣，両性生殖腺（卵細胞と精細胞の両方をもつが両方あるいは片方が未成熟の状態：**図1-1**），成熟した精巣をもつ個体の体長分布が明確に分かれている場合は性転換すると判定する．例えば，小型個体は成熟した卵巣をもち，大型個体は成熟した精巣をもち，中間サイズに両性生殖腺をもった個体がいれば，雌性先熟と判定できる．生殖腺の組織切片を作成しなくても，肉眼あるいは顕微鏡で生殖腺を観察して成熟した卵巣と精巣，未成熟な両性生殖腺の判定ができればそれでもよい．

1章－魚類の雌雄同体の系統発生，進化理論と配偶システム　│　5

表1-2 機能的雌雄同体が報告されている魚種のリスト. 目と科の順序は Nelson et al. (2016) に従い, 属と種はそれぞれ科内・属内でアルファベット順に並べた.

目　　　　科	種	和名	雌雄同体のタイプ
Anguilliformes ウナギ目			
Muraenidae ウツボ科	*Gymnothorax griseus*	–	同時的
	Gymnothorax pictus	アセウツボ	同時的
	Gymnothorax thyrsoideus	サビウツボ	同時的
	Rhinomuraena quaesita	ハナヒゲウツボ	雄性先熟
Clupeiformes ニシン目			
Clupeidae ニシン科	*Tenualosa macrura*	–	雄性先熟
	Tenualosa toli	–	雄性先熟
Cypriniformes コイ目			
Cobitidae ドジョウ科	*Cobitis taenia*	タイリクシマドジョウ	雄性先熟
Stomiiformes ワニトカゲギス目			
Gonostomatidae ヨコエソ科	*Cyclothone atraria*	オニハダカ	雄性先熟
	Cyclothone microdon	–	雄性先熟
	Gonostoma elongatum*	オオヨコエソ	雄性先熟
	Sigmops bathyphilum	–	雄性先熟
	Sigmops gracile	ヨコエソ	雄性先熟
Aulopiformes ヒメ目			
Ipnopidae チョウチンハダカ科	*Bathymicrops brevianalis*	–	同時的
	Bathymicrops regis	–	同時的
	Bathypterois grallator	オオイトヒキイワシ	同時的
	Bathypterois mediterraneus	–	同時的
	Bathypterois quadrifilis	カギイトヒキイワシ	同時的
	Bathypterois viridensis	ミツマタイトヒキイワシ	同時的
	Bathytyphlops marionae	ソコエソ	同時的
	Ipnops agassizii	–	同時的
	Ipnops meadi	–	同時的
Giganturidae ボウエンギョ科	*Gigantura chuni*	ボウエンギョ	同時的
	Gigantura indica	コガシラボウエンギョ	同時的
Bathysauridae シンカイエソ科	*Bathysaurus ferox*	ミナミシンカイエソ	同時的
	Bathysaurus mollis	シンカイエソ	同時的
Chlorophthalmidae アオメエソ科	*Chlorophthalmus agassizi*	–	同時的
	Chlorophthalmus brasiliensis	–	同時的
	Parasudis truculenta	–	同時的
Notosudidae フデエソ科	*Ahliesaurus brevis*	フカミフデエソ	同時的
Scopelarchidae デメエソ科	*Benthalbella infans*	ヒカリデメエソ	同時的
	Scopelarchus guentheri	ギュンターデメエソ	同時的
Paralepididae ハダカエソ科	*Arctozenus risso*	ヒカリエソ	同時的
	Lestidium pseudosphyraenoides	–	同時的
Alepisauridae ミズウオ科	*Omosudis lowii*	キバハダカ	同時的
	Alepisaurus ferox	ミズウオ	同時的
Gobiiformes ハゼ目			
Gobiidae ハゼ科	*Coryphopterus alloides*	–	雌性先熟
	Coryphopterus dicrus	–	雌性先熟
	Coryphopterus eidolon	–	雌性先熟
	Coryphopterus glaucofraenum	–	雌性先熟
	Coryphopterus hyalinus	–	雌性先熟
	Coryphopterus lipernes	–	雌性先熟
	Coryphopterus personatus	–	雌性先熟
	Coryphopterus thrix	–	雌性先熟
	Coryphopterus urospilus	–	雌性先熟
	Eviota epiphanes	–	雌性先熟, 双方向
	Fusigobius neophytus	サンカクハゼ	雌性先熟
	Gobiodon erythrospilus	シュオビコバンハゼ	双方向
	Gobiodon histrio	ベニサシコバンハゼ	雌性先熟, 双方向
	Gobiodon micropus	アイコバンハゼ	双方向
	Gobiodon oculolinealus	クマドリコバンハゼ	双方向
	Gobiodon okinawae	キイロサンゴハゼ	雌性先熟
	Gobiodon quinquestrigatus	フタイロサンゴハゼ	雌性先熟, 双方向
	Lubricogobius exiguus	ミジンベニハゼ	双方向
	Lythrypnus dalli	–	雌性先熟, 双方向
	Lythrypnus nesiotes	–	雌性先熟
	Lythrypnus phorellus	–	雌性先熟
	Lythrypnus pulchellus	–	双方向
	Lythrypnus spilus	–	雌性先熟
	Lythrypnus zebra	–	双方向

	Paragobiodon echinocephalus	ダルマハゼ	雌性先熟, 双方向
	Paragobiodon xanthosomus	アカネダルマハゼ	雌性先熟
	Pleurosicya mossambica	セボシウミタケハゼ	雌性先熟
	Priolepis akihitoi	コクテンベンケイハゼ	双方向
	Priolepis borea	ミサキスジハゼ	双方向
	Priolepis cincta	ベンケイハゼ	双方向
	Priolepis eugenius	–	雌性先熟, 双方向
	Priolepis fallacincta	コベンケイハゼ	双方向
	Priolepis hipoliti	–	雌性先熟, 双方向
	Priolepis inhaca	アミメベンケイハゼ	双方向
	Priolepis latifascima	フトスジイレズミハゼ	双方向
	Priolepis semidoliata	イレズミハゼ	双方向
	Rhinogobiops nicholsii	–	雌性先熟
	Trimma annosum	ベガ ススベニハゼ	双方向
	Trimma benjamini	メガネベニハゼ	双方向
	Trimma caesiura	ベニハゼ	双方向
	Trimma cana	–	双方向
	Trimma capostriatum	–	双方向
	Trimma caudomaculatum	アオギハゼ	双方向
	Trimma emeryi	ウロコベニハゼ	双方向
	Trimma fangi	–	双方向
	Trimma flammeum	–	双方向
	Trimma flavatrum	ヒメアオギハゼ	双方向
	Trimma fucatum	–	双方向
	Trimma gigantum	–	双方向
	Trimma grammistes	イチモンジハゼ	双方向
	Trimma hayashii	エリホシベニハゼ	双方向
	Trimma kudoi	ナガシメベニハゼ	双方向
	Trimma lantana	–	双方向
	Trimma macrophthalma	オオメハゼ	双方向
	Trimma maiandros	アオベニハゼ	双方向
	Trimma marinae	カスリモヨウベニハゼ	双方向
	Trimma milta	ホシクズベニハゼ	双方向
	Trimma nasa	–	双方向
	Trimma naudei	チゴベニハゼ	双方向
	Trimma necopinum	–	双方向
	Trimma okinawae	オキナワベニハゼ	雌性先熟, 双方向
	Trimma preclarum	–	双方向
	Trimma rubromaculatum	–	双方向
	Trimma sheppardi	ニンギョウベニハゼ	双方向
	Trimma stobbsi	–	双方向
	Trimma striatum	–	双方向
	Trimma tauroculum	–	双方向
	Trimma taylori	オヨギベニハゼ	双方向
	Trimma unisquamis	–	双方向
	Trimma yanagitai	オニベニハゼ	双方向
	Trimma yanoi	ホテイベニハゼ	双方向
Uncertain in Ovalataria オヴァレンタリア亜系（日未確定）			
Pomacentridae スズメダイ科	*Amphiprion akallopisos*	–	雄性先熟
	Amphiprion bicinctus	–	雄性先熟
	Amphiprion clarkii	クマノミ	雄性先熟
	Amphiprion frenatus	ハマクマノミ	雄性先熟
	Amphiprion melanopus	–	雄性先熟
	Amphiprion ocellaris	カクレクマノミ	雄性先熟
	Amphiprion percula	–	雄性先熟
	Amphiprion perideraion	ハナビラクマノミ	雄性先熟
	Amphiprion polymnus	トウアカクマノミ	雄性先熟
	Amphiprion sandaracinos	セジロクマノミ	雄性先熟
	Dascyllus aruanus	ミスジリュウキュウスズメダイ	雌性先熟, 双方向
	Dascyllus carneus	–	雌性先熟
	Dascyllus flavicaudus	–	雌性先熟
	Dascyllus marginatus	–	雌性先熟
	Dascyllus melanurus	ヨスジリュウキュウスズメダイ	雌性先熟
	Dascyllus reticulatus	フタスジリュウキュウスズメダイ	雌性先熟, 双方向
Pseudochromidae メギス科	*Anisochromis straussi*	–	雌性先熟
	Ogilbyina queenslandiae	–	雌性先熟
	Pseudochromis aldabraensis	–	双方向
	Pseudochromis cyanotaenia	リュウキュウニセスズメ	双方向
	Pseudochromis flavivertex	–	双方向

1章－魚類の雌雄同体の系統発生，進化理論と配偶システム ｜ 7

	Pictichromis porphyrea	クレナイニセスズメ	双方向
Cichliformes カワスズメ目			
Cichlidae カワスズメ科	*Metriaclima* cf. *livingstoni*	–	雌性先熟
	Satanoperca jurupari	–	同時的
Cyprinodontiformes カダヤシ目			
Rivulidae	*Kryptolebias hermaphroditus*	–	同時的
	Kryptolebias marmoratus	–	同時的
	Kryptolebias ocellatus	–	同時的
	Millerichthys robustus	–	雌性先熟
Poeciliidae カダヤシ科	*Xiphophorus helleri*	グリーンソードテール	雌性先熟
Synbranchiformes タウナギ目			
Synbranchidae タウナギ科	*Monopterus albus*	タウナギ	雌性先熟
	Monopterus boueti	–	雌性先熟
	Ophisternon bengalense	–	雌性先熟
	Synbranchus marmoratus	–	雌性先熟
Trachiniformes ワニギス目			
Pinguipedidae トラギス科	*Parapercis clathrata*	ヨツメトラギス	雌性先熟
	Parapercis colias	ミナミアオトラギス	雌性先熟
	Parapercis cylindrica	ダンダラトラギス	雌性先熟
	Parapercis hexophtalma	–	雌性先熟
	Parapercis nebulosa	–	雌性先熟
	Parapercis pulchella	トラギス	雌性先熟
	Parapercis snyderi	コウライトラギス	雌性先熟
	Parapercis xanthozona	オジロトラギス	雌性先熟
Trichonotidae ベラギンポ科	*Trichonotus filamentosus*	クロエリギンポ	雌性先熟
Creediidae トビギンポ科	*Crystallodytes cookei*	–	雄性先熟
	Limnichthys fasciatus	トビギンポ	雄性先熟
	Limnichthys nitidus	ミナミトビギンポ	雄性先熟
Labriformes ベラ目			
Labridae ベラ科	*Achoerodus gouldii*	–	雌性先熟
	Achoerodus viridis	–	雌性先熟
	Anampses geographicus	ムシベラ	雌性先熟
	Bodianus albotaeniatus	–	雌性先熟
	Bodianus axillaris	スミツキベラ	雌性先熟
	Bodianus diplotaenia	–	雌性先熟
	Bodianus eclancheri	–	雌性先熟
	Bodianus frenchii	–	雌性先熟
	Bodianus mesothorax	ケサガケベラ	雌性先熟
	Bodianus rufus	–	雌性先熟
	Cheilinus chlorurus	アカテンモチノウオ	雌性先熟
	Cheilinus fasciatus	ヤシャベラ	雌性先熟
	Cheilinus trilobatus	ミツバモチノウオ	雌性先熟
	Cheilinus undulatus	メガネモチノウオ	雌性先熟
	Choerodon azurio	イラ	雌性先熟
	Choerodon cauteroma	–	雌性先熟
	Choerodon cephalotes	–	雌性先熟
	Choerodon cyanodus	–	雌性先熟
	Choerodon fasciatus	シチセンベラ	雌性先熟
	Choerodon graphicus	–	雌性先熟
	Choerodon rubescens	–	雌性先熟
	Choerodon schoenleinii	シロクラベラ	雌性先熟
	Choerodon venustus	–	雌性先熟
	Cirrhilabrus temmincki	イトヒキベラ	雌性先熟
	Clepticus parrae	–	雌性先熟
	Coris auricularis	–	雌性先熟
	Coris dorsomacula	スジベラ	雌性先熟
	Coris gaimard	ツユベラ	雌性先熟
	Coris julis	–	雌性先熟
	Coris variegata	–	雌性先熟
	Decodon melasma	–	雌性先熟
	Epibulus insidiator	ギチベラ	雌性先熟
	Gomphosus varius	クギベラ	雌性先熟
	Halichoeres bivittatus	–	雌性先熟
	Halichoeres garnoti	–	雌性先熟
	Halichoeres maculipinna	–	雌性先熟
	Halichoeres margaritaceus	アカニジベラ	雌性先熟
	Halichoeres marginatus	カノコベラ	雌性先熟
	Halichoeres melanochir	ムナテンベラ	雌性先熟
	Halichoeres melanurus	カザリキュウセン	雌性先熟

	Halichoeres miniatus	ホホワキュウセン	雌性先熟
	Halichoeres nebulosus	イナズマベラ	雌性先熟
	Halichoeres pictus	–	雌性先熟
	Halichoeres poeyi	–	雌性先熟
	Halichoeres radiatus	–	雌性先熟
	Halichoeres scapularis	セイテンベラ	雌性先熟
	Halichoeres semicinctus	–	雌性先熟
	Halichoeres tenuispinnis	ホンベラ	雌性先熟
	Halichoeres trimaculatus	ミツボシキュウセン	雌性先熟, 双方向
	Hemigymnus fasciatus	シマタレクチベラ	雌性先熟
	Hemigymnus melapterus	タレクチベラ	雌性先熟
	Hologymnosus annulatus	ナメラベラ	雌性先熟
	Iniistius dea	テンス	雌性先熟
	Iniistius geisha	クロブチテンス	雌性先熟
	Iniistius pentadactylus	ヒラベラ	雌性先熟
	Labrichthys unilineatus	クロベラ	雌性先熟
	Labroides dimidiatus	ホンソメワケベラ	雌性先熟, 双方向
	Labrus bergylta	–	雌性先熟
	Labrus merula	–	雌性先熟
	Labrus mixtus	–	雌性先熟
	Labrus viridis	–	雌性先熟
	Lachnolaimus maximus	–	雌性先熟
	Macropharyngodon moyeri	ウスバノドグロベラ	雌性先熟
	Notolabrus celidotus	–	雌性先熟
	Notolabrus gymnogenis	–	雌性先熟
	Notolabrus parilus	–	雌性先熟
	Notolabrus tetricus	–	雌性先熟
	Ophthalmolepis lineolatus	–	雌性先熟
	Oxycheilinus digramma	ホホスジモチノウオ	雌性先熟
	Parajulis poecilepterus	キュウセン	雌性先熟
	Pictilabrus laticlavius	–	雌性先熟
	Pseudocheilinops ataenia	–	雌性先熟
	Pseudocheilinus evanidus	ヒメニセモチノウオ	雌性先熟
	Pseudocheilinus hexataenia	ニセモチノウオ	雌性先熟
	Pseudolabrus guentheri	–	雌性先熟
	Pseudolabrus rubicundus	–	雌性先熟
	Pseudolabrus sieboldi	ホシササノハベラ	雌性先熟
	Pteragogus aurigarius	オハグロベラ	雌性先熟
	Semicossyphus darwini	–	雌性先熟
	Semicossyphus pulcher	–	雌性先熟
	Semicossyphus reticulatus	コブダイ	雌性先熟
	Stethojulis balteata	–	雌性先熟
	Stethojulis interrupta	カミナリベラ	雌性先熟
	Stethojulis strigiventer	ハラスジベラ	雌性先熟
	Stethojulis trilineata	オニベラ	雌性先熟
	Suezichthys ornatus	–	雌性先熟
	Symphodus melanocercus	–	雌性先熟
	Symphodus tinca	–	雌性先熟
	Thalassoma bifasciatum	–	雌性先熟
	Thalassoma cupido	ニシキベラ	雌性先熟
	Thalassoma duperrey	–	雌性先熟
	Thalassoma hardwicke	セナスジベラ	雌性先熟
	Thalassoma jansenii	ヤンセンニシキベラ	雌性先熟
	Thalassoma lucasanum	–	雌性先熟
	Thalassoma lunare	オトメベラ	雌性先熟
	Thalassoma lutescens	ヤマブキベラ	雌性先熟
	Thalassoma pavo	–	雌性先熟
	Thalassoma purpureum	キヌベラ	雌性先熟
	Thalassoma quinquevittatum	ハコベラ	雌性先熟
	Xyrichtys martinicensis	–	雌性先熟
	Xyrichtys novacula	–	雌性先熟
Odacidae オダクス科	*Odax pullus*	–	雌性先熟
Scaridae ブダイ科	*Calotomus carolinus*	タイワンブダイ	雌性先熟
	Calotomus japonicus	ブダイ	雌性先熟
	Calotomus spinidens	チビブダイ	雌性先熟
	Cetoscarus bicolor*	イロブダイ	雌性先熟
	Chlorurus sordidus	–	雌性先熟
	Chlorurus spilurus	ハゲブダイ	雌性先熟
	Cryptotomus roseus	–	雌性先熟

	Hipposcarus harid	–	雌性先熟
	Hipposcarus longiceps	キツネブダイ	雌性先熟
	Scarus ferrugineus	–	雌性先熟
	Scarus festivus	ツキノワブダイ	雌性先熟
	Scarus forsteni	イチモンジブダイ	雌性先熟
	Scarus frenatus	アミメブダイ	雌性先熟
	Scarus ghobban	ヒブダイ	雌性先熟
	Scarus globiceps	ダイダイブダイ	雌性先熟
	Scarus iseri	–	雌性先熟
	Scarus niger	ブチブダイ	雌性先熟
	Scarus oviceps	ヒメブダイ	雌性先熟
	Scarus psittacus	オウムブダイ	雌性先熟
	Scarus rivulatus	スジブダイ	雌性先熟
	Scarus rubroviolaceus	ナガブダイ	雌性先熟
	Scarus russelii	–	雌性先熟
	Scarus scaber	–	雌性先熟
	Scarus schlegeli	オビブダイ	雌性先熟
	Scarus spinus	シロオビブダイ	雌性先熟
	Scarus taeniopterus	–	雌性先熟
	Scarus tricolor	–	雌性先熟
	Scarus vetula	–	雌性先熟
	Scarus viridifucatus	–	雌性先熟
	Sparisoma atomarium	–	雌性先熟
	Sparisoma aurofrenatum	–	雌性先熟
	Sparisoma chrysopterum	ムナテンブダイ	雌性先熟
	Sparisoma cretense	–	雌性先熟
	Sparisoma radians	–	雌性先熟
	Sparisoma rubripinne	–	雌性先熟
	Sparisoma viride	–	雌性先熟
Perciformes スズキ目			
Centropomidae	*Centropomus parallelus*	–	雄性先熟
	Centropomus undecimalis	–	雄性先熟
Latidae アカメ科	*Lates calcarifer*	–	雄性先熟
Polynemidae ツバメコノシロ科	*Eleutheronema tetradactylum*	ミナミコノシロ	雄性先熟
	Filimanus heptadactyla	–	同時的
	Galeoides decadactylus	–	雄性先熟
	Polydactylus macrochir	–	雄性先熟
	Polydactylus microstomus	タイワンアゴナシ	同時的
	Polydactylus quadrifilis	–	雄性先熟
Terapontidae シマイサキ科	*Bidyanus bidyanus*	–	雄性先熟
	Mesopristes cancellatus*	ヨコシマイサキ	雄性先熟
Serranidae (Epinephelinae) ハタ科ハタ亜科	*Cephalopholis argus*	アオノメハタ	雌性先熟
	Cephalopholis boenak	ヤミハタ	雌性先熟, 双方向
	Cephalopholis cruentata	アカホシハタ	雌性先熟
	Cephalopholis cyanostigma	サミダレハタ	雌性先熟
	Cephalopholis fulva	–	雌性先熟
	Cephalopholis hemistiktos	–	雌性先熟
	Cephalopholis miniata	ユカタハタ	雌性先熟
	Cephalopholis panamensis	–	雌性先熟
	Cephalopholis sonnerati	アザハタ	雌性先熟
	Cephalopholis taeniops	–	雌性先熟
	Cephalopholis urodeta	ニジハタ	雌性先熟
	Epinephelus adscensionis	–	雌性先熟
	Epinephelus aeneus	–	雌性先熟
	Epinephelus akaara	キジハタ	雌性先熟, 双方向
	Epinephelus andersoni	–	雌性先熟
	Epinephelus areolatus	オオモンハタ	雌性先熟
	Epinephelus bilobatus	–	雌性先熟
	Epinephelus bruneus	クエ	雌性先熟, 双方向
	Epinephelus chlorostigma*	ホウセキハタ	雌性先熟
	Epinephelus coioides	チャイロマルハタ	雌性先熟, 双方向
	Epinephelus diacanthus	–	雌性先熟
	Epinephelus drummondhayi	–	雌性先熟
	Epinephelus fasciatus	アカハタ	雌性先熟
	Epinephelus fuscoguttatus	アカマダラハタ	雌性先熟
	Epinephelus guttatus	–	雌性先熟
	Epinephelus itajara	–	雌性先熟
	Epinephelus labriformis	–	雌性先熟
	Epinephelus malabaricus	ヤイトハタ	雌性先熟

	Epinephelus marginatus	–	雌性先熟
	Epinephelus merra	カンモンハタ	雌性先熟
	Epinephelus morio	–	雌性先熟
	Epinephelus ongus	ナミハタ	雌性先熟
	Epinephelus rivulatus	シモフリハタ	雌性先熟
	Epinephelus striatus	–	雌性先熟
	Epinephelus tauvina	ヒトミハタ	雌性先熟
	Hyporthodus flavolimbatus	–	雌性先熟
	Hyporthodus niveatus	–	雌性先熟
	Hyporthodus quernus	–	雌性先熟
	Mycteroperca bonaci	–	雌性先熟
	Mycteroperca interstitialis	–	雌性先熟
	Mycteroperca microlepis	–	雌性先熟
	Mycteroperca olfax	–	雌性先熟
	Mycteroperca phenax	–	雌性先熟
	Mycteroperca rubra	–	雌性先熟
	Mycteroperca venenosa	–	雌性先熟
	Plectropomus laevis	コクハンアラ	雌性先熟
	Plectropomus leopardus	スジアラ	雌性先熟
	Plectropomus maculatus	スジハタ	雌性先熟
	Variola albimarginata	オジロバラハタ	雌性先熟
	Variola louti	バラハタ	雌性先熟
Serranidae (Serraninae) ハタ科ヒメスズキ亜科	*Bullisichthys caribbaeus*	–	同時的
	Centropristis striata	–	雌性先熟
	Centropristis ocyurus	–	雌性先熟
	Chelidoperca hirundinacea	ヒメコダイ	雌性先熟
	Diplectrum bivittatum	–	同時的
	Diplectrum formosum	–	同時的
	Diplectrum macropoma	–	同時的
	Diplectrum pacificum	–	同時的
	Diplectrum rostrum	–	同時的
	Hypoplectrus aberrans	–	同時的
	Hypoplectrus chlorurus	–	同時的
	Hypoplectrus nigricans	–	同時的
	Hypoplectrus puella	–	同時的
	Hypoplectrus unicolor	–	同時的
	Paralabrax maculatofasciatus	–	雌性先熟
	Serraniculus pumilio	–	同時的
	Serranus annularis	–	同時的
	Serranus atricauda	–	同時的
	Serranus auriga	–	同時的
	Serranus baldwini	–	同時的
	Serranus cabrilla	–	同時的
	Serranus hepatus	–	同時的
	Serranus phoebe	ヨコシマアメリカハタ	同時的
	Serranus psittacinus	–	同時的
	Serranus scriba	–	同時的
	Serranus subligarius	–	同時的
	Serranus tabacarius	–	同時的
	Serranus tigrinus	–	同時的
	Serranus tortugarum	–	同時的
Serranidae (Grammistinae) ハタ科ヌノサラシ亜科	*Pseudogramma gregoryi*	–	雌性先熟
	Rypticus saponaceus	–	雌性先熟
	Rypticus subbifrenatus	–	雌性先熟
Serranidae (Anthiinae) ハタ科ハナダイ亜科	*Anthias anthias*	–	雌性先熟
	Anthias nicholsi	–	雌性先熟
	Anthias noeli	–	雌性先熟
	Baldwinella vivanus	–	雌性先熟
	Hemanthias leptus	–	雌性先熟
	Hemanthias peruanus	–	雌性先熟
	Hypoplectrodes huntii	–	雌性先熟
	Hypoplectrodes maccullochi	–	雌性先熟
	Pronotogrammus martinicensis	–	雌性先熟
	Pseudanthias conspicuus	–	雌性先熟
	Pseudanthias elongatus	ナガハナダイ	雌性先熟
	Pseudanthias pleurotaenia	スミレナガハナダイ	雌性先熟
	Pseudanthias rubrizonatus	アカオビハナダイ	雌性先熟
	Pseudanthias squamipinnis	キンギョハナダイ	雌性先熟
	Sacura margaritacea	サクラダイ	雌性先熟

1章－魚類の雌雄同体の系統発生，進化理論と配偶システム 11

Pomacanthidae キンチャクダイ科	*Apolemichthys trimaculatus*	シテンヤッコ	雌性先熟
	Centropyge acanthops		雌性先熟 双方向
	Centropyge bicolor	ソメワケヤッコ	雌性先熟
	Centropyge ferrugata	アカハラヤッコ	雌性先熟 双方向
	Centropyge fisheri	チャイロヤッコ	雌性先熟 双方向
	Centropyge flavissimus	コガネヤッコ	双方向
	Centropyge heraldi	ヘラルドコガネヤッコ	雌性先熟
	Centropyge interruptus	レンテンヤッコ	雌性先熟
	Centropyge multispinus	–	雌性先熟
	Centropyge potteri	–	雌性先熟
	Centropyge tibicen	アブラヤッコ	雌性先熟
	Centropyge vrolicki	ナメラヤッコ	雌性先熟
	Chaetodontoplus septentrionalis	キンチャクダイ	雌性先熟
	Genicanthus bellus	フカミヤッコ	雌性先熟
	Genicanthus caudovittatus	–	雌性先熟
	Genicanthus lamarck	タテジマヤッコ	雌性先熟
	Genicanthus melanospilos	ヤイトヤッコ	雌性先熟
	Genicanthus personatus	–	雌性先熟
	Genicanthus semifasciatus	トサヤッコ	雌性先熟
	Genicanthus watanabei	ヒレナガヤッコ	雌性先熟
	Holacanthus passer	–	雌性先熟
	Holacanthus tricolor	–	雌性先熟
	Pomacanthus zonipectus	–	雌性先熟
Malacanthidae キツネアマダイ科	*Malacanthus plumieri*	–	雌性先熟
Cirrhitidae ゴンベ科	*Amblycirrhitus pinos*	–	雌性先熟
	Cirrhitichthys aprinus	ミナミゴンベ	雌性先熟
	Cirrhitichthys aureus	オキゴンベ	雌性先熟 双方向
	Cirrhitichthys falco	サラサゴンベ	雌性先熟 双方向
	Cirrhitichthys oxycephalus	ヒメゴンベ	雌性先熟
	Neocirrhites armatus	ベニゴンベ	雌性先熟
	Paracirrhites forsteri	ホシゴンベ	雌性先熟
Eleginopsidae	*Eleginops maclovinus*	–	雄性先熟
Scorpaeniformes カサゴ目			
Platycephalidae コチ科	*Cociella crocodila*	イネゴチ	雄性先熟
	Inegocia japonica	トカゲゴチ	雄性先熟
	Kumococius roderichensis	クモゴチ	雄性先熟
	Onigocia macrolepis	アネサゴチ	雄性先熟
	Platycephalus sp.	マゴチ	雄性先熟
	Suggrundus meerdervoorti*	メゴチ	雄性先熟
	Thysanophrys celebica	セレベスゴチ	雄性先熟
Scorpaenidae フサカサゴ科	*Caracanthus unipinna*	ワタゲダンゴオコゼ	雌性先熟
Moroniformes モロネ目			
Moronidae モロネ科	*Morone saxatilis*	–	雄性先熟
Spariformes タイ目			
Nemipteridae イトヨリダイ科	*Scolopsis monogramma*	ヒトスジタマガシラ	雌性先熟
	Scolopsis taenioptera	–	雌性先熟
Lethrinidae フエフキダイ科	*Lethrinus atkinsoni*	イソフエフキ	雌性先熟
	Lethrinus genivittatus	イトフエフキ	雌性先熟
	Lethrinus harak	マトフエフキ	雌性先熟
	Lethrinus lentjan	シモフリフエフキ	雌性先熟
	Lethrinus miniatus	アマミフエフキ	雌性先熟
	Lethrinus nebulosus	ハマフエフキ	雌性先熟
	Lethrinus olivaceus	キツネフエフキ	雌性先熟
	Lethrinus ornatus	ハナフエフキ	雌性先熟
	Lethrinus ravus	ミンサーフエフキ	雌性先熟
	Lethrinus rubrioperculatus	ホオアカクチビ	雌性先熟
	Lethrinus variegatus	ホソフエフキ	雌性先熟
Sparidae タイ科	*Acanthopagrus australis*	–	雄性先熟
	Acanthopagrus berda	–	雄性先熟
	Acanthopagrus bifasciatus	–	雄性先熟
	Acanthopagrus chinshira	オキナワキチヌ	雄性先熟
	Acanthopagrus latus	キチヌ	雄性先熟
	Acanthopagrus morrisoni	–	雄性先熟
	Acanthopagrus pacificus	ナンヨウチヌ	雄性先熟
	Acanthopagrus schlegelii	クロダイ	雄性先熟
	Acanthopagrus sivicolus	ミナミクロダイ	雄性先熟
	Argyrops spinifer	–	雌性先熟
	Boops boops	–	雌性先熟
	Calamus leucosteus	–	雌性先熟

	Calamus proridens	–	雌性先熟
	Chrysoblephus cristiceps	–	雌性先熟
	Chrysoblephus puniceus	–	雌性先熟
	Chrysoblephus laticeps	–	雌性先熟
	Dentex gibbosus	–	雌性先熟
	Dentex tumifrons	–	雌性先熟
	Diplodus annularis	–	雄性先熟
	Diplodus argenteus	–	雄性先熟
	Diplodus cadenati	–	雄性先熟
	Diplodus capensis	–	雄性先熟
	Diplodus kotschyi	–	雄性先熟
	Diplodus puntazzo	–	雄性先熟
	Diplodus sargus	–	雄性先熟
	Diplodus vulgaris	アフリカチヌ	雄性先熟
	Lithognathus mormyrus	–	雄性先熟
	Pachymetopon aeneum	–	雌性先熟
	Pagellus acarne	–	雌性先熟
	Pagellus bellottii	–	雌性先熟
	Pagellus bogaraveo	–	雌性先熟
	Pagellus erythrinus	–	雌性先熟
	Pagrus auriga	マルダイ	雌性先熟
	Pagrus caeruleostictus	–	雌性先熟
	Pagrus ehrenbergii	–	雌性先熟
	Pagrus major	マダイ	雌性先熟
	Pagrus pagrus	ヨーロッパマダイ	雌性先熟
	Rhabdosargus sarba	ヘダイ	雌性先熟
	Sarpa salpa	–	雄性先熟
	Sparidentex hasta	–	雌性先熟
	Sparus aurata	ヨーロッパヘダイ	雄性先熟
	Spicara chryselis	–	雌性先熟
	Spicara flexuosa	–	雌性先熟
	Spicara smaris	–	雌性先熟
	Spicara maena	–	雌性先熟
	Spondyliosoma cantharus	メジナモドキ	雌性先熟
	Spondyliosoma emarginatum	–	雌性先熟
Tetraodontiformes フグ目			
Balistidae モンガラカワハギ科	*Sufflamen chrysopterus*	ツマジロモンガラ	雌性先熟

Kuwamura（2023）の表を改変し，付表 1-1 の 15 種を追加した．各種の性判定方法，配偶システム，生息場所と文献は Kuwamura et al.（2023b）のデータベースを参照．日本産種の標準和名は本村（2023）に従い，海外産については主としておさかな普及センター資料館（2022）に従った．* をつけた学名は本村（2023）と異なるが，Kuwamura et al.（2023b）のデータベースと照合できるようにあえて修正しなかった．

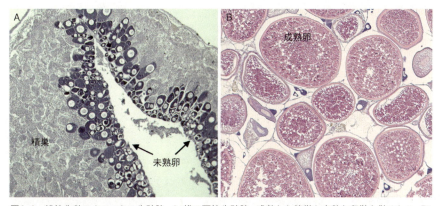

図1-1 雄性先熟のクマノミの生殖腺．A：雄の両性生殖腺．成熟した精巣と未熟な卵巣を併せもつ．B：雌の卵巣．精巣組織は消失し，卵細胞が成熟する（三浦さおり撮影）．

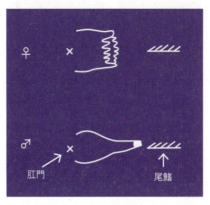

図1-2 ダルマハゼの生殖突起．左側が頭部．雌（上）は太短く，雄（下）は細長い．先端の開口部（右側）から卵・精液が出てくる．

②生殖突起（雌なら卵，雄なら精液を放出する器官：**図1-2**）の形状が雌雄で明確に異なる場合は，採集した標本でそれが生殖腺のタイプ（卵巣か精巣）と対応していることが確認できれば，以後は生殖突起の形状が変化すれば性転換したと判定してよい．体色に性差がある場合も，それぞれの体色が卵巣と精巣に対応していることを確かめたうえで，体色の変化があれば性転換したと判断してよい．

③生きている魚を麻酔して腹部を軽く押し，卵または精液が出てくるのが確認できれば，機能的な雌または雄と判定できる．個体追跡して再捕した際に放出した配偶子の種類が変わったことが確認できれば，性転換したと判断してよい．

④産卵行動を観察するとともに受精卵を確認できれば，放卵行動をした個体を機能的な雌，放精行動をした個体を機能的な雄と判定する．個体追跡して性行動の変化と受精卵が確認できれば，性転換したと判断してよい．

　以上の基準に従いつつ，Kuwamura et al.（2020・2023b）のデータベースが作成された．ほぼ同じ時期にPla et al.（2021）による34科370種のデータベースも公表されたが，機能的か否かについて必ずしも原著論文にあたって確認していないケースが見受けられたので，以後はKuwamura et al.（2023b）のデータベースと**付表1-1**を踏まえた事実の紹介と考察を行うことにする．

1-2. 魚類の系統と雌雄同体の出現頻度

1-2-1. 雌雄同体の各タイプの頻度

　魚類の雌雄同体の4つのタイプの出現頻度を科ごとに集計してみると，雌性先熟が圧倒的に多く21科326種から報告されており，以下，科数が多い順に，雄性先熟14科64種，同時的雌雄同体13科58種，双方向性転換7科72種となる（**表1-3**）．なお，**表1-2**のうち21種では雌性先熟と双方向性転換の両方が報告されており，それらにおいては雌性先熟種において逆方向性転換が進化したととらえることができる（Kuwamura et al., 2020）．

　雌雄同体種が多い科は，ベラ科101種（科の総種数の19.1%），ハタ科97種（18.0%），ハゼ科71種（5.2%），タイ科47種（9.3%）などである（**表1-3**）．これらの科の総種数に占める割合が2割未満と低いのは，残りの種はすべて雌雄異体であることが確認されているという意味ではなく，雌雄同体と予想されているが証拠不十分なケースを含め，性様式に関して未確認の種が多いことによる．前述したように，最近でも1年で10種程度の雌雄同体種が新たに報告されているので，50年後には現在の496種から倍増して1,000種近くになる可能性がある．現生魚類は約35,000種で，毎年約400種の新種報告があり，真骨類はその96%を占めるので（矢部ほか，2017），真骨類のうち雌雄同体種が占める割合は，今後増加したとしても，3%を超えることはないと予想される．それに対して，雌雄同体種を含む科の数（41科）は，2011年以降は増えていないので（Kuwamura et al., 2023b；**付表1-1**），真骨類約470科（Nelson et al., 2016）のうち1割弱の科で機能的雌雄同体が進化したと結論してよいだろう．

　雌雄同体のタイプは科ごとに1つに決まっているわけではなく，科内に複数のタイプがみられることもある（**表1-3**）．3つのタイプがスズメダイ科（雄性先熟，雌性先熟，双方向性転換）とハタ科（同時的雌雄同体，雌性先熟，双方向性転換）で報告されている．2つのタイプが科内でみられるのは，同時的雌雄同体と雄性先熟がウツボ科とツバメコノシロ科，同時的雌雄同体と雌性先熟がカワスズメ科とRivulidae，雄性先熟と雌性先熟がタイ科，雌性先熟と双方向性転換がハゼ科，メギス科，ベラ科，キンチャクダイ科，ゴンベ科で報告されている．さらに，**表1-2**に示した種の中には雌雄異体が報告されている個体群もあり（Kuwamura et al., 2020，2023b），同一種でも地域個体群により性様式が異なる場合があるこ

表1-3 魚類の科ごとの雌雄同体が報告されている種数. 目と科の順序は Nelson et al. (2016)に従った. 表1-2より集計.

目	科	雌雄同体のタイプごとの種数*				合計	科内%	総種数**	生息環境**
		同時的	雄性先熟	雌性先熟	双方向				
Anguilliformes ウナギ目	Muraenidae ウツボ科	3	1	0	0	4	2.0	200	海
Clupeiformes ニシン目	Clupeidae ニシン科	0	2	0	0	2	0.9	218	海
Cypriniformes コイ目	Cobitidae ドジョウ科	0	1	0	0	1	0.5	195	淡水
Stomiiformes ワニトカゲギス目	Gonostomatidae ヨコエソ科	0	5	0	0	5	16.1	31	海
Aulopiformes ヒメ目	Ipnopidae チョウチンハダカ科	9	0	0	0	9	28.1	32	海
	Giganturidae ボウエンギョ科	2	0	0	0	2	100.0	2	海
	Bathysauridae シンカイエソ科	2	0	0	0	2	100.0	2	海
	Chlorophthalmidae アオメエソ科	3	0	0	0	3	17.6	17	海
	Notosudidae フデエソ科	1	0	0	0	1	5.9	17	海
	Scopelarchidae デメエソ科	2	0	0	0	2	11.1	18	海
	Paralepididae ハダカエソ科	2	0	0	0	2	7.4	27	海
	Alepisauridae ミズウオ科	2	0	0	0	2	22.2	9	海
Gobiiformes ハゼ目	Gobiidae ハゼ科	0	0	25	54	71	5.2	1359	海(淡水)
Ovalentaria オヴァレンタリア亜系(目未確定)	Pomacentridae スズメダイ科	0	10	6	2	16	4.1	387	海
	Pseudochromidae メギス科	0	0	2	4	6	3.9	152	海
Cichliformes カワスズメ目	Cichlidae カワスズメ科	1	0	1	0	2	0.1	1762	淡水
Cyprinodontiformes カダヤシ目	Rivulidae リブルス科	3	0	1	0	4	1.1	370	淡水
	Poeciliidae カダヤシ科	0	0	1	0	1	0.3	353	淡水
Synbranchiformes タウナギ目	Synbranchidae タウナギ科	0	0	4	0	4	17.4	23	淡水
Trachiniformes ワニギス目	Pinguipedidae トラギス科	0	0	8	0	8	9.8	82	海
	Trichonotidae ベラギンポ科	0	0	1	0	1	10.0	10	海
	Creediidae トビギンポ科	3	0	0	0	3	16.7	18	海
Labriformes ベラ目	Labridae ベラ科	0	0	101	2	101	19.1	519	海
	Odacidae オダクス科	0	0	1	0	1	8.3	12	海
	Scaridae ブダイ科	0	0	36	0	36	36.4	99	海

								生息環境**
Perciformes スズキ目								
Centropomidae アカメ科	0	2	0	0	2	16.7	12	海・淡水
Latidae アカメ科	0	1	0	0	1	7.7	13	海・淡水
Polynemidae ツバメコノシロ科	2	4	0	0	6	14.3	42	海
Terapontidae シマイサキ科	0	2	0	0	2	3.8	52	（海）・淡水
Serranidae ハタ科	26	0	71	4	97	18.0	538	海
Pomacanthidae キンチャクダイ科	0	0	22	4	23	25.8	89	海
Malacanthidae キツネアマダイ科	0	0	1	0	1	2.2	45	海
Cirrhitidae ゴンベ科	0	0	7	2	7	21.2	33	海
Eleginopsidae	0	1	0	0	1	100.0	1	海
Scorpaeniformes カサゴ目								
Platycephalidae コチ科	0	7	0	0	7	8.8	80	海
Scorpaenidae フサカサゴ科	0	1	1	0	1	0.2	454	海
Moroniformes モロネ目								
Moronidae モロネ科	0	0	0	0	1	25.0	4	海・淡水
Spariformes タイ目								
Nemipteridae イトヨリダイ科	0	0	2	0	2	3.0	67	海
Lethrinidae フエフキダイ科	0	0	11	0	11	28.9	38	海
Sparidae タイ科	0	24	23	0	47	9.3	507	海
Tetraodontiformes フグ目								
Balistidae モンガラカワハギ科	0	0	1	0	1	2.4	42	海
合計種数	58	64	326	72	499			

* 種内に複数のタイプがみられる場合（表1-2参照）はそれぞれでカウントした。

** Nelson et al. (2016)に基づく。括弧に入れた生息環境では、雌雄同体種は報告されていない。

とがわかっている．以上のように，雌雄同体の各タイプは様々な分類群において繰り返し出現したと考えられる（Mank et al., 2006；Kuwamura, 2023；Pla et al., 2022）．具体的な系統関係を次にみていく．

1-2-2. 雌雄同体の系統発生

　近年は魚類においてもDNA分子の塩基配列の比較に基づいた分子系統樹の作成が進んでいる．分子系統樹は，分子進化の中立説（中立突然変異遺伝子の遺伝的浮動：一定時間内に一定数の中立突然変異遺伝子が集団に固定されることを確率的に予測）に基づき，DNAの塩基配列のうち適応度が変化しない中立突然変異遺伝子の部分を選んで種間比較することにより，分岐年代を推定したものである．**図1-3**にBetancur-R et al.（2017）の系統樹を示した．雌雄同体の報告がある分類群の分布をみると，いわゆる魚類のうち，真骨類（Teleostei）のみに雌雄同体が出現していることがわかる．**図1-3**の一番上の軟骨魚類（Chondrichthyes）や，上から4番目のTetrapodomorphaに含まれる四肢動物（Tetrapoda：両生類，爬虫類，鳥類，哺乳類）からは雌雄同体は知られていない．同時的雌雄同体（4系統）と雄性先熟（6系統）は真骨類の中で系統の離れた分類群で出現しているのに対して，雌性先熟（4系統）と双方向性転換（3系統）は**図1-3**の系統樹の下のほうのPercomorphaceae（Percomorpha スズキ系）においてのみ見られ，比較的最近になって進化したことがわかる．

　スズキ系内の系統樹をより詳しく見てみると（**図1-4**），雌性先熟は広く様々な分類群でみられる（**図1-4**に示した46系統のうち12系統 ＝ 26%）のに対して，双方向性転換はそのうちの6系統（13%），雄性先熟は5系統（11%），同時的雌雄同体は3系統（7%）と比較的少ない．上に述べた真骨類全体における雌雄同体の各タイプの出現状況とは傾向がかなり異なっている．そして，雌性先熟の種数が多いベラ科（101種），ハタ科（69種），ブダイ科（36種），ハゼ科（25種），タイ科（23種），キンチャクダイ科（22種）などはこのスズキ系に含まれている（**表1-3**）．これらはサンゴ礁に生息する種を多数含んでおり（Kuwamura et al., 2023b），魚類の雌雄同体において雌性先熟の種数が圧倒的に多いのは，スズキ系魚類のサンゴ礁における多様化の結果を反映していると考えられる．

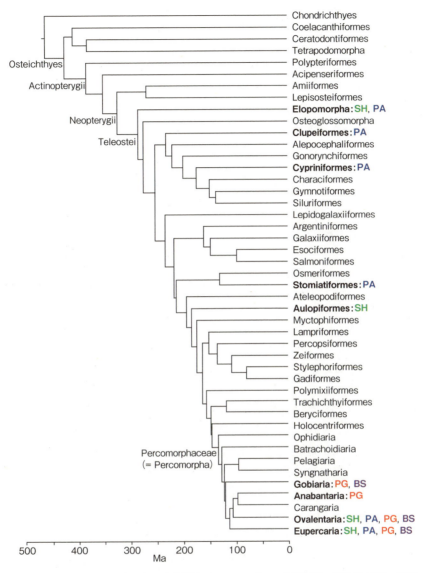

図1-3 魚類の系統樹と雌雄同体の出現状況．Betancur-R et al. (2017) の系統樹を元に，同時的雌雄同体（**SH**：simultaneous hermaphroditism），雄性先熟（**PA**：protandry），雌性先熟（**PG**：protogyny），双方向性転換（**BS**：bidirectional sex change）の出現状況を示した．Ma：100万年前（Kuwamura et al., 2020より転載）．

1-2-3. 雌雄同体魚類の生息環境

　雌雄同体魚類のほとんどは海に住んでいる（**表1-3**）．魚類のうち半数近くの種は淡水に生息するが（Nelson et al., 2016），雌雄同体魚類のうち淡水のみに生息する種はわずか3%にすぎない（Kuwamura, 2023）．このことは以前から注目され，その理由について，雌雄の体構造や生理学的な性差が淡水のほうが大きい，配偶システムの違い，進化史的要因等が示唆されてきたが，いずれも根拠が乏しくまだ結論はでていない（Kuwamura, 2023）．ちなみに，陸上動物（四肢動物や昆虫など）が性転換しない理由として，交尾器の性差が大きいことが指摘されている（Warner, 1978a）．生殖腺以外の体構造の性差が大きいと，作り替えに時間とエネルギーがかかり，性転換のコストが利益を上回ると考えられる．この説明は交尾器が発達した軟骨魚類にも当てはまると思われる．雌雄同体魚類のほとんどは交尾ではなく，放卵放精して体外受精を行うので，生殖突起に性差が見られたとしても交尾器に比べると差は小さい．陸上では体外受精はできないので必然的に交尾器が発達し，その結果，雌雄同体の進化を阻んでいると考えられる．

1-3. 雌雄同体の進化に関する基本理論

1-3-1. 進化論の再解釈と行動生態学の誕生

　なぜ雌雄同体が魚類の様々な分類群で進化したのか．それを現代進化論の考え方を踏まえて最初に説明したのはGhiselin（1969）である．彼の仮説の基盤は，個体がどれだけ多くの子孫を残せるかという視点にあった．それがなぜ新しい視点だったかというと，ダーウィンの進化論（1859『種の起源』）の本質が根本的に誤解されて広まってしまったという歴史があるからだ．その誤解とは，種族繁栄論，すなわち個体ではなく種全体に利益をもたらす性質が進化するという妄想が広がったのである．ダーウィンは同じ親から生まれた子どもたちの間で個体間に変異があることに注目したにもかかわらず，個体間ではなく集団間を比較して論じるという視点が広がってしまった．20世紀半ばに遺伝子DNAの構造と機能が解明されはじめ，集団遺伝学が発展するにつれ，遺伝子・個体の視点が改めて見直され，1960年代になってG. C. Williams（1966）などが種全体ではなく，個体の適応度（残せる子孫の数）を基準にして進化を説明しなければならないと主

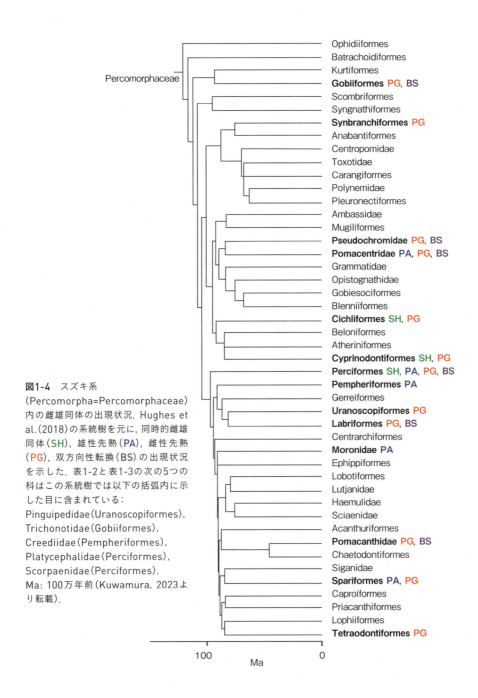

図1-4 スズキ系 (Percomorpha=Percomorphaceae) 内の雌雄同体の出現状況. Hughes et al.(2018)の系統樹を元に,同時的雌雄同体(SH),雄性先熟(PA),雌性先熟(PG),双方向性転換(BS)の出現状況を示した. 表1-2と表1-3の次の5つの科はこの系統樹では以下の括弧内に示した目に含まれている:Pinguipedidae(Uranoscopiformes),Trichonotidae(Gobiiformes),Creediidae(Pempheriformes),Platycephalidae(Perciformes),Scorpaenidae(Perciformes).Ma: 100万年前(Kuwamura, 2023より転載).

張しはじめた．それを受けてDawkins（1976）が執筆した『利己的な遺伝子』というタイトルの進化論の普及書が世界的ベストセラーになるとともに，「行動生態学」という，適応度を踏まえて行動の進化を説明しようとする新たな分野が誕生した（Krebs and Davies, 1978, 1981；桑村，2013）．

Ghiselin（1969・1974）が提唱した同時的雌雄同体の進化を説明する低密度説（low-density model）と，経時的雌雄同体（隣接的雌雄同体：性転換）の進化を説明する体長有利性説（size-advantage model）は，行動生態学の先駆けとしても評価できる．次にそれぞれの説の内容についてみていくことにする．

1-3-2.　同時的雌雄同体の進化に関する低密度説

低密度説は，低密度個体群においては同種の異性と出会う機会がまれであり，雌雄両方の機能をもった個体は，出会った同種個体の性に関わらず繁殖できるので，雌雄異体の個体よりも繁殖成功（適応度）が大きくなるというTomlinson（1966）のモデルを支持したものである．さらに，極端な低密度条件で配偶相手を獲得できる見込みがない場合でも，同時的雌雄同体なら自家受精することで子孫を残すことができる．低密度以外にも同時的雌雄同体の進化に影響する要因があることがわかっているが（Sawada, 2023），詳しくは2章で紹介することにしたい．

同時的雌雄同体において精巣組織と卵巣組織にどのような割合で配分するのが最適かについては，進化的に安定な戦略（ESS：evolutionarily stable strategy）のコンセプトに基づく数理モデルで解明されている（Charnov, 1982）．低密度時のように，出会える配偶者の数が少ないときは精子を使う機会は少ないので，卵巣に投資したほうがより多くの卵を産めて適応度が大きくなる．配偶者の数が多くなるにつれ，精巣への投資を増やしたほうがより多くの子を作れる．さらに多くなると，雄としてのライバルも増えることになり，どの雄の精子が卵を受精させることができるかという精子競争が激しくなって，精巣への投資の効果は頭打ちになると考えられる．ただしこれは体長の影響がない場合で，例えば，大型個体が配偶者を独占できるような配偶システムだと，大型個体は精巣のみをもつ雄になったほうがよい（Petersen and Fischer, 1986）．体長の影響を考慮したのが次に述べる体長有利性説である．

1-3-3. 経時的雌雄同体の進化に関する体長有利性説

体長有利性説はGhiselin（1969）が初めて唱えたもので，体長に応じた繁殖成功（適応度）の増加率が雌雄で異なるときに，経時的雌雄同体（隣接的雌雄同体：性転換）が進化すると説明した．例えば，小さいときは雄として繁殖するよりも雌として繁殖したほうがより多くの子が残せるが，大きくなると逆に雄として繁殖したほうがより多くの子が残せるという状況であれば，一生の間に雌から雄に性転換する個体は雌雄異体の個体よりも適応度が大きくなるので，雌性先熟が進化すると考えられる．

この体長有利性説を数理モデルに発展させたのがWarner（1975）で，雌雄の繁殖成功に対する配偶システムの影響を取り入れたのがポイントである．雌は大きくなるとより多くの卵を作ることができるので，配偶システムとは無関係に，成長に伴って繁殖成功（受精卵数）が増加していく．それに対して，雄の繁殖成功は配偶システムに依存していることに注目し，例として一夫多妻的な配偶システムとランダム配偶の生活史戦略モデルを作成した．前者では大きな雄ほど多くの雌を独占できるとすれば，雄の繁殖成功は体長が大きくなると急激に増加する．それに対して，後者では雄の繁殖成功は体長に関わらずランダムに決まる（例えば，小さな雄でも大きな雌と繁殖する機会がある）．この体長（年齢）ごとの繁殖成功と生存率をパラメータとして生涯繁殖成功を計算する生活史戦略モデルを作成し，性転換個体と生涯雌個体，生涯雄個体を比較した．その結果を**図1-5**に示す（Warner, 1975, 1984）．

図1-5Aは大きな雄ほど多くの雌と配偶できる一夫多妻的な配偶システムの場合で，小さいときは雄はほとんど雌を獲得できないので，雌の繁殖成功のほうが大きく，雌雄のラインが交差した後は，雄の繁殖成功のほうが大きくなる．したがって，雌から雄への性転換をした個体の生涯繁殖成功（適応度）は，生涯雄や生涯雌より大きくなる．すなわち，雌から雄への性転換（雌性先熟）が進化すると予測できる．

図1-5Bはランダム配偶の場合で，雄の繁殖成功は体長に対してランダムに決まるので，各体長（年齢）における雄の平均繁殖成功は一定になる．したがって，小さいときは雄の繁殖成功のほうが大きく，雌雄のラインが交差した後は雌の繁殖成功のほうが大きくなるので，雄性先熟が進化すると予測できる．

もう1つのケースも検討してみると（Warner, 1984），**図1-5C**は自分と同じ大

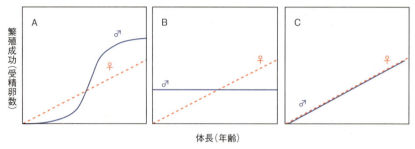

図1-5 配偶システムのタイプと性転換の進化：体長有利性説のグラフモデル．体長（年齢）に伴う雌雄の繁殖成功（受精卵数）の変化を示す．A：一夫多妻なら雌性先熟，B：ランダム配偶なら雄性先熟，C：体長調和配偶なら雌雄異体（Warner, 1984を改変）．

きさの異性と配偶する場合（体長調和配偶）で，各体長における雌雄の繁殖成功は等しいので，性転換する必要はない．性転換しようとすると，完了するまでの間は繁殖成功がゼロになるというコストを伴うので，生涯雌と生涯雄のほうが有利になり，雌雄異体が進化すると予測される．雌1個体と複数の雄が群れ産卵を行う場合も，大きな雄ほど大きな精巣を作ってより多くの精子を出し，放出した精子の数に比例して繁殖成功が決まる（精子競争が生じる）とすれば，雌雄の繁殖成功は**図1-5C**と同じパターンになり，雌雄異体が進化すると考えられる．

以上の通り，Warner（1975・1984）の体長有利性モデルは，配偶システムがわかれば性転換の有無と方向が予測できるので，野外調査で配偶システムと性様式を調べて検証することが可能になった．その結果，実証例が多数報告されてきたが（中園・桑村，1987；Munday et al., 2006a；Kuwamura et al., 2020, 2023a），次節で代表的な具体例を見ておくことにする．

1-4. 魚類の配偶システムと社会的性決定

体長有利性モデルの実証例は多数あり次章以下で具体例を詳しく紹介するが，ここでは雌性先熟，雄性先熟，双方向性転換のそれぞれについて，配偶システムとの関わりが最初に解明されたホンソメワケベラ，クマノミ類，ダルマハゼ（**図1-6**）を例として取り上げ，それぞれにおける社会的性決定の仕組みを解説する．最後に経時的雌雄同体（隣接的雌雄同体：性転換）と同時的雌雄同体との関連を示唆する例について検討してみたい．

図1-6 雌性先熟,雄性先熟,双方向性転換の代表的な魚.A:ホンソメワケベラの産卵上昇中のペア(上が雄役).B:卵(オレンジ色)を保護するクマノミの雄.右側の個体は大きさ第3位の未成熟魚で,雌は写っていない.C:ダルマハゼの卵保護中の雄.卵は雄のすぐ左側の影になっているところに産みつけられている.

1-4-1. 一夫多妻における雌性先熟と逆方向性転換(ホンソメワケベラ)

　魚類において配偶システムと性転換の関わりが最初に明らかにされたのはホンソメワケベラ(**図1-6A**)である.Robertson(1972)はオーストラリアのグレートバリアリーフのヘロン島のサンゴ礁における潜水調査によって,ホンソメワケベラがハレム型一夫多妻で,雄を除去するとハレムの最大雌が雄に性転換することを明らかにした(**図1-7A**).すなわち,最大個体より小さい雌たちは性転換を抑制されているという「社会的調節」がみられることを初めて指摘した.ホンソメワケベラにおいては,体長が似ているものは共存できず排他的なわばり関係になり,体長差が大きい個体どうしは共存できて順位関係になる(体長差の原則:Kuwamura, 1984;桑村, 1987).体長に基づく順位関係によって社会的に性が決定しているのである.

　ホンソメワケベラの性転換のプロセスは行動観察によって追うことができる.雄が消失して30分ほど経つと,ハレムの最大雌の行動が変化する(Nakashima et al., 2000).尾ふり行動という,雄独特の求愛行動を他の雌に対して示すようになり,やがて雄役で(雌の上に乗って:**図1-6A**)小雌と産卵上昇し,小雌は放卵する.産卵時刻の直前に雄を除去すると,最大雌は排卵してお腹が大きい状態でも雄役の求愛・産卵行動をする.生殖腺の状態とは無関係に,脳が雄の行動をうながすのである.小さい雌たちは自分より大きい個体から尾ふり行動をされたら,相手が雄だと判断してしまい,無駄な(受精することのない)放卵をしてしまう.性転換を開始した最大雌は性転換を完了するまでの約3週間,小さい雌た

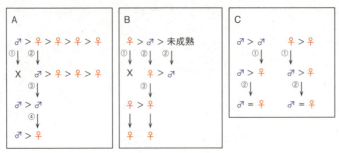

図1-7　3タイプの配偶システムにおける性転換と社会的性決定．A：一夫多妻における雌性先熟と逆方向性転換（例：ホンソメワケベラ）．①雄が消失すると，②最大雌が雄に性転換する．③雄が独身になって移動し，自分より大きい雄と出会うと，④雌に逆方向性転換する．B：一夫一妻における雄性先熟（例：クマノミ類）．①雌が消失すると，②雄が雌に性転換し，第3位個体が雄として成熟する．③大きい雌と強制同居しても逆方向性転換しない．C：体長調和一夫一妻における双方向性転換（例：ダルマハゼ）．①雄どうしのペアでは小さいほうが雌に性転換，雌どうしでは大きいほうが雄に性転換し，②雌のほうが雄より成長率がよいのでやがて追いついて体長調和配偶になる．

ちを騙すことによって，彼女らが他の雄のなわばりに行ってしまわないように将来の配偶者を確保していると考えられる．

　この性転換のプロセスにおいては，ハレムを支配していた雄の消失などの外部刺激に対してまず脳が反応して性行動が変化し，脳下垂体から分泌された生殖腺刺激ホルモンが作用して生殖腺（生殖細胞）を卵巣から精巣に作り変えるという体内の生理的機構が知られているが，詳しくはコラム1および菊池ほか（2021）を参照されたい．

　Robertson（1972）の報告から30年後に，新たな発見があった．ホンソメワケベラが雄から雌へ，逆方向の性転換もすることが報告された（Kuwamura et al., 2002；桑村，2004）．水槽中で雄2個体を同居飼育すると，最初は激しくケンカするが，やがて小さいほうの個体が反抗をやめて，大きい雄の求愛に応えて雌の行動を取りはじめ，雌役（図1-6Aの下側）で産卵上昇（擬似産卵行動）を繰り返すうちに，本当に産卵した．すなわち，常に最大個体が雄，劣位個体は雌になるように社会的に性決定しているのである（図1-7A）．野外において逆方向性転換が起こる状況について検討した結果，低密度になったときには一夫多妻になれずに一時的に一夫一妻になり，そこでたまたま雌が先に死んで雄が独身になり，配偶者を探すために移動して，自分より大きい雄と出会ったときに逆方向性転換

するという仮説を考えた（雌性先熟魚の逆方向性転換に関する低密度仮説：Kuwamura et al., 2002）．この仮説を検証するため，野外で雌除去実験を実施したところ，独身雄どうしが出会い，小さいほうが雌に性転換することが確かめられた（Kuwamura et al., 2011, 2014）．低密度条件においては新たな配偶者（雌）と出会える可能性は低く，近くに大きな雄がいると奪われてしまうので，劣位個体は雄のままでいるよりも雌に性転換したほうが，繁殖機会が早く得られると考えられる．

先に述べたように雌性先熟魚類は多数知られており，一夫多妻的配偶システムにも様々なバリエーションがあって，性転換のタイミングも必ずしも雄消失後とは限らない（Sakai, 2023）．これら様々な具体例を4章で紹介する．逆方向性転換の他種の例（Kadota, 2023）については5章で紹介する．

1-4-2. 雌のほうが大きい一夫一妻における雄性先熟（クマノミ類）

クマノミ類（**図1-6B**）はサンゴ礁の大型イソギンチャクに住み，1つのイソギンチャクに3個体以上入っていても，繁殖できるのは最大の2個体（1ペア）のみで，雌のほうが雄より大きい一夫一妻である．Fricke and Fricke（1977）は野外で雄性先熟の性転換をすることを初めて明らかにした．彼らは紅海のサンゴ礁で *Amphiprion bicinctus* の雌を除去する実験を行い，雄が雌に性転換し，第3位であった個体または移入してきた小型個体が雄として成熟することを確かめた（**図1-7B**）．ホンソメワケベラと同様に社会的に性決定しているが，最大個体は雄ではなく雌である．

その理由は，一夫一妻であれば2個体のうち大きいほうが雌であったほうがより多くの卵を産めるので，ペアの繁殖成功が大きくなると説明できる．ただし，この説明の前提として，雌が小さい雄を受け入れる（大きな雄を好む傾向がない）という条件が必須である．クマノミ類の卵はイソギンチャクのそばの岩に産み付けられ（**図1-6B**），イソギンチャクが触手を伸ばすと卵が隠れてしまうので捕食されにくいと考えられ，卵保護を担当する雄の体サイズが小さくても問題ないと思われる．雌が雄の大きさに対する好みをもたないという条件があれば，一夫一妻でもランダム配偶の場合の繁殖成功（**図1-5B**）と同じパターンになることが確かめられている（Sunobe et al., 2022；3章）．雄性先熟魚でランダム配偶が確認されている種は少ないが（Sunobe, 2023），具体例は3章で紹介する．

クマノミ類の雄から雌への性転換のプロセスにおいては，先に述べたホンソメ
ワケベラの雌から雄への性転換プロセスとは違って，性行動の変化が大幅に遅れ
る（Parker et al., 2022）．カクレクマノミでは雌が消失すると（雄2個体の同居
実験を開始すると），大雄（優位個体）はすぐに雌の行動を取るわけではなく，
雄の行動を取り続け，雌の行動を取るのは生殖腺の性転換が完了してからであっ
た．成熟した卵巣（および脳）から分泌される雌性ホルモン（エストラジオール）
の量があるレベルを超えないと雌の行動のスイッチが入らないと考えられている．
ホンソメワケベラでは雌たちが他の雄のなわばりに行ってしまわないように，性
転換個体は速やかに雄の求愛行動を開始する必要があると説明したが，カクレク
マノミは隠れ家として利用するイソギンチャクに強く依存しているため，性転換
個体が雌の行動を開始しなくても劣位個体は移動しない．仮に他のイソギンチャ
クに移動しても自分より大きな雄がいれば雄として繁殖できないので，劣位個体
は移動せずに性転換個体の生殖腺変化の完了を待ちつつ精巣を成熟させるほうが
確実に繁殖機会を得られると考えられる．性転換個体にとっては，もし自分より
大きな雌が加入してきた場合，雌の行動を取っていると攻撃されて追い出される
リスクがある（下記参照）．したがって，雄の行動のまま生殖腺を変化させる「隠
れた性転換」をすることによって，雄としての繁殖可能性もギリギリまで残して
いるのだと考えられる．

　クマノミ類では雌2個体を強制同居させても，雌から雄への逆方向性転換は起
こらない（Fricke and Fricke, 1977；Kuwamura and Nakashima, 1998；桑村，
2004；**図1-7B**）．雌どうしは排他的で，小さい雌がイソギンチャクから追い出さ
れてしまう．他の雄性先熟魚類においても逆方向性転換の報告はまったくない
（Kuwamura et al., 2020；Kuwamura, 2023）．ランダム配偶においては，雌は
小さい雄でも受け入れ，複数の雄を独占・支配することはないので，上述のホン
ソメワケベラのような劣位個体の逆方向性転換が自然選択される状況が生じない
のであろう．

1-4-3. 体長調和一夫一妻における双方向性転換（ダルマハゼ）

　魚類の自然条件下での双方向性転換は，ダルマハゼ（**図1-6C**）で最初に確認
された（Kuwamura et al., 1994a；中嶋, 1997；桑村, 2004）．ダルマハゼはショ
ウガサンゴという枝状サンゴの枝間に住み，大きなサンゴほど多くのハゼが生息

しているが，最大の2個体（1ペア）のみが繁殖できる．卵はサンゴの枝に産み付けられ，雄が卵保護を担当する（**図1-6C**）．これらの特徴はクマノミ類に似ているが，ペアの雌雄の体長がほぼ等しい体長調和配偶の一夫一妻で（Kuwamura et al., 1993），この点がクマノミ類（雌＞雄）と大きく違っている．体長調和配偶であれば，体長有利性モデルは雌雄異体になると予測する（**図1-5C**）．しかし，野外マーク個体の追跡と配偶者除去実験，および水槽内同性2個体同居実験により，配偶者が消失して独身になった個体が移動して同性と出会うと，雄どうしなら小さいほうが雌に，雌どうしなら大きいほうが雄に性転換することがわかったのである（Kuwamura et al., 1994a；Nakashima et al., 1995；**図1-7C**）．遠くまで異性を探しに行くリスクを取るよりも，近くの同性とペアになってどちらかが性転換するほうが，安全に早く繁殖機会が得られるのだと考えられる．

新たに形成されたペアでは「雄＞雌」の傾向があるが，雄は卵保護にかかりっきりで餌を食う時間が少ないので，雌のほうがよく成長し，やがて雄に追いついて体長調和配偶になる（**図1-7C**）．卵保護に関しては大きな雄ほど広い面積（たくさんの卵）を防衛できるので，雌は大きな雄を好む．また，雄はたくさん卵を産んでくれる大きな雌を好む．雌雄ともに大きな配偶者を好むという状況では，大きい雄は大きい雌と，小さな雄は小さな雄とペアになる，体長調和配偶が雌雄いずれにとっても好ましい．先に述べたように，クマノミ類では小さな雄でも大きな雌が産んだ卵を守ることができる．この点が，同じ一夫一妻でも体長調和配偶になる（ダルマハゼ：双方向性転換）か，雌のほうが大きいペアになる（クマノミ：雄性先熟）かの違いをもたらすキーポイントになっている．なお，小さいときは自分より大きい個体と出会う確率が高いので，まず雌として繁殖を開始して後に雄に性転換（雌性先熟）する例数のほうが，雄から雌への性転換より5倍ほど多く観察されており（Kuwamura et al., 1994a），雌性先熟種の逆方向性転換と似た側面がある．成長率の性差（雌＞雄）が雌性先熟的な特徴をもたらしているのである（成長有利性説：Iwasa, 1991）．

ダルマハゼ以外の双方向性転換の例（Kadota, 2023）については5章で詳しく紹介する．

1-4-4. 経時的雌雄同体と同時的雌雄同体の接点

以上に挙げた3つの例は経時的雌雄同体（隣接的雌雄同体：性転換）に関する

ものだが，最後に同時的雌雄同体との関連について検討しておきたい．

　ミジンベニハゼも一夫一妻で双方向性転換することが最近報告されたが，ダルマハゼなどとは違って，成熟した両性生殖腺をもつ個体がいたという（Oyama et al., 2023b）．水槽で繁殖したペアの雄役の生殖腺は精巣のみが成熟していたが，雌役の生殖腺は卵巣のみならず精巣も成熟した両性生殖腺であることが多かった．ただし，精子を体外へ送り出すのに必要な精巣の付属構造AGS（accessory gonadal structure）が未発達であったことから，同時成熟個体は精子を作っていても雄として機能できない（放精できない）と考えられる．ちなみに，単独飼育個体は成熟した両性生殖腺をもち産卵したが，自家受精は確認されなかった．なぜ雌や単独個体は機能しない精巣を維持する必要があるのか．ミジンベニハゼは低密度でしか見つかっておらず，それが同時成熟個体の出現と関わっているのではないかと考えられる．

　関連して，一夫一妻ではないが，双方向性転換するハゼ科*Lythrypnus*属においても，成熟した両性生殖腺をもつ個体の存在が報告されている（St. Mary, 2000）．これを著者は「simultaneous hermaphroditism」と記述しているが，雌雄両方の機能を同時に，あるいは短時間のうちに交代して使うことは確認されていないので，「機能的な」同時的雌雄同体とみなすことはできない．大型個体（優位個体）が雄になる傾向があり，雌は卵保護を託す相手としてより大きな雄を好むという．高密度に分布する種では精巣のみをもつ雄が出現して一夫多妻的になり，低密度の種ほど同時成熟個体が出現しやすい傾向があった．低密度のときに同時成熟であれば，新たに出会った相手の性に応じて雌雄いずれの性役割もできるという点で有利だと考えられる．すなわち，同時的雌雄同体の進化を説明する低密度説の考え方がここでも当てはまるように思われる．ではなぜ，機能的な同時的雌雄同体に進化しなかったのか．

　同時的雌雄同体のハタ科*Serranus*属には，ペアで雄役と雌役を交代しつつ産卵を繰り返す種のほかに，一夫多妻的になる種も知られている（Petersen and Fischer, 1986）．ハレムを支配している最大個体は卵巣部分が消失して雄になり，支配されている同時成熟個体は雌役をやり，雄役として機能する（放精する）ことはまれだという．ペアで産卵を繰り返す種に比べて，一夫多妻になる種は高密度である．ホンソメワケベラなどの一夫多妻魚における雌から雄への性転換と似た社会的調節が働いていると考えられるが，なぜ雌性先熟が進化しなかったのか

（同時成熟個体が維持されているのか）については結論がでていない．*Serranus*属の配偶システムの詳細については2章で紹介する．

　以上の*Lythrypnus*属と*Serranus*属の例では，成熟した両性生殖腺を保持しているのは雌役だけで，優位な雄が精巣のみを成熟させているのは雌性先熟の場合と共通している．一方，クマノミなどの雄性先熟種では雄は卵巣部分が未熟な両性生殖腺をもっており，性転換して雌になると卵巣のみになる（**図1-1**）．優位個体が両性生殖腺をもたない点は雌性先熟と共通している．劣位個体のみが両性生殖腺をもっているのは，優位個体が消失した際に速やかにその性役割を取れるようにしている可能性が考えられる．逆にいえば，優位個体も一夫一妻あるいは一夫多妻で安定して配偶者を支配できる状況が維持できなくなれば，すなわち，低密度でランダム配偶の状況になれば，両性生殖腺をもつほうが有利になり，同時的雌雄同体が進化すると予想される．

　Pla et al.（2022）は真骨類49目293科4,614種（うち雌雄同体294種）の分子系統樹をもとに性様式の進化経路（祖先形質と移行頻度）をベイズ法に基づく確率モデルで計算し，同時的雌雄同体は雌雄異体から直接進化したのではなく，経時的雌雄同体（隣接的雌雄同体），特に雄性先熟からゆっくり進化したと推定した．先に述べたように，雌性先熟はスズキ系においてのみ出現しており，スズキ系以外では雄性先熟と同時的雌雄同体しかみられないので（**図1-3**），同時的雌雄同体が経時的雌雄同体から進化したとすれば，スズキ系以外では雄性先熟から進化したと考えるのが妥当であろう．一方，スズキ系内では，同時的雌雄同体は上記の例に示したように双方向性転換または雌性先熟と関連しており，異なる進化経路をたどった可能性がある．ミジンベニハゼのような同時成熟個体を含む経時的雌雄同体種において（Oyama et al., 2023b），野外で雄から同時成熟へ性転換するきっかけとプロセスを詳しく調べることで，進化経路の解明に向けてのヒントが得られるのではないかと期待される．

　上記以外の同時的雌雄同体の配偶システムの様々な具体例（Sawada, 2023）については次章（2章）で詳しく紹介する．

2章

同時的雌雄同体魚類の配偶システム

澤田紘太

　本書の3章以降では，経時的雌雄同体（隣接的雌雄同体）あるいは性転換，すなわち個体の性が一生のうちに変化するという現象を扱っている．これは個体の生活史を通して両方の性をもつという意味で雌雄同体に含まれるが，ある個体のある時点を見ると，1つの性しかもたない．それに対してこの章では，個体が同時に雌雄両方の性を併せもつ，同時的雌雄同体（同時雌雄同体）という現象を扱う．まず雌雄同体の進化理論を簡単に説明し，関連する概念である雄性両性異体の定義を考察してから，同時的雌雄同体のみられる分類群をひとつずつみていくこととする．最後に，それまでの議論を踏まえて，同時的雌雄同体の進化パターンについて考察する．

2-1. 同時的雌雄同体とは何か

　同時的雌雄同体（同時雌雄同体 simultaneous hermaphroditism）とは，雌雄同体のタイプの一つであり，個体が同時に雌雄両方の性を併せもつ現象を指す．単に雌雄同体と聞けば，経時的雌雄同体（性転換）よりもこちらをイメージすることのほうが多いのではないだろうか．同時的雌雄同体は，生物全体で見れば珍しい現象ではない．被子植物（コラム4を参照）ではむしろ同時的雌雄同体が多数派である．無脊椎動物（コラム3を参照）にはほぼ全種が同時的雌雄同体の高次

2章－同時的雌雄同体魚類の配偶システム　｜　33

分類群もある．しかし，魚類での確認種数は性転換に比べてかなり少なく，現時点ではわずか58種に留まる（**表2-1**）うえに，多くの分類群にまたがって見られる性転換と違い，ごく少数の分類群でしか知られていない（Kuwamura et al., 2020；Sawada, 2023；1章を参照）．ただし深海魚のように研究の難しいグループも含まれるため，実際に同時的雌雄同体である種数はもっと多いだろうが，どうやら魚類では，同時的雌雄同体はなかなか進化しない傾向にあるようだ．この問題については，本章の最後でもう一度考えたい．

　日本では，魚類の同時的雌雄同体に関する研究例数，特に行動生態学に関するものは，経時的雌雄同体に比べてはるかに少なく，その結果として書籍などで紹介される機会も少ないように思われる．複数の魚類研究者が自身の研究を紹介した書籍を見ると，行動生態学分野では『魚類の社会行動』（中嶋・狩野，2003；幸田・中嶋，2004；桑村・狩野，2008）シリーズ，『魚類行動生態学入門』（桑村・安房田，2013），『魚類の繁殖行動』（後藤・前川，1989），『水産動物の性と行動生態』（中園，2003）に同時的雌雄同体を扱う章はなく，『魚類の繁殖戦略』シリーズ（桑村・中嶋，1996，1997）でも中嶋（1997）による総説で言及があるのみ，生態学全般や生理学まで分野を広げても『魚の自然史』（松浦・宮，1999），『魚類環境生態学入門』（猿渡，2006），『魚類の性決定・性分化・性転換』（菊池ほか，2021）にはなく，『生きざまの魚類学』（猿渡，2016）にアオメエソの回遊を主題とした章（平川，2016）があるのみである．上記の本の大部分が経時的雌雄同体に1章以上を割いているうえに，それ自体を1冊の主題とした書籍もある（中園・桑村，1987；桑村，2004）のと比べると，ずいぶんと寂しく思えてしまう．一つの要因は，残念なことに日本の浅海域に分布する同時的雌雄同体魚がいないため，野外調査が難しいということだろう．筆者自身も，同時的雌雄同体の魚を直接に扱って研究したことはない．しかし，同時的雌雄同体の魚たちが見せる繁殖戦略はあまりにも多様でおもしろく，身近にいないというだけの理由で知らずにいるのはもったいない．本章を通じてそのおもしろさの一端でも伝えることができればよいと思う．

　ここからは，まず雌雄同体の進化理論を簡単に説明し，関連する概念である雄性両性異体の定義を考察してから，同時的雌雄同体のみられる分類群をひとつずつみていくこととする．他の章のような，トピックごとに重要な研究例を紹介するスタイルとは違った構成になるが，これは同時的雌雄同体の分類群が少ないこ

表2-1 同時的雌雄同体の魚類.

目／科	属	和名	学名	確認	文献	注
ウナギ目						
ツノボ科	ツノボ属	アセツツボ	*Gymnothorax griseus*	Y	Fishelson, 1992	Loh and Chen (2018) は雌雄異体としている
		サビツツボ	*Gymnothorax pictus*	Y	Fishelson, 1992	Loh and Chen (2018) は雌雄異体としている
			Gymnothorax thyrsoideus	Y	Fishelson, 1992	Loh and Chen (2018) は雌雄異体としている
ヒメ目						
チョウチンハダカ科	イトヒキイワシ属	オオイトヒキイワシ	*Bathymicrops brevianalis*	Y	Nielsen, 1966	
			Bathymicrops regis	Y	Nielsen, 1966	
			Bathypterois grallator	Y	Mead, 1960	
			Bathypterois mediterraneus	Y	Fishelson and Galil, 2001; Porcu et al., 2010	
		カギイトヒキイワシ	*Bathypterois quadrifilis*	Y	Mead, 1960	
		ミツマタイトヒキイワシ	*Bathypterois viridensis*	Y	Mead, 1960	
	ソコエソ属	ソコエソ	*Bathytyphlops marionae*	Y	Nielsen, 1966	
			Bathytyphlops sewelli	N	Merrett, 1980	証拠不十分（雄機能は不明）
	チョウチンハダカ属		*Ipnops agassizii*	Y	Nielsen, 1966	
			Ipnops meadi	Y	Nielsen, 1966	
ボウエンギョ科	ボウエンギョ属	ボウエンギョ	*Gigantura chumi*	Y	Johnson and Bertelsen, 1991	ペア? (Kupchik et al.2018)
		コガシラボウエンギョ	*Gigantura indica*	Y	Johnson and Bertelsen, 1991	ペア? (Kupchik et al.2018), Clarke and Wagner (1976) は本種のシノニム *Bathyleptus lisae* について雌雄の個体を報告
シンカイエソ科	シンカイエソ属	ミナミシンカイエソ	*Bathysaurus ferox*	Y	Sulak et al., 1985	
		シンカイエソ	*Bathysaurus mollis*	Y	Sulak et al., 1985	
アオメエソ科	アオメエソ属		*Chlorophthalmus agassizi*	Y	Follesa et al., 2004; Anastasopoulou et al., 2006; Cabiddu et al., 2010	

科・目	属	和名	学名		文献	備考
アデエン科	フデエン属	ハシナガアオメエソ	*Chlorophthalmus brasiliensis*	Y	Mead,1960	
デメエン科	デメエン属	フカミデメエン	*Parasudis truculenta*	Y	Mead,1960	
	デメエンダマシ属	ヒカリデメエン	*Ahliesaurus brevis*	Y	Bertelsen et al.,1976	
	ピカリエン属	ギュンターデメエン	*Benthalbella infans*	Y	Merrett et al.,1973	
		ヒカリエン	*Scopelarchus guentheri*	Y	Merrett et al.,1973	
Paralepididae	ナメハダカ属		*Arctozenus risso*	Y	Devine and Guelpen,2021	
ハダカエン科			*Lestidium pseudosphyraenoides*	Y	Mead,1960	証拠不十分（生殖腺の固定状況が悪く詳細不明）
ミズウオ科	ミズウオ属	ツマリミズウオ	*Alepisaurus brevirostris*	N	Gibbs,1960	
		ミズウオ	*Alepisaurus ferox*	Y	Bañón et al.,2022	
	キバハダカ属	キバハダカ	*Omosudis lowii*	Y	Smith and Atz,1973; Merrett et al.,1973	
オヴァレンタリア亜系（日本確定）						
メギス科	タナバタメギス属		*Pseudoplesiops howensis*	N	Cole and Gill,2000	証拠不十分（両性巣に成熟した標本が少ない）
カワスズメ目						
カワスズメ科	*Satanoperca*		*Satanoperca jurupari*	Y	Matos et al.,2002	Reid and Atz (1958) は雌雄別の個体による配偶行動を記載
カダヤシ目						
Rivulidae	*Kryptolebias*		*Kryptolebias hermaphroditus*	Y	Tatarenkov et al.,2009; Costa et al.,2010	雄性両性異体だが雄はごく少数でほぼ自家受精 (Tatarenkov et al.,2009; Berbel-Filho et al.,2016)
		"マングローブキリフィッシュ"	*Kryptolebias marmoratus*	Y	Harrington,1961,1963; Soto et al.,1992; Sakakura and Noakes,2000; Sakakura et al.,2006	雄性両性異体，混合交配 (Harrington,1971; Mackiewicz et al.,2006b)
			Kryptolebias ocellatus	Y	Tatarenkov et al.,2009; Costa et al.,2010	雄性両性異体，自家受精はほとんどない (Berbel-Filho et al.,2020)
スズキ目						
ツバメコノシロ科	*Filimanus*		*Filimanus heptadactyla*	Y	Nayak,1959; Kagwade,1967	三性異体，誤同定を含む可能性 (Motomura,2004)

科	属	和名	学名		文献	三性異体
ハタ科	ツバメコノシロ属	タイワンアゴナシ	*Polydactylus microstoma*	Y	Dorairaj,1973	
	Bullisichthys		*Bullisichthys caribbaeus*	Y	Smith and Erdman,1973	ヒメスズキ属とされる場合も
	Dules	イトヒキマメタ	*Dules auriga*	Y	Militelli and Rodrigues,2011	
	フデハタ属	トサフデハタ	*Diplectrum bivittatum*	Y	Touart and Bortone,1980	
			Diplectrum formosum	Y	Bortone,1971	
			Diplectrum macropoma	Y	Bortone,1977a	
			Diplectrum pacificum	Y	Bortone,1977b	
			Diplectrum rostrum	Y	Bortone,1974	
	Hypoplectrus		*Hypoplectrus aberrans*	Y	Fischer,1981	卵の取引
			Hypoplectrus chlorurus	Y	Barlow,1975	卵の取引
		"ブラックハムレット"	*Hypoplectrus nigricans*	Y	Fischer,1980; Petersen,1991	卵の取引, 連続的単婚
		"バードハムレット"	*Hypoplectrus puella*	Y	Barlow,1975; Fischer,1981	卵の取引
		"バターハムレット"	*Hypoplectrus unicolor*	Y	Barlow,1975; Fischer,1981	卵の取引
	Serraniculus		*Serraniculus pumilio*	Y	Hastings,1973	
	ヒメスズキ属		*Serranus annularis*	Y	Bullock and Smith,1991	
			Serranus atricauda	Y	Garcia-Diaz et al.,2002	
		"ランダンバス"	*Serranus baldwini*	Y	Fischer and Petersen,1986; Petersen and Fischer,1986	雄性両性異体, ハレム
			Serranus cabrilla	Y	Garcia-Diaz et al.,1997	
			Serranus hepatus	Y	Bruslé,1983	
			Serranus phoebe	Y	Smith,1959	
		ヨコシマアメリカハタ	*Serranus psittacinus*	Y	Hastings and Petersen,1986; Petersen,1987,1990a,1990b	雄性両性異体, 配偶システムは可塑的
		"ペインテッドコンバー"	*Serranus scriba*	Y	Zorica et al.,2005; Tuset et al.,2005	
			Serranus subligarius	Y	Hastings and Bortone,1980	卵の取引, 乱婚的 (Oliver,1997)
		"タバコウバウオ"	*Serranus tabacarius*	Y	Petersen,1995	卵の取引, 乱婚的
			Serranus tigrinus	Y	Pressley,1981; Petersen,1991	単婚

2章－同時的雌雄同体魚類の配偶システム

"チョークバス"	*Serranus tortugarum*	Y	Fischer,1984a; Fischer and Hardison,1987; Petersen, 1991; Hart,2016	卵の取引、連続的単婚
トゲメギス属	*Pseudogramma gregoryi*	Y	Smith and Atz,1969	

Sawada (2023) より抜粋。一部修正。標準和名のない種のうち、書籍や水族館展示等でよく使われる英名のカナ表記があるものは " " で示した。

分類体系はNelson et al. (2016)に従う。

機能的同時的雌雄同体の証拠が不十分なものも注に「証拠不十分」と注記して含めたが、成熟した標本の生殖腺が分析できて言及されていない種は含めていない。そのような例にはミズウオダマシ *Anotopterus pharaoh* (Iwami and Takahashi,1992)、マルアオメエソ *Chlorophthalmus borealis* (山内,2008)、トーモンヒカリ *C. acutifrons* (猿渡ほか,2006) などがある。

とと，分類群ごとに大きく性質の異なる繁殖戦略をもっていることが理由である．最後に，それまでの議論を踏まえて，同時的雌雄同体の進化パターンについて考察する．

2-1-1. 同時的雌雄同体の進化理論

　行動生態学の観点からみて，同時的雌雄同体には，雌雄異体や経時的雌雄同体と異なる2つの特徴がある．一つは，有性生殖にあたって異性を見つける必要がないということ，もう一つは，各時点で雄と雌の機能両方に最適な割合で資源を配分できるということだ．同時的雌雄同体の適応的意義についても，この2つの側面からそれぞれ仮説が考えられている．

　異性を見つける必要がなければ，個体群の密度が低い場合など，配偶相手を見つけるのが難しい状況で有利だろう．これが低密度説である（Tomlinson, 1966；Ghiselin, 1969）．同時的雌雄同体生物の中には主に自家受精（self-fertilization）によって繁殖する種や，自家受精と他家受精（outcrossing）を使い分ける混合交配（mixed mating）の種もおり，それらの場合は単独でも繁殖が可能である．他家受精しかしない種の場合でも，同時的雌雄同体は出会った同種の成熟個体すべてが潜在的な配偶相手となり，同性しか見つからずに繁殖に失敗するリスクを避けられる．この仮説からは，深海のような生産性の低い環境に低密度で生息する生物や，他個体のいない新しい生息地への移住を繰り返すような生物，逆に移動能力が低く配偶者を探せないような生物が同時的雌雄同体になると予測される．

　もう一つの仮説は，経済学でいう収穫逓減（diminishing returns）を考えている（図2-1）．ある商品を仕入れて売るとき，需要に対して供給が足りていないうちは，仕入れを増やせば売り上げも増えていくだろう．しかし，商品の需要に限りがあるとすれば，いずれは売れ残りがでてしまい，仕入れを増やしても売り上げは頭打ちになるだろう．その結果，資金投資に対する売り上げの効率は，投資が増えるほど悪くなってしまう．これが収穫逓減である．投資効率を改善するには，1種類の商品の仕入れはほどほどにして，残った資金はまだ供給の足りない別の商品を仕入れることに使うという手が考えられる．

　同時的雌雄同体は繁殖に用いる資源を2種類の性機能に割り振るので，同じようなことができる．例えば抱卵能力が限られていて，卵をたくさん産んでも保護

2章－同時的雌雄同体魚類の配偶システム ｜ 39

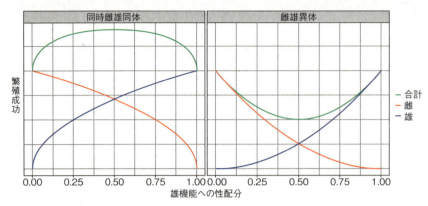

図2-1 収穫逓減説による同時的雌雄同体の進化理論を模式的に示す．横軸は雄への性配分のため，右に行くほど雄に，左に行くほど雌にバイアスした性配分を意味する．左図のように片方の性への性配分に対する繁殖成功が頭打ちになる場合は，中間的な性配分で合計の繁殖成功が最大になるが，右図のように増加し続ける場合は片方の性に特化するのが有利になる．Sawada (2023) より出版社の許可を得て翻訳掲載．

しきれないのなら，すべての資源を雌機能に投資するのは良い戦略ではない．あるいは小集団に分かれて繁殖するような生物で，得られる配偶相手の数（配偶集団サイズ mating group size）が限られているなら，精子をたくさん作っても無駄が多い．なぜなら，同じ相手にたくさんの精子を渡しても，その相手が作る限られた数の卵をめぐって自分の精子たちが競争することになってしまうためである．後者の場合は寄生バチなどの性比研究によく用いられる局所配偶競争（local mate competition）の理論とほとんど同じであり，局所精子競争（local sperm competition）と呼ぶこともある（Schärer, 2009）．雌雄異体のハチでは息子どうしの兄弟間競争が無駄になると考えるのと同じように，雌雄同体の場合では自分の作る兄弟精子間の競争が無駄になると考えられる．また精子の不足する状況では精子をめぐる卵間の競争も起こり得るため，より一般的に局所配偶子競争（local gamete competition）と表現することもある（Henshaw et al., 2014）．このようなメカニズムで一つの性機能への投資に対する適応度上の利益が逓減するなら，すべての資源を雌雄どちらかに投資するよりも，両方に分けて投資したほうが，合計の繁殖成功を最大化できるだろう（Charnov et al., 1976, **図2-1左**）．逆に，雄機能への投資（精子生産だけでなく，配偶者獲得のための行動や形態も含む）を増やせばどんどん多くの配偶相手を獲得できるような場合や，雌雄それ

それの機能をもつために必要な固定コストが繁殖投資の多くを占めるような場合には，繁殖成功は収穫逓増となり，どちらかの性に特化するほうが有利になるだろう（**図2-1右**）．なお，**図2-1**の横軸に当たる，雌雄の性機能への資源配分の割合を性配分（sex allocation）という．この言葉は，雌雄異体なら繁殖資源を息子と娘にどう配分するか（性比），性転換なら生涯の繁殖期間を雌雄の時期にどう配分するかを意味するが，同時雌雄同体ではある時点での資源を雌雄の機能（精子と卵の生産に加えて，求愛のような繁殖成功に影響する機能も含む）にどう配分するか，という問題のことを指す（Charnov, 1982）．

「低密度」と「収穫逓減」という2つの仮説を見てきたが，この2つの仮説は似たような予測を導く場合もある．例えば一部の深海魚のような低密度で生きる生物にとって，そもそも配偶相手を獲得できる確率が低い（低密度説）と同時に，配偶者を見つけた場合にもその数は限られている（収穫逓減説）だろう．そうであれば，この2つの要因はともに低密度下での同時的雌雄同体の進化を促す．しかし，2つの仮説が異なる予測を導く場合もある．例えば配偶者を得られる確率は高いが，その数を増やすことは難しいような場合，同時的雌雄同体は低密度説からは予測されないが，収穫逓減説からは予測される．浅海性のフジツボ類では，幼生が同種の近くに着底することで一定数の配偶相手は得られるものの，ペニスが届く範囲の個体としか配偶できないので配偶集団サイズは限られている．浅海域のフジツボはほとんどが同時的雌雄同体であり，収穫逓減説ではうまく説明できるが，低密度説では説明できない（Sawada and Yamaguchi, 2020）．

2-1-2. 雄性両性異体

同時的雌雄同体と雌雄異体が個体群の中に混ざる生物もいる（Weeks et al., 2006a；Weeks, 2012；Leonard, 2018）．つまり，同時的雌雄同体の個体もいるが，同時に純粋な雄あるいは雌の個体もいるのである．特に雄と雌雄同体が混ざる雄性両性異体（androdioecy）という現象は動物界で比較的多く，有名なところではモデル生物として知られる線虫の一種，*C. elegans*（*Caenorhabditis elegans*）もそうである．逆に，植物では雌と雌雄同体が混ざる雌性両性異体（gynodioecy）が多い．雄，雌，雌雄同体の3タイプの個体が共存する三性異体（trioecy）というシステムも，非常に珍しいがいくつかの例がある．なお，androdioecy・gynodioecy・trioecyは植物学では，それぞれ雄性両全性異株（雄性両性異株，雄

性異株とも），雌性両全性異株（雌性両性異株，雌性異株とも），三性異株（3型性，雄性雌性両全性異株とも）のように訳されるが（菊沢，1995；工藤，2000；清水，2001；伊藤，2009；戸部，2021），動物学ではこれらの訳語は一般的ではない．株という語が動物にそぐわないことに加えて，植物学では両全性（両性花をもつ）と雌雄（異花）同株（同個体が雄花と雌花をもつ）を区別するのに対し，動物学ではそのような区別は意味をなさないため，訳語がしっくりこないということがあるのかもしれない．近年では遊佐（2017・2022）や山口ほか（2016），吉田ほか（2020）といったフジツボ類の研究者がandrodioecyの訳として「雄性異体」を採用しているが，本章では用語単独でのわかりやすさを重視し，androdioecyは雄性両性異体，gynodioecyは雌性両性異体，trioecyは三性異体とする．

　後で見るように，雄性両性異体は本章でも大きなトピックの一つであるが，その定義はしばしば研究者によって異なっている．ここでは雄性両性異体の定義について，少し詳しく議論したい．最もはっきりした雄性両性異体は，性が遺伝的に決まるヒメカイエビ類のように（Weeks et al., 2010），ある個体は生涯を通じて同時的雌雄同体，他の個体は生涯を通じて雄というものだ．ヒゲナガモエビ類のような「雄性先熟的な同時的雌雄同体」，つまりまず雄として成熟した個体が，のちに同時的雌雄同体になるもの（Bauer, 2007；Baeza, 2018）を雄性両性異体と呼ぶべきかどうかは難しい．その2つの間にはさらに微妙な例があり，例えばエボシガイ類の一部では，雄のほとんどは小さな雄（矮雄）のまま生涯を終えるのだが，まれに大きく成長して同時的雌雄同体になる可能性が示唆されている（Yusa et al., 2010, 2013, 2015；Sawada et al., 2015）．

　一つの考え方として，個体群全体が雄性先熟的な同時的雌雄同体であるような場合は雄性両性異体に含めず，雄と同時的雌雄同体を異なる生活史パターンをもつ個体として識別できる場合，すなわち雄が雌雄同体になることはないか，あるとしてもその確率は低く，雌雄同体としての生活史をもつ個体とは区別できる場合のみを雄性両性異体と呼ぶという狭い定義もできる（Pannell, 2002；Yusa et al., 2013；Sawada et al., 2015；Sawada and Yamaguchi, 2020；Pla et al., 2021）．じつは筆者自身，フジツボ類についての論文ではそのように定義してきたし，狭い定義にも利点はあると考えている．しかし本章では，関連文献（Weeks, 2012；Erisman et al., 2013；Leonard, 2018；Sawada, 2023）に合わせるため，また狭い意味での雄性両性異体かどうか明らかでない例（キリフィッシュ類）も

あるため，雄性両性異体の語を広い意味で用いることにする．すなわち，雄と同時的雌雄同体が生活史の異なる段階として現れるような場合も含めて，個体群に雄と同時的雌雄同体の両方が見られる性システムをすべて雄性両性異体と呼ぶことにしたい．

2-2. ミズウオ亜目：雌雄同体の深海魚

2-2-1. ミズウオ亜目の雌雄同体性と配偶システム

　深海魚には同時的雌雄同体が多い，という指摘を聞いたことがあるかもしれない．確かに，これまでに同時的雌雄同体が確認されている魚類のうち，3分の1以上が深海性である（**表2-1**）．深海魚は研究が難しいことを考えると，この比率はかなり高いといって差し支えないだろう．ただし，ここから深海では同時的雌雄同体が進化しやすいという結論を導き出すことはできない．同時的雌雄同体の深海魚はすべて1つの系統群に属するため，雌雄同体性の進化はその祖先で一度だけ起こったと推定されるのである（Davis and Fielitz, 2010）．

　その系統群とは，ヒメ目のうちのミズウオ亜目である．「めひかり」とも呼ばれる美味なアオメエソ類や，まれに海岸に流れ着くミズウオ，「三脚魚」の別名で知られるイトヒキイワシ類など，多様な深海魚がミズウオ亜目に含まれる．現生のヒメ目にはほかにヒメ亜目（すり身の原料になるマエソなど）とナガアオメエソ亜目（後述するように，アオメエソによく似たグループ）があるが，それらは全種が雌雄異体であるのに対し，ミズウオ亜目は知られている限り全種が同時的雌雄同体である（Baldwin and Johnson, 1996；Davis and Fielitz, 2010）．機能的な同時的雌雄同体であるという直接的な証拠が得られているのはチョウチンハダカ科，ボウエンギョ科，シンカイエソ科，アオメエソ科，フデエソ科，デメエソ科，ミズウオ科，ハダカエソ科，Paralepididaeの9科22種にすぎないが，それ以外の種からも弱い証拠が得られており，逆に雌雄異体や性転換の証拠はない．このことから，ミズウオ亜目の全種が同時的雌雄同体であると広く考えられている（Smith, 1975；Merrett, 1994；Baldwin and Johnson, 1996；Ota et al., 2000；Davis and Fielitz, 2010）．これとヒメ目の系統学的研究を組み合わせると，同時的雌雄同体は前期白亜紀に，ミズウオ亜目が姉妹群のナガアオメエソ亜目と分岐した後で一度だけ，雌雄異体の祖先から進化したと推定される．これは，脊

椎動物における雌雄同体の起源としては最も古い（Davis and Fielitz, 2010）．ただし，絶滅した雌雄同体の系統や，雌雄同体が一度進化したあとで雌雄異体に戻った系統が存在する可能性は否定できない．

　深海では，光合成ができないため一般に生産性が低く，エネルギー源となる熱水噴出孔があるような特殊な環境を除いて，個体群の密度も低くなりやすい（Herring, 2001）．したがって，深海性のミズウオ亜目における同時的雌雄同体は低密度説の実例とみなされている（Mead et al., 1964；Ghiselin, 1969；Warner, 1984；Merrett, 1994）．浅海性のヒメ亜目に雌雄同体がみられないこと，同時的雌雄同体の進化が起こったミズウオ亜目の共通祖先が深海性であったと推定されることは，この考えを支持している（Erisman et al., 2013）．加えて，深海では配偶集団サイズも限られるので，収穫逓減説も同時にはたらく可能性がある．この2つを区別するには配偶システムを調べる必要があるが，深海魚の行動観察は難しく，知見はごく限られている．また，深海魚のすべてが低密度とは限らず，例えばアオメエソ科のなかには，大きな群れを作っているとされる種もある（Anastasopoulou et al., 2006）．なお，自家受精は形態的には不可能ではないとされるが（Mead et al., 1964；Cabiddu et al., 2010），実際に行っているという証拠はない（Davis and Fielitz, 2010）．

　近年では，無人潜水機（ROV，水中ドローン）による深海魚の行動観察もある程度可能になってきている．ボウエンギョ類（ボウエンギョとコガシラボウエンギョ）では，ROVで2尾が並んで泳いでいる様子が観察されている（Kupchik et al., 2018）．偶数尾での採集頻度がランダムからの期待値よりも多いというデータもあり，ボウエンギョ類はペアで繁殖しているのかもしれない（Kupchik et al., 2018）．そのほか，ROVを用いた観察によって，イトヒキイワシ科のナガヅエエソやオオイトヒキイワシ，アオメエソ科のアオメエソが群れを作らず，単独で生活している様子が観察されている（山内, 2008；Davis and Chakrabarty, 2011；Koeda et al., 2021）．ただしアオメエソは，成熟個体が確認されていないため，成熟後も同じような生活をしているとは限らない．**表2-1**にこの種を載せていないのも同じ理由である（幼時雌雄同体の可能性が排除されていない）が，2022年になって，アクアマリンふくしまで飼育されていた個体（**図2-2**）が死亡した際，成熟していたことが報道された．こういった野外観察や飼育研究を積み重ねることで，ミズウオ亜目の配偶システムを少しずつ解明していくことができ

図2-2 ミズウオ亜目の一種アオメエソ．同時的雌雄同体とされつつも成熟個体が得られていなかったが，アクアマリンふくしまで2022年に死亡した個体が成熟していたことが報道された．写真はその個体が死亡する前の同年7月に筆者が撮影したもの．深海魚であるミズウオ亜目を飼育展示している水族館はほとんどなく，生きた個体を見られる貴重な機会であったが，同館での展示は終了してしまった模様．アクアマリンふくしまの許可を得て掲載．

るかもしれない．

2-2-2. 他の生物との比較

　ミズウオ亜目における雌雄同体性の進化を理解するために，生態・形態的に近い他の生物と比較するのも有用だろう．ミズウオ亜目の姉妹群（Davis and Fielitz, 2010）であるナガアオメエソ亜目は深海性で，外見的にはミズウオ亜目のアオメエソ類によく似ている（実際，かつてアオメエソ属に分類されていたほどである．筆者も初めてこの仲間の標本を見たとき，アオメエソ類に違いないと思ってしまった経験がある）．にもかかわらず，知られている限り全種が雌雄異体である．それも多くの種で雄の鰭が長い，あるいは鰭に模様があるといった性的二型があり（Sato and Nakabo, 2003），何らかの性淘汰がはたらいていると示唆される．通常，低密度説が考えるような状況では，性淘汰の機会はほとんどないはずである（Sekizawa et al., 2019）．ナガアオメエソ類の性的二型は，深海魚が必ずしも低密度説の想定するような配偶システムをもつわけでないことを示しているといえるだろう．

　深海適応としての同時的雌雄同体を考えるなら，他の方法で深海での配偶者獲

得に適応した動物（Cocker, 1978）を比較対象とするのも重要だろう．深海性のチョウチンアンコウ類や，フジツボの仲間の甲殻類であるミョウガガイ類などでは，雄が矮小化し，雌に一時的あるいは恒久的に付着するという戦略を採っている（Pietsch, 2005；遊佐，2017）．これは配偶相手を確保するほか（Ghiselin, 1969；Pietsch, 2005），餌の乏しい深海環境に適応する戦略でもあると考えられている（Yamaguchi et al., 2012）．一部の深海魚では発光器や浮袋，耳石といった視覚・聴覚によるコミュニケーションに関わる部位に性差があり，配偶者獲得に役立っている可能性がある（Schwarzhans, 1994；Haedrich, 1996；Herring, 2007）．深海における配偶者獲得という共通の適応課題に対して多様な戦略が採用される背景にはどのような違いがあるのか，研究は進んでいない．

まとめると，ヒメ目のうちミズウオ亜目の祖先で同時的雌雄同体が進化し，おそらくその全種でそのまま維持されている．低密度で配偶者獲得の難しい深海への適応であると考えられるが，配偶システムの知見がほとんどないため，詳細は不明である．近縁なグループや他の深海性生物で雌雄異体のものと比較するのは興味深いだろう．

2-3. マングローブキリフィッシュとその近縁種：自家受精と雄性両性異体

カダヤシ目のマングローブキリフィッシュ（**図2-3**）とその近縁種は，通常の

図2-3　マングローブキリフィッシュの雌雄同体個体（A）と雄（B）．後者はオレンジ色の部位をもつ．写真はアラバマ大学 Brooke Fitzwater 氏提供．国内では，東山動植物園世界のメダカ館で本種および *Kryptolebias ocellatus*（展示解説板は *K. caudomarginatus*）が展示されている．Sawada (2023) より出版社および写真提供元の許可を得て転載．

繁殖様式として自家受精を行うことが確認されている，脊椎動物で唯一の例である（Avise and Tatarenkov, 2012）．さらにそれらの種では，同時的雌雄同体のほかに雄も見つかる．すなわち，雄性両性異体である．まずは最もよく研究されている種であるマングローブキリフィッシュを詳しく紹介し，そのあとで他の同時的雌雄同体種について考察する．

2-3-1. マングローブキリフィッシュの繁殖様式

マングローブキリフィッシュは中南米の熱帯域に広く分布する．カリブ海・メキシコ湾を含む大西洋側沿岸のマングローブに生息し，しばしば干出するような水たまりやカニ類の巣穴を利用している（Taylor, 2000, 2012）．多くの個体は同時的雌雄同体であり，体内で自家受精を行い，受精卵を産出して単独で繁殖することができる（Harrington, 1961）．雌雄同体どうしで他家受精を行うことはない（Furness et al., 2015）．自家受精だけなら，卵をめぐって他個体の精子と競争することはなく，自分の作る卵を受精させるのに足るだけの精子があれば十分である．マングローブキリフィッシュの卵精巣のなかで精巣部分が占める割合はごくわずか（Soto et al., 1992）なのはこのためだろう．

マングローブキリフィッシュの個体群には同時的雌雄同体（**図2-3A**）だけでなく雄も含まれ，オレンジ色の体色をもつことで雌雄同体とは識別できる（**図2-3B**）が，オレンジ色をもたない「隠れ雄」も少数いると報告されている（Marson et al., 2018）．雄が生じる経路には2つある．飼育下では，胚を18〜20℃の低水温で育てると，生まれながらの雄（一次雄）になる（Harrington, 1967）．ただしこの水温は，この種が野外で経験する水温の下限よりも低く，この水温で雌雄同体を飼育すると産卵しなくなってしまう（Turner et al., 2006）．したがって，野外で一次雄が生じる可能性は低いと考えられている（Earley et al., 2012）．では野外の雄はどうやって生じているのかというと，彼らは同時的雌雄同体が雌機能を失った二次雄なのだと考えられている（Earley et al., 2012）．一般的な飼育条件でもある程度の頻度で雄化が起こるが（Gresham et al., 2020），特に高温や短日といった環境条件で起こりやすい（Earley et al., 2012）．同じ環境条件でも，遺伝的系統が異なると雄化の頻度も異なるため，遺伝的な要因もはたらいているようだ（Turner et al., 2006；Gresham et al., 2020）．雄化しやすさを決める遺伝的メカニズムはわかっていないが，ヘテロ接合度（他家受精の度合い）が影響

2章－同時的雌雄同体魚類の配偶システム ｜ 47

しているという仮説がある（Turner et al., 2006）.

　雄はどうやって繁殖するのだろうか. 同時的雌雄同体が自家受精済みの卵を産む際には, 雄が関与する余地はない. ところが, 雌雄同体は未受精卵を産出することがあり, 同時に雄が放精して受精させるという行動が観察されている（Kristensen, 1970）. マングローブキリフィッシュは同時的雌雄同体の自家受精に加えて, 同時的雌雄同体と雄の間の他家受精によっても繁殖するが, 同時的雌雄同体どうしの他家受精はしないという, 特殊な混合交配のシステムをもっているのだ（Mackiewicz et al., 2006b）. 同じようなシステムはカイエビ類やカブトエビ類, 線虫類の雄性両性異体種にもみられ, 雄性両性異体の動物の中ではある程度一般的なパターンであるようだ（Weeks et al., 2006a ; Weeks, 2012）. これに当てはまらないのがフジツボ類の雄性両性異体種で, 同時的雌雄同体どうしの他家受精と, 同時的雌雄同体と雄の間の他家受精がともに起こる（Yamaguchi et al., 2012）.

2-3-2. マングローブキリフィッシュにおける雄性両性異体の進化

　マングローブキリフィッシュの特殊な性システムはなぜ進化したのだろうか. 一度に考えるには複雑なので, 3つの問題に切り分けて考えたい. 第1に, 同時的雌雄同体性はなぜ進化したのだろうか. これに対する答えは, 低密度説だと考えられている（Tatarenkov et al., 2009 ; Avise and Tatarenkov, 2012）. この種は水質が悪化したり他個体から攻撃されたりすると水から出て, 泥の上を跳ねたり這いずったりして移動することができ, さらにはしばらく空気中でじっとして過ごすこともできる（Taylor, 2012）. おそらく, マングローブの水たまりという不安定な生息環境に適応した行動なのだろう. そうして新しい水たまりに移住すると, そこには配偶相手となりうる同種個体がいないかもしれない. その状況では, 単独でも自家受精によって繁殖できる同時的雌雄同体が有利になるだろう（Turko and Wright, 2015）.

　第2に, 同時的雌雄同体はなぜ, 自家受精だけで繁殖するのではなく, 未受精卵を産んで雄に受精させるのだろうか. 雌雄同体は他の雌雄同体よりも雄個体を選んで接近する傾向にあることから（Martin, 2007 ; Ellison et al., 2013）, 雄が無理やり他家受精を強いている（Kawatsu, 2013）というのではなく, 雌雄同体側にも他家受精の利益があると考えられる. すぐに考えられるのは近交弱勢の

回避だろう．自家受精はいわば究極の近親交配であり，何世代も自家受精を繰り返すと，すぐにほとんどの遺伝子座がホモ接合になってしまう．なぜなら，ある遺伝子座についてヘテロ接合の個体が自家受精すると，子のうち半分はヘテロ接合になるが，残り半分はどちらかの対立遺伝子のホモ接合になる．したがって，ゲノム全体のヘテロ接合遺伝子座の数は自家受精の1世代あたり半減する．その結果，ヘテロ接合では発現しない（そのために自然淘汰によって集団から取り除かれずに残っている）潜性有害遺伝子が発現してしまう可能性が高くなる．さらに，ヘテロ接合の適応度がどちらのホモ接合よりも高い（超顕性）の場合にも，ホモ接合の個体に不利にはたらくだろう．これが自家受精，あるいはより一般に近親交配のもつデメリットである．

マングローブキリフィッシュにも近交弱勢はあるのだろうか．少なくともあるひとつの点ではそのようだ．それは寄生虫に対する免疫である．32のマイクロサテライト遺伝子座を用いた研究によると，ヘテロ接合の遺伝子座が多い（他家受精で産まれた）個体は，ホモ接合の遺伝子座が多い（自家受精で産まれた）個体に比べて，様々な寄生生物の感染が少なかった（Ellison et al., 2011）．免疫に関する1つの遺伝子座に2つの異なる対立遺伝子をもつことによって，より幅広いタイプの寄生虫に抵抗できるようになっていると考えられる（Ellison et al., 2012）．マングローブキリフィッシュは，自家受精と他家受精の「良いとこ取り」をしているといえるだろう（Ellison et al., 2011）．自家受精によって低密度でも確実に繁殖することができ，一方で雄が見つかるなら他家受精をすることで免疫系の近交弱勢から逃れているのである．

では第3の問題，その雄はなぜ現れるのだろう．前に述べたように，自然界に見られる雄はもともと同時的雌雄同体だった個体が，雌機能を失い雄化した二次雄であると考えられる．雄に特化することで，雌機能を通じた適応度の喪失を埋め合わせるほどの利益が得られるのだろうか．例えば，卵を作る必要がない分，多数の雌雄同体に求愛することに時間とエネルギーを費やし，多くの雌雄同体の卵を受精させているとすれば，自分で産卵するのに劣らない繁殖成功を得られるのかもしれない（次に扱う，ヒメスズキ属の雄性両性異体種はこのパターンのようだ）．これは低密度によって雌雄同体になったという仮説と矛盾するようだが，まれに高密度になった際に雄化が起きるとすればつじつまは合う．ただ残念ながら，マングローブの泥の中に暮らす本種の行動を野外で観察するのは難しく，雄

がどの程度の繁殖成功を得ているのかはわからない．それに対して，雄化は繁殖するためというよりも，繁殖するまで生き延びるための戦術であるという仮説がある（Gresham et al., 2020）．マングローブキリフィッシュを高塩分や，潮汐を模した干出といった高ストレスの環境で飼育した場合，雄化した個体は，雌雄同体のままであった個体に比べて生存率が高かった（Gresham et al., 2020）．生理的なコストの高い雌機能を捨てることで，厳しい環境でも生き延びることができると考えられる．

2-3-3. 種内・種間における性システムの多様性

さて，これでマングローブキリフィッシュの性の進化について，大まかな全体像を捉えることができた．頻繁に新しい生息地に移住するため，移住後の低密度でも単独で繁殖できるように同時的雌雄同体が進化した（Avise and Tatarenkov, 2012）．しかし一部の個体は厳しい環境でも生き延びられるよう，雌機能を捨てて雄化するようになった（Gresham et al., 2020）．そして同時的雌雄同体と雄が他家受精することにより，ヘテロ接合度の低下による寄生虫への免疫性の低下を和らげられる（Ellison et al., 2011）．もっともらしいシナリオではあるが，まだ多くの部分が仮説であり，また単純化しすぎている部分もあるだろう．

野外において，マングローブキリフィッシュの性比は個体群によって大きく異なる．雄の割合がほとんどゼロの個体群もあれば，多いところでは20％近くになる（Turner et al., 1992；Mackiewicz et al., 2006a；Marson et al., 2018）．予測される通り，集団遺伝学的な研究によれば，雄の多い個体群ほど他家受精が多く（Tatarenkov et al., 2015），またその個体群に由来する個体を飼育下で育てたときの雄化率も高い（Turner et al., 2006）．Yamaguchi and Iwasa（2021）はマングローブキリフィッシュをモデルに，進化的に安定な雄性両性異体システムを理論的に解析している．その結果，「雄がおらず，雌雄同体は自家受精率が高い」個体群か，「雄が多く，雌雄同体は自家受精率が低い」個体群のいずれかが進化的に安定であることが予測された．しかしこのモデルでは雄は多くなるかいなくなるかであり，20％以下という現実に多くの個体群で見られる比率を説明するには，雄の多い個体群から雄のいない個体群への移住を考える必要があった．実際の性比のばらつきがこのモデルのようなメカニズムで説明できるのかどうかは，明らかになっていない．

雄の比率と自家受精率のばらつきは，マングローブキリフィッシュの種内で見られるだけでなく，近縁種間でも見られる．マングローブキリフィッシュの近縁種には2種の雄性両性異体種がいるのだが，そのうち1種 *Kryptolebias ocellatus* は雄が多く，自家受精をほとんどしないのに対して，もう1種 *K. hermaphroditus* は雄がごく少なく，専ら自家受精で繁殖しているのだ．*K. ocellatus* の雄と雌雄同体の比率はおよそ1：1で（Costa, 2006；Costa et al., 2010），遺伝学的にも主に他家受精で繁殖していることが示されている（Tatarenkov et al., 2009；Berbel-Filho et al., 2020）．そうなると，本種がそもそも自家受精をする機能的な雌雄同体なのかも疑わしくなってくる（Tatarenkov et al., 2009）．もし自家受精をしないなら，*K. ocellatus* は機能的には雌雄異体ということになるのだが，生殖腺の構造は機能的雌雄同体であるマングローブキリフィッシュと同様（Costa, 2006）なので，本書では雄性両性異体種として扱っている．普段は他家受精で繁殖して，ほぼ雌雄異体のようにふるまいつつ，どうしても配偶相手が得られないような場合に，最後の手段として自家受精をするのかもしれない．*K. hermaphroditus* は逆に，ごく最近まで雄のいない，自家受精のみで繁殖する種とみなされていたほどだが，2016年に1個体の雄が報告された（Berbel-Filho et al., 2016）．雄が少ないことから予測される通り，ほとんどの個体は遺伝子がホモ接合ばかりで，自家受精で産まれていることが示されている（Tatarenkov et al., 2011）．

　マングローブキリフィッシュ，*K. hermaphroditus*，*K. ocellatus* の3種に近縁な *K. brasiliensis* は雌雄異体であり，雌雄同体性はこの3種の共通祖先で進化したと考えられる．3種の中では *K. ocellatus* が最初に分岐し，次にマングローブキリフィッシュと *K. hermaphroditus* が分岐する（Tatarenkov et al., 2009；Costa et al., 2010）．マングローブキリフィッシュ種内の系統関係をみると，雄と他家受精の多い地域個体群が初期に分化したということはなく，雄の少ない個体群からなる系統の一部に入っている（Weibel et al., 1999）．繁殖様式は *K. ocellatus* に似ていても，系統的に近いわけではないのだ．これらの知見から最節約的に進化経路を推定すると，次のようになる（Costa et al., 2010）．「*K. brasiliensis* との分岐後，3種の共通祖先で雄性両性異体が進化したが，この時点では雄が多く，自家受精はあまり行わない *K. ocellatus* 型の繁殖を行っていた．その後，マングローブキリフィッシュと *K. hermaphroditus* の共通祖先で雄の減少と自家受精の増加が起

こった．最後に，マングローブキリフィッシュの一部の個体群では再び雄が増加し自家受精は減ったが，*K. ocellatus* にみられるようなレベルには至っていない．」このシナリオはごく大雑把なものだが，いずれにしても *Kryptolebias* 属の種内・種間で見られる性システムの多様性は，このグループのもつユニークな繁殖戦略の進化を解き明かす手掛かりになるだろう．

2-4. ヒメスズキ類の雌雄同体性：取引をするかしないか

ハタ科のヒメスズキ属（セルラヌス属）（図2-4A）や「ハムレット」と呼ばれる *Hypoplectrus* 属（図2-4B）は同時的雌雄同体であり，卵の取引（egg trading）という独特の繁殖行動でよく知られている．もちろんこの行動はおもしろいし重要なのだが，卵の取引をしない種もいて，同じくらい興味深い繁殖行動を示している．ここでは，卵の取引をするものとしないもの，両方をみていくことにしたい．

2-4-1. ハタ科（広義）における同時的雌雄同体

雌雄同体種の紹介をする前に，「ハタ科」の分類について少し注記しておきたい．本書では，Nelson et al.（2016）の分類体系を採用した Kuwamura et al.（2023a）を踏襲し，ハタやハナダイの仲間をすべて広義のハタ科（Serranidae）として分

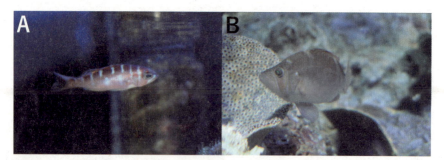

図2-4 ヒメスズキ属クレードのチョークバス（A）とバードハムレット（B）．Aは蒲郡市竹島水族館，Bはサンシャイン水族館で筆者が撮影したものを，両館の許可を得て掲載．ヒメスズキ属クレードに日本産種は含まれないが，国内の水族館で観察できる機会はある．竹島水族館のチョークバスは2023年4月時点では展示されていなかったが，ブルーハムレットの展示を確認した．サンシャイン水族館ではバターハムレットも展示されている．またチョークバスはしまね海洋館アクアスでも展示されているのを確認した（2022年12月時点）．その他，葛西臨海水族園ではペインテッドコンバー，バターハムレット，タバコフィッシュが展示されている．

類している．しかし近年では，かつてハタ科に含まれていた亜科をそれぞれ科として独立させる分類のほうが一般化しつつある（中村・本村，2022a）．以下では適宜，新しい分類群名を併記しておく．

　広義のハタ科の同時的雌雄同体種のほとんどは，ヒメコダイ亜科（＝ハナダイ科）のヒメスズキ属クレード（*Serranus* clade）と呼ばれる単系統群に含まれている．このクレードには前に挙げたヒメスズキ属と*Hypoplectrus*属に加えて，フデハタ属と*Serraniculus*属の計4属が含まれている．ヒメスズキ属クレードは知られている限り全種が同時的雌雄同体であり（ただし後述するように雄性両性異体種も含む），近縁な*Paralabrax*属は雌雄異体，その他のヒメコダイ亜科の多くは雌性先熟の経時的雌雄同体である．したがって，同時的雌雄同体はヒメスズキ属クレードの共通祖先で進化したと推定される（Erisman et al., 2013）．ヒメコダイ亜科では他に，ヒメスズキ属に分類されることもあるイトヒキマメハタのほか，*Bullisichthys*属唯一の種である*B. caribbaeus*が同時的雌雄同体であるが，系統的な位置が不明で，ヒメスズキ属クレードとの関係はわかっていない．その他にハタ亜科（＝狭義のハタ科）ではヌノサラシ族（＝ヌノサラシ亜科）トゲメギス属の一種*Pseudogramma gregoryi*が同時的雌雄同体であり，他の同時的雌雄同体種とは異なる系統に属することから，他の種とは独立に同時的雌雄同体に進化したと考えられる（Smith and Atz, 1969；Erisman et al., 2009）．このように様々な種で同時的雌雄同体性が見られるハタ科（広義）であるが，以下では繁殖行動に関する研究の進んでいるヒメスズキ属と*Hypoplectrus*属の2属に注目する．

2-4-2. 卵の取引を行う同時的雌雄同体

　ヒメスズキ属クレードの各種は浅い海のサンゴ礁に生息し，多くは高密度で観察されるため（Fischer, 1980），ミズウオ亜目やキリフィッシュとは異なり，低密度説では説明できない（Warner, 1984）．では収穫逓減説が予測するような，一つの性での繁殖成功を頭打ちにするような要因はあるだろうか（Charnov et al., 1976）．特に精子は一般的にコストが安いため，配偶相手が十分にいるような状況では，コストの高い卵を作らずに済ませる個体（すなわち雄）が高い繁殖成功を得ることはできないのはなぜか，を考えることとなる．

　その答えの候補となるのが「卵の取引」である．*Hypoplectrus*属で繁殖行動がわかっている種のすべてと，ヒメスズキ属のうち3種（Barlow, 1975；Fischer,

2章−同時的雌雄同体魚類の配偶システム　53

1984a；Fischer and Petersen, 1987；Petersen, 2006）では，産卵時に奇妙な行動を行う．産卵はペアで行うのだが，まず片方の個体が卵を少しだけ放出し，他方の個体が放精して受精される．すると役割を交代し，前に雄役をした個体が次は雌役になって放卵，前の雌役が今後は雄役で放精する．これを何度も繰り返し，小分けにした卵を交互に産み出して受精させていくのである（Fischer, 1980；1984a；Hart et al., 2016）．もし，自分が雌役をするはずの番に放卵しなければ，次の産卵までの時間が長くなってしまう（Fischer, 1980；Petersen, 1995）．この行動は，互いに高コストの卵を相手に受精させることの見返りとして，相手にも卵を提供させていると解釈され，卵の取引と呼ばれている．似たような行動は同時的雌雄同体のゴカイの一種 *Ophryotrocha diadema* でも知られている（Picchi and Lorenzi, 2018）．卵の取引があると，コストの高い卵は出さずに雄役に専念しようとしても，他個体から卵を受精させてもらえないので，高い繁殖成功を得ることができない．したがって，雄機能への投資を増やしたとしても繁殖成功は頭打ちになり，収穫逓減説が当てはまる状況になる．これによって，普通なら同時的雌雄同体が進化的に安定にならないような高密度の条件下でも，ずるをして雄役に特化する個体の増加が妨げられ，雌雄同体性を安定化させる効果があることが理論的に示されている（Fischer, 1984b；Henshaw et al., 2015）．

　卵の取引を行うということは一連の産卵はペアで起こるのだが，ペアを変えて産卵を繰り返すこともあるため，必ずしも単婚ではなく，種によって配偶システムは様々である．例えばタバコフィッシュは，1日に平均8.2回産卵するが，同じ相手との産卵回数は平均2.6回であり，割り算すれば平均3.2個体の配偶相手をもつことになる（Petersen, 1995）．ブラックハムレットやチョークバスは1日には1個体としか産卵せず，また何日も繰り返して同じ相手と産卵するので単婚的だが，時折パートナーを変える「連続的単婚」（serial monogamy）である（Fischer and Petersen, 1987；Hart et al., 2016）．こういった配偶システムの多様性をもたらす要因や，異なる配偶システムが性システムの進化に与える影響については，卵の取引に比べてあまりよく理解が進んでいない．

　理想的な卵の取引であれば，一連の産卵で2個体がそれぞれ雄役・雌役を務める回数は同じになるはずだが，実際には必ずしもそうはならない．多くの種で，より大きい個体が雄役をより多く務める傾向にある（Fischer, 1980；Petersen, 1995, 2006；Oliver, 1997）．チョークバスではペア内の産卵数に強い相関があり，

その相関はサイズの相関から予測されるよりも強い（Hart et al., 2016）．産卵数の近い相手を選ぶことで，卵の取引が不平等になるのを防ぐ効果があるのかもしれない．また種によっては，ベラ類で見られるようなストリーキング，つまりペア産卵に飛び込んで放精する行動もみられる（Oliver, 1997；Petersen, 2006；Hart et al., 2016）．再びチョークバスの研究によれば，高密度の個体群ではストリーキングが多く精子競争が起こるため，雄機能への性配分が増える（Hart et al., 2010）．こういった不完全な卵の取引が雌雄同体の進化に与える影響は，やはりよくわかっていない（Petersen, 2006）．

2-4-3. 雄性両性異体とハレム

　大きな個体は雄役を務めやすいという傾向を極端にしたものが，大きな個体が完全に雄になる雄性両性異体種といえるかもしれない．雄性両性異体はヒメスズキ属のランタンバスと *Serranus psittacinus* の2種でみられ，この2種は姉妹種なのでその共通祖先で一度だけ，同時的雌雄同体のみの種から進化したと考えられる（Erisman and Hastings, 2011；Erisman et al., 2013）．またこの2種では，卵の取引や，小分けにしての放卵はみられない（Fischer and Petersen, 1987）．ランタンバスの小型個体は同時的雌雄同体だが，大きくなると雌機能を失い，完全な雄となる．そして，複数の同時的雌雄同体からなるハレムを防衛する．雄化個体は繁殖期になると攻撃行動の頻度が増し，おそらく他の個体が雄役として繁殖するのを妨げているのだろう．ハレムを構成する同時的雌雄同体の個体たちは，雌役としてハレム雄と繁殖するが，雄役としての繁殖はほとんど行わない．そうすると，この種はハレム型の雄性先熟種とよく似ている．大型個体は，雌機能への投資をやめてハレムの防衛に専念することで多くの雌役と配偶することができ，自身で産卵するよりも高い繁殖成功を得られるのだろう（Petersen and Fischer, 1986）．しかしランタンバスの小型個体が，なぜ雌性先熟種のように純粋な雌にならず，使う機会の乏しい雄機能を保持しているのかはよくわからない．まれにストリーキングや，ハレム雄になる過程で雌機能を保持している個体との配偶などを通じて雄役で繁殖することはあるが，Petersen and Fischer (1986) は，頻度があまりに低いので生理的なコストに見合うとは思われないとして，いくつかの仮説を挙げて議論している．例えば，雄機能を保持していることで，ハレム雄になる機会を得たときに速やかに雄化できるのかもしれない．そうだとすれば，

この種は機能的には同時的雌雄同体というよりも雌性先熟の経時的雌雄同体に近い．なかでも一部のハゼ類に見られる，分離型の両性生殖腺を保持することで速やかに性転換するという現象（5章を参照）によく似ている（Yamaguchi and Iwasa，2017；Tokunaga et al.，2022）．また別の仮説として，研究の行われた場所がたまたま雄機能の使われにくい条件の個体群だったのであり，条件によっては雄役としての繁殖機会があるような配偶システムをもつのかもしれない．

もう一つの雄性両性異体種，*S. psittacinus* では確かにそのような配偶システムの可塑性がみられる（Petersen，1990a，2006）．中程度の個体群密度のとき，この種の配偶システムはランタンバスと似たようなハレムで，大型のハレム雄と小型の雌雄同体を含む．雌雄同体が雄機能を使用するのは，やはりまれに起こるストリーキングのときに限られる．低密度では，孤立したペアで繁殖する単婚になり，毎日，両方の個体が雄役・雌役の両方で繁殖する．ただし卵を小分けにすることはない．そして高密度では，複合ハレム（complex harem）と呼ばれる独特の配偶システムが出現する．複合ハレムでは通常のハレムと同様，雄になった最優位個体（dominant）と，複数の同時的雌雄同体個体からなる．雌雄同体のなかで，雄ほどではないが比較的大きな個体たちは準優位個体（subdominant）となり，より小さな劣位の雌雄同体たちからなるサブハレム（sub-harem）を作る．準優位個体がハレムを作り，最優位雄がその準優位個体たちからなるハレムを作るという，ピラミッド状の入れ子構造となっているのだ．ピラミッドの中間にいる準優位個体は，最優位雄に対して雌役で，劣位個体に対して雄役で繁殖する．準優位個体と劣位個体はともに同時的雌雄同体なのだが，相互に卵と精子をやり取りすることはない．そして，劣位個体どうし，あるいは最優位雄と劣位個体が配偶することはほとんどない．ランタンバスと同様，この種でもハレムや複合ハレムの劣位個体が雄機能を使う機会は限られている．しかし密度や社会的地位によって単婚や複合ハレムの準優位個体になれば雄機能を活用できるので，そのような機会に備えて雄機能を保持しているのかもしれない（Petersen，1990a）．生殖腺に占める精巣の割合は小さいので，すぐには使う機会のない精巣を保持していてもコストは小さいのだろう（Petersen，1990b）．

社会条件に応じて性が変わる（性転換の社会的調節）のは，以降の章でみるように経時的雌雄同体の魚類では一般的である．この現象は，自らのおかれた社会条件に対する適応として，異なる性という戦術を採る戦略として捉えることがで

きる（Wong et al., 2012；Sawada et al., 2017；澤田, 2022）．経時的雌雄同体
では，各個体はある時期には雄か雌のどちらかの戦術しか採ることができないが，
同時的雌雄同体である準優位個体は，同じ時期でも優位の個体に対しては雌とし
て，劣位の個体に対しては雄としてふるまうことができるのである．このように
経時的雌雄同体と比較すると，一つの疑問が生じる．ハレム性の雌性先熟種では
通常，優位な雄が他個体の雄化を抑制する（Ross, 1990）．雄にとって他の雄は
ハレムの雌を争うライバルであり，性転換を抑制して雌のままでいさせるか，さ
もなくば攻撃して追放してしまうのが適応的である．なぜ優位雄は，雄機能を保
持し劣位個体との繁殖機会を奪う準優位個体がハレム内に存在するのを許容する
のだろうか（Iwasa and Yamaguchi, 2022）．ポイントは，準優位個体は雄にとっ
てライバルであると同時に，配偶相手，それも比較的大きくて産卵数の多い配偶
相手でもあるということだ．密度が高くなりハレム内の個体数が増えると複合ハ
レムになり，雄はすべての雌機能を独占することはできなくなるが，準優位個体
との繁殖機会が増えることで，トータルで雄の繁殖成功は増えることが確認され
ている（Petersen, 1990a）．それならば雄は準優位個体を追放して劣位個体との
繁殖を独占するよりも，劣位個体との繁殖は準優位個体に譲り，自身は準優位個
体たちと繁殖するほうが高い繁殖成功を得られる．複合ハレムという独特の配偶
システムは，絶妙な利害関係のバランスのうえに成り立っているようだ．

　ヒメスズキ属クレードの中で，なぜこの2種だけがハレム性の雄性両性異体で，
他の種は同時的雌雄同体なのだろうか．一般的な配偶システムの理論では，個体
群の密度が高かったり，餌資源の分布が予測可能だったりすることで複数の雌の
防衛が容易になると，ハレム型の一夫多妻が進化すると予測されている（Emlen
and Oring, 1977）．この予測を援用して，同時的雌雄同体の個体群で一部の優
位個体が複数の配偶相手を防衛しやすい状況が生じると，雄化してハレムをもつ
ことが有利になると考えられる（Petersen and Fischer, 1986）．この仮説は，*S.
psittacinus* で密度が高い時のみ雄化とハレム形成が起こるという観察結果とよく
合っている（Petersen, 1990b, 2006）．一方，種間で密度を比較すると，特に
雄性両性異体の2種が他種に比べて高い密度をもっているわけではなく，必ずし
も密度のみで決まっているとはいえない（Petersen, 2006）．餌の分布など他の
要因を含めた比較による検証が必要である．

2章－同時的雌雄同体魚類の配偶システム　｜　57

2-4-4. ヒメスズキ属クレードにおける同時的雌雄同体の進化

　卵の取引と雄性両性異体について詳しく論じてきたが，ここでヒメスズキ属ク
レードにおける同時的雌雄同体の進化という問題に立ち戻って考えたい．雄性両
性異体は雌雄異体と同時的雌雄同体との間をつなぐ進化の中間段階であると考え
られることもあるが（Weeks, 2012），この系統群においては同時的雌雄同体か
ら二次的に進化しており，同時的雌雄同体の起源には関係しない．卵の取引は，
同時的雌雄同体が一度進化した後で，それを進化的に安定化させると考えられる
が，明らかに同時的雌雄同体の進化した後に生じたものである．したがって，そ
もそもの同時的雌雄同体の起源の説明には使うことができない（Warner,
1984）．一つの手がかりは，雄性両性異体ではなく卵の取引も行わないハーレク
インバスにあるかもしれない．この種はサイズ調和型の単婚で，長期的なペアを
形成し，繁殖と採餌のためのなわばりを共同で防衛する（Pressley, 1981）．繁
殖時刻は日没前後のごく短時間に限られ，一日のうちにペアの両個体が雄役と雌
役の両方を務めることもあるが，どちらか一方のみで終えることもあり（Pressley,
1981），この最後の点で *S. psittacinus* が低密度で示す単婚とは異なっている．い
ずれの場合も卵を小分けにすることはなく，各個体は一日に一度までしか産卵し
ない．ちなみに時折，周囲の単独個体も参加して3個体での産卵が起こることも
ある（Pressley, 1981）．ハーレクインバスは共同でのなわばり防衛のためペア
である必要があり，また産卵時刻が短いのでペア外に配偶相手を探す機会は限ら
れている．したがって，雄に特化する個体が生じても高い繁殖成功は得られない
だろう（Fischer, 1984a；Warner, 1984）．また基本的にペア産卵で精子競争が
ないため雄機能への性配分はそもそも少なく，これをなくしたとしても雌として
の繁殖成功はわずかしか増加しないだろう（Fischer, 1980；Henshaw et al.,
2015）．こういった条件によって，ハーレクインバスでは収穫逓減説が当てはま
ると考えられる．ハーレクインバスがヒメスズキ属クレードのなかで初期に分化
した系統というわけではないが，同時的雌雄同体が進化した時期の祖先がこのよ
うな配偶システムをもっていた可能性はある．ただし，単婚，ペアでのなわばり
防衛，短い産卵時刻といった形質はハーレクインバスに限ったものではなく，ヒ
メスズキ類と，同時的雌雄同体が進化していない他の系統との間で何が違うのか
ははっきりしない（Warner, 1984）．Warner（1984）はヒメスズキ類の祖先種
が深海性であったのかもしれないと述べているが，特に根拠は挙げていない．祖

先種が本当に深海性あるいはハーレクインバスのような配偶システムをもっていたのかどうか，種間比較による祖先形質の推定が望まれる．

2-5. その他の分類群

　ここまで，同時的雌雄同体が知られ，詳しい研究が行われている3つの分類群，ミズウオ亜目，マングローブキリフィッシュとその近縁種，ヒメスズキ類について詳しく述べてきた．これ以外のグループでは散発的に同時的雌雄同体の報告があるものの，詳細はわかっていないものが多い．例えばオーストラリアとニューカレドニアに分布するメギス科タナバタメギス属の一種 *Pseudoplesiops howensis* は生殖腺の組織学的な分析から同時的雌雄同体とされるが，機能的かどうかは不明であり（Cole and Gill, 2000），繁殖行動はわかっていない．メギス科は雌性先熟あるいは双方向性転換の種を含むが（Kuwamura et al., 2023b），同時的雌雄同体の可能性があるのはこの種のみである．Matos et al.（2002）は，カワスズメ科の一種 *Satanoperca jurupari* を自家受精する同時的雌雄同体としているが，この種については雄と雌による繁殖行動も記載されている（Reid and Atz, 1958）．ウナギ目のウツボ属では3種が同時的雌雄同体とされてきたが，そのうち少なくともアセウツボとサビウツボの2種については雌雄同体でないという報告（Loh and Chen, 2018）もある（ただし，この報告では生殖腺分析の詳細が説明されていない）．

　ツバメコノシロ科の2種，タイワンアゴナシと *Filimanus heptadactyla*（ただしMotomura（2004）は，Nayak（1959）による後者の同定は誤同定としている）では個体群に雄，雌，同時的雌雄同体の3種類の個体が含まれることが報告されている（Nayak, 1959；Kagwade, 1967；Dorairaj, 1973）．そうだとすれば，この2種は動物界にごく少数しかいない三性異体（Weeks, 2012）の性システムをもつことになる．動物の三性異体とされる例では同時的雌雄同体の頻度が非常に低いことが多く，単に一部の個体が発生異常によって雌雄同体的になったものの可能性があるが（Weeks, 2012），この2種における同時的雌雄同体の割合は10～30％台と高い．ツバメコノシロ科には雄性先熟の経時的雌雄同体種も含まれるので（Motomura, 2004；Kuwamura et al., 2023b），機能的な同時的雌雄同体ではなく性転換途中の移行段階ではないかと疑うこともできる．しかし少な

2章ー同時的雌雄同体魚類の配偶システム　59

くとも *F. heptadactyla* については卵精巣の両性の部位がともに発達した個体や，ともに配偶子の放出後とみられる個体も見つかっていることから，機能的な同時的雌雄同体であるとされる（Nayak, 1959；Kagwade, 1967）．ツバメコノシロ科の2種が本当に機能的な三性異体なのか，そうだとすれば雌雄と同時的雌雄同体がそれぞれどのように繁殖しているのか，興味のもたれるところである．

2-6. 魚類において同時的雌雄同体はどう進化してきた（あるいはしてこなかった）か

2-6-1. 同時的雌雄同体の進化は配偶システムで説明できるか

　経時的雌雄同体の研究においては，Ghiselin（1969）による体長有利性説をWarner（1984）らが配偶システムとうまく関連付けたことが決定的な役割を果たした．魚類や無脊椎動物における性転換の有無と方向は，体長有利性説の予測通りに配偶システムときれいに相関している（Kuwamura and Nakashima, 1998；Munday et al., 2006a；Kuwamura et al., 2020, 2023a）．同じような配偶システムとの対応は，同時的雌雄同体にもあるのだろうか．

　個々のケースを見ると，配偶システムによって概ね説明できているように思われる．ミズウオ亜目では深海による低密度，マングローブキリフィッシュでは移住による低密度，ヒメスズキ類では卵の取引や様々な配偶システムによって，同時的雌雄同体が適応的になっていると，仮説的な部分はあるものの，一応の説明はつけることができる．しかし，経時的雌雄同体における配偶システムと雄性先熟・雌性先熟の対応のような，全体に当てはまる一貫した傾向を見つけることは難しい．その理由の一つは，分類群ごとに自家受精・他家受精の有無をはじめとして異質な繁殖戦略を示すことである．もう一つの理由に，似たような状況は同時的雌雄同体でない他の生物にも多く見られるということもある．例えば深海には多様な魚類が生息し，多くは低密度である．しかしそのほとんどは雌雄異体で，同時的雌雄同体はミズウオ亜目でしか進化しなかった．同じような配偶システムの特徴をもっている生物のうち，その一部でのみ同時的雌雄同体が進化し，その他では進化しなかったことの背景は，ほとんど理解されていない（Warner, 1984）．

2-6-2. 同時的雌雄同体の進化パターン

　なぜ同時的雌雄同体が進化的に獲得されなかったのかという問題と同時に，なぜ進化的に失われなかったのかも考える必要がある．本章で詳しく取り上げたなかで，同時的雌雄同体性が失われた例は（一部の個体が雄化して雄性両性異体になる例を除き）まったくないのだ．ミズウオ亜目は一言で深海性といっても，深海の中層や底層の幅広い環境に分布する，形態的・生態的な多様性の高いグループである（Maile et al., 2020）．ヒメスズキ類の配偶システムも多様性に富んでいるし，マングローブキリフィッシュ類も種内・種間で繁殖戦略が大きく異なっている．なかにはランタンバスや*Kryptolebias ocellatus*のように，雌雄同体個体の雄機能がほとんど活用されていないとされる例すらもある．それにも関わらず，同時的雌雄同体性は失われていない．もし，同時的雌雄同体性は失われることがないほどに広い条件下で適応的（または進化的に安定）になるのだとすれば，今度はなぜもっと頻繁に進化していないのかという問題に戻ってしまう．

　性表現は繁殖成功に直結する自然淘汰のうえで非常に重要な形質であり，理論的には環境条件の影響を強く受けて進化すると予測される．しかし実際には，生態的に多様な分類群であっても，性システムは門や綱といった高次分類群のレベルでほぼ均一であるという現象がしばしばみられる．例えば昆虫はあれだけ多様であるにも関わらず，昆虫を含む六脚亜門は（父親の精子が娘の体内で精巣組織を作るカイガラムシ類を除いて（Gardner and Ross, 2011））全種が雌雄異体である．このことを，Leonard（2013・2018）は進化生物学者ジョージ・C・ウィリアムズにちなんで「ウィリアムズのパラドックス」と呼んでいる．本章で扱っているのは，ウィリアムズのパラドックスが本来考えているよりも分類学的に低いレベルの話ではある（最も高次のものでミズウオ類の亜目）が，性表現の進化的可塑性が奇妙に低いという点では似た現象を捉えているといえるだろう．

　ところで，ここまで議論してきた進化のパターンは，比較的近縁な現生種間の比較から，主に最節約法（進化的移行の回数を最小化するように推定）に基づいて推定されたものである（Costa et al., 2010；Davies and Fielitz, 2010；Erisman and Hastings, 2011）．それに対してPla et al.（2022）は真骨類全体の系統関係に基づき，ベイズ統計を用いて性表現のタイプ間の進化的移行確率を推定するというアプローチを取っている．その結果はここでの議論とは異なり，同時的雌雄同体は祖先形質である雌雄異体から直接に進化するのではなく，経時的

2章－同時的雌雄同体魚類の配偶システム ｜ 61

雌雄同体，特に雄性先熟を経由して進化し，その後まれに雌雄異体に，ごくまれに経時的雌雄同体に進化すると考察している．進化の統計モデリングは強力なツールであり，確かに本章の議論で見落とされているような過去の進化的移行のパターンを捉えているのかもしれないが，疑問も残る．例えばPla et al.（2022）が用いたデータセット（Pla et al., 2021；その問題点についてはSawada, 2023を参照）には，雄性先熟と同時的雌雄同体が同科など近縁種間で見られる例はまったくないため，同時的雌雄同体が雄性先熟から進化したと考えるには，現生種には痕跡を残していない雄性先熟種を想定する必要がある．その可能性も否定はできないが，この結果はむしろ，進化的移行の確率が真骨類全体で一定であるという仮定から生み出されている可能性がある．真骨類の高次系統の大部分では全種が雌雄異体であり，雌雄同体性の進化は限られた数の系統群でしか起こらなかったと考えられる（Kuwamura et al., 2020, 2023b）．そのような進化確率の系統間での異質性（Chira and Thomas, 2013）を考慮する手法を含む，より詳細な検討が必要である．それはさておき，Pla et al.（2022）も他の性表現から同時的雌雄同体，あるいはその逆の進化確率はいずれも低いと推定しており，同時的雌雄同体が進化的に獲得も喪失もされにくいという本章の考察と，定性的には一致している．

　魚類の同時的雌雄同体性が獲得の方向にも喪失の方向にも進化しにくいというパターンを理解するには，頻繁に進化が起こっている別の分類群や別の形質と比べるのが有効かもしれない．他の章でみるように，魚類では配偶システムの変化に伴い，経時的雌雄同体が失われて二次的に雌雄異体に進化している例もある（Erisman et al., 2009；Kazancıoğlu and Alonzo, 2010；Sunobe et al., 2017）．なぜ同時的雌雄同体では同じことが起こらないのだろうか．あるいは魚類以外に目を向ければ，例えばフジツボ類では同時的雌雄同体から，雄性両性異体を経て雌雄異体となる進化が繰り返し起こったと推定されている（Yusa et al., 2012；Lin et al., 2015）．一方で同じ甲殻類でも，ヒゲナガモエビ類やヒメカイエビ類では雄性両性異体から雌雄異体への進化は生じていない（Weeks et al., 2006b；Baeza, 2013）．こういった知見を蓄積し，同時的雌雄同体を含む性システムの進化はどのようなときに起こりやすく，どのようなときに起こりにくいのかを明らかにできれば，おもしろいだろう．

コラム1　魚類の性決定・性転換の分子機構

村田良介

　魚類の多くは，生まれて間もなく遺伝的に性が決定し，一度決定した個体の性は生涯変わることはない．このような性のあり方は雌雄異体と呼ばれ，多くの脊椎動物に共通する．しかし，魚類の生殖腺は性ホルモンや水温の影響により変わりやすいという特性をもっている．そのため，例えば遺伝的には雌であっても生殖腺は精巣というように，遺伝的な性とは逆の性機能をもつことが，自然界においてもしばしば見られる．本文で紹介されている魚類の性転換現象は，このような魚類の生殖腺の特性を活かした繁殖戦略である．ここでは，性転換を可能にする魚類生殖腺の変わりやすさと，その仕組みを紹介する．

魚類の性決定

　ヒトを含む哺乳類は，多くの種に共通する性決定遺伝子*sry*をもつことが知られており，*sry*をもつ個体は雄に，もたない個体は雌になる．一方，魚類の場合，近年の研究から，種によって様々な性決定遺伝子をもつことがわかってきた．この原因は，進化の過程で突然変異による性決定遺伝子の機能喪失が起こり，他の遺伝子が新たに性決定遺伝子としての機能を果たす，すなわち性決定遺伝子が移り変わることに起因する．また一部の魚種では，同一の遺伝子内のわずかな塩基配列の違いが性決定を司ることも明らかになっている．詳細は菊池ほか（2021）を参照されたいが，魚類は哺乳類と比べると雌雄の遺伝的差異が小さく，性の遺伝的な支配力は哺乳類ほど強くはないことがわかっている．

魚類の生殖腺の性的可塑性

　魚の生殖腺は性ホルモンや水温の影響を強く受ける．特に生殖腺が卵巣にも精巣にも分化していない稚魚の時期は性ホルモンに対する感受性が非常に強い．例えば，遺伝的に雌である稚魚の発生初期に雄性ホルモンを処理すると生殖腺は精巣になり，遺伝的雄への雌性ホルモン処理は卵巣をもたらす（Nakamura et al., 1998）．また近年，十分に成熟した成魚であっても，遺伝的には雌であり成熟した卵巣をもつ個体の体内の雌性ホルモン量を人為的に低下させると，卵巣が精巣

へと転換することが明らかになっている（Paul-Prasanth et al., 2013）.

　一方で水温の影響により生殖腺が変わる現象も魚類では一般的である. ヒラメは遺伝的には雌であっても稚魚期の経験水温によっては生殖腺が精巣になる. この現象のメカニズムは, 温度ストレスによりストレス応答ホルモンであるコルチゾルの分泌が促進され, コルチゾルの作用により雌性ホルモン合成が阻害されることによる. また, トウゴロウイワシ目魚類においては, 自然環境下においても温度依存型性決定により遺伝的雌個体の雄への性転換が実際に起こっていることが報告されている（菊池ほか, 2021）.

魚類の性転換のメカニズム

　このように雌雄異体であっても, 魚の生殖腺は水温や性ホルモンの影響により容易に変化する. 一方, 性転換魚は個体周囲の社会環境や個体のサイズをきっかけとして, 自発的に生殖腺を変化させる能力をもっている. そのメカニズムの中心を担うのは, 視覚情報や自身の成長情報を処理して生殖腺へとシグナルを伝える脳であると予想されるが, 性転換の開始を生殖腺に伝える上流メカニズムは未だ謎に包まれている. 一方, 生殖腺の変化を引き起こすメカニズムについては, 菊池ほか(2021)に詳細が記載されている通り, やはり性ホルモンが鍵を握っている（**図1**）.

　近年, 筆者らの研究グループはハタ科魚類の性転換メカニズムの一端を明らかにしてきた. ハタ類は生まれた後, すべての個体がまず卵巣をもつ雌になり, 大きく成長した後に雌から雄へと性転換する, 雌性先熟と呼ばれる生殖様式をもつ. 従来, ハタ類の性転換のきっかけは体サイズに依存するとされてきたが, 近年の研究からアカハタやチャイロマルハタなどの中型ハタ類は周囲の社会環境に依存した性転換を示すこともわかってきた. 例えば体の大きな雌と小さな雌を同じ水槽に収容すると, 体の大きな個体が雄へと性転換する. 興味深いことに, ハタ類は雌から雄へと性転換すると述べたが, 雄2個体を同じ水槽に収容した場合, 小さな個体が雌に性転換する, すなわち双方向性転換することがわかった（Chen et al., 2020, 2019；村田ほか, 未発表）.

　ハタ類の, 特に卵巣から精巣への転換は雄性ホルモンである11ケトテストステロン（11KT）により支配される. ハタ科の中でも食用として一般に知られるハタ亜科に属する魚種は, 卵巣の外皮に分布する雄性ホルモン産生細胞をもつことがわかった. 通常, 卵巣は雌性ホルモン合成を担う器官であるため, 卵巣に雄

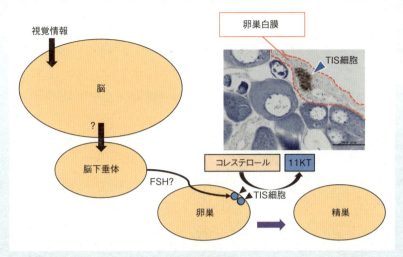

図1 ハタ科魚類における性転換メカニズムの概念図
生殖腺の性転換は，脳-脳下垂体-生殖腺軸に沿って制御されると考えられる．FSH: follicular stimulating hormone 濾胞刺激ホルモン．

性ホルモン産生細胞が存在することは非常に珍しい．そこで筆者らはこの特殊な細胞をTIS細胞（testicular inducing steroidogenic cell，精巣誘導ステロイド産生細胞）と名付けた（図1）．さらに，その後の研究から，TIS細胞はハタ科の中でもハタ亜科に分類される魚種のみが保持しており，ハタ類と同じく雌性先熟のハナダイやベラの卵巣には存在しないことが明らかとなっている．これらの事実から，TIS細胞はハタ類の卵巣から精巣への転換の際に11KT合成を活発に行い，性転換を引き起こす鍵であり，さらにはハタ類が進化の過程で性転換機能を獲得した鍵にもなっているのではないかと，筆者らは予想している（Murata et al., 2021）．

一方，クマノミやクロダイなどは，ハタ類とは逆に雄から雌へと性転換する，雄性先熟と呼ばれる繁殖様式を示す．クマノミ孵化仔魚の生殖腺性分化過程を詳細に調べたところ，興味深いことに，生まれた後まずは雄として機能するにも関わらず，生殖腺はまず未熟な卵巣へと性分化することがわかった．この点は上述の雌性先熟魚と共通する．しかしその後，クマノミの場合は卵巣がそのまま成熟することはなく，未熟な卵巣組織の周辺に精巣組織が分化して両性生殖腺になり，機能としては雄としてふるまう（菊池ほか，2021）．雄が両性生殖腺をもつとい

う点が雌性先熟魚とは異なる．そして大きく成長し，適切な社会環境が整うと，卵母細胞の発達と精巣組織の退行が起こり，雌へと性転換する．このめまぐるしい精巣組織，卵巣組織の入れ替わりには，雌性ホルモンであるエストラジオール17β（E2）と11KTとの体内におけるバランス変化が重要な役割を果たすと考えられている（Miura et al., 2013, 2008；Nakamura et al., 2015）．

性転換魚の性決定と今後の展望

　最後に，性転換魚の性決定について触れたい．冒頭に述べた通り，魚の性はホルモンや水温の影響を強く受けるものの，基本的には遺伝的な性決定システムが存在する．しかし，性転換魚の場合はどうであろうか？　例えばハタ科魚類の場合，生まれた後にすべての個体が雌になる魚種がある．このような魚種の場合，雌雄どちらかの性にのみ作用して個体の性を決定するような，いわゆる雌雄異体魚における「性決定遺伝子」は存在しないと予想できる．近年の進化生態学的研究から，性転換魚は雌雄異体魚から進化してきたことが示唆されている．これらの事実から，筆者らは性転換魚においては性決定遺伝子が進化の過程で失われたのではないかと予想している．そして，失われた性決定遺伝子に代わってハタ類の性を支配しているのは11KTであり，11KTを合成するTIS細胞ではないかと考えている．しかし，これらの要素はあくまで生殖腺の機能的な性の決定を支配しているのであって，性転換魚の性を決定する最初のトリガーとなるのは脳からのシグナルであると予想される．また，TIS細胞をもたないベラやハナダイの仲間，さらにはクマノミなどの雄性先熟魚においては，ハタ科魚類とは異なる性転換メカニズムが存在すると予想される．これらの仮説を検証するためには，今後さらなる研究が必要である．

3章

雄性先熟魚類の配偶システム

須之部友基

　この章ではまず雄性先熟を示す種がどんな分類群に属するのかを示す．雄性先熟を示す種のなかには必ずしもすべての雄が雌に性転換するとは限らず，1つの種のなかで性転換する個体と雌雄異体の個体が出現する場合があるので，雌雄異体個体の出現パターンによって性様式をタイプ分けする．体長有利性説に基づき雄性先熟と雌雄異体の進化を促す配偶システムを示し，それぞれが出現する条件を生息密度と関連付けて説明する．次にコチ科，タイ科，スズメダイ科クマノミ類の配偶システムに関する研究事例を紹介し，体長有利性説との整合性について検討する．最後に性様式の進化における配偶者選択の重要性について考察する．

3-1. 雄性先熟と雌雄異体

　魚類における雄性先熟（protandry：雄から雌への性転換）は14科64種で知られている．これらの種はウナギ目（1種），ニシン目（2），コイ目（1），ワニトカゲギス目（5），スズキ系（オヴァレンタリア亜系（10），ワニギス目（3），スズキ目（10），カサゴ目（7），モロネ目（1），タイ目（24））に属している（分類体系は矢部ほか（2017）に従った）（表3-1）．これらの分類群は系統的にはバラバラで，雄性先熟はそれぞれの分類群で独立に進化したことがうかがえる．一方で，雌性先熟および双方向性転換をする種はすべてスズキ系に属しているのが

表3-1 雄性先熟を示す魚類の性様式、配偶システムおよび生息場所.

目／科	種	和名	性様式	配偶システム	生息場所	文献
Anguilliformes ウナギ目						
Muraenidae ウツボ科	*Rhinomuraena quaesita*	ハナヒゲウツボ	I		サンゴ礁	Shen et al.,1979
Clupeiformes ニシン目						
Clupeidae ニシン科	*Temualosa macrura*	—	I		熱帯域の河口部.沿岸部 (Bengakalis, Sumatora)	Blaber et al.,1999
			III		熱帯域の河口部.沿岸部 (Sarawak, Sumatora)	Blaber et al.,2005
	Temualosa toli	—	I		熱帯域の河口部.沿岸部	Blaber et al.,1996
Cypriniformes コイ目						
Cobitidae ドジョウ科	*Cobitis taenia*	タイリクシマドジョウ	IV 雌雄異体		淡水 (Chisola River, Italy)	Lodi;1967
					淡水 (Po River[1] and Timonchio River[2], Italy)	Lodi;1980a[1]; Rasotto,1992[2]
Stomiiformes ワニトカゲギス目						
Gonostomatidae ヨコエソ科	*Cyclothone atraria*	オニハダカ	I		深海	Miya and Nemoto,1985,1987
	Cyclothone microdon	—	I		深海	Badcock and Merrett,1976
	Gonostoma elongatum	オオヨコエソ	III		深海	Fisher,1983 学名は表1-2に従った.
	Sigmops bathyphilus		III		深海	Badcock,1986では *Gonostoma bathyphilum*.
	Sigmops gracile	ヨコエソ	I		深海	Kawaguchi and Marumo,1967
Uncertain in Ovalentaria オヴァレンタリア亜系 (目未確定)						
Pomacentridae スズメダイ科	*Amphiprion akallopisos*	—	I	一夫一妻	サンゴ礁	Fricke and Fricke,1977; Fricke,1979
	Amphiprion bicinctus	—	I	一夫一妻	サンゴ礁	Fricke and Fricke,1977; Fricke,1983
	Amphiprion clarkii	クマノミ	I	一夫一妻	サンゴ礁 (ホスト密度が低い)	Moyer and Nakazono,1978a
			IV	一夫一妻	温帯域 (ホスト密度が高い)	Ochi,1989b; Hattori and Yanagisawa,1991
	Amphiprion frenatus	ハマクマノミ	I	一夫一妻	サンゴ礁	Moyer and Nakazono,1978a; Hattori,1991

	和名	型	配偶システム	生息域	文献
Amphiprion melanopus	—	I	一夫一妻	サンゴ礁	Godwin,1994a,1994b; Ross,1978
Amphiprion ocellaris	カクレクマノミ	I	一夫一妻	サンゴ礁	Moyer and Nakazono,1978a; Madhu et al.,2010
Amphiprion percula	—	I	一夫一妻	サンゴ礁	Madhu and Madhu,2006
Amphiprion perideraion	ハナビラクマノミ	I	一夫一妻	サンゴ礁	Moyer and Nakazono,1978a; Hattori,2000
Amphiprion polymnus	トウアカクマノミ	I	一夫一妻	サンゴ礁	Moyer and Nakazono,1978a; Rattanayuvakorn et al.,2006
Amphiprion sandaracinos	セジロクマノミ	I	一夫一妻	サンゴ礁	Moyer and Nakazono,1978a
Trachiniformes ワニギス目					
Creediidae トビギンポ科					
Crystallodytes cookei	—	I		サンゴ礁	Langston,2004
Limnichthys fasciatus	トビギンポ	I		温帯域	Shitamistu and Sunobe,2017
Limnichthys nitidus	ミナミトビギンポ	I		サンゴ礁	Langston,2004; Shitamistu and Sunobe,2017
Perciformes スズキ目					
Centropomidae					
Centropomus parallelus	—	III		熱帯域/汽水	Costa e Silva et al.,2021
Centropomus undecimalis	—	I		熱帯域/汽水	Taylor et al.,1998,2000; Young et al.,2020
Latidae アカメ科					
Lates calcarifer	—	III		熱帯域/汽水	Guiguen et al.,1994; Roberts et al.,2021
Polynemidae ツバメコノシロ科					
Eleutheronema tetradactylum	ミナミコノシロ	I		熱帯域	Shihab et al.,2017; Junnan et al.,2020
Galeoides decadactylus	—	III		熱帯域	Longhurst,1965
Polydactylus macrochir	—	II		熱帯域(1986-1990)	Moore et al.,2017
Polydactylus quadrifilis	—	II		熱帯域(2007-2009)	Butler et al.,2018,2021
Terapontidae シマイサキ科					
Bidyanus bidyanus	—	II		淡水	Moiseeva et al.,2001
Mesopristes cancellatus	ヨコシマイサキ	II		淡水	Barazona et al.,2015
Eleginopsidae					
Eleginops maclovinus	—	I		温帯域	Calvo et al.,1992; Brickle et al.,2005; Licandeo et al.,2006
Scorpaeniformes カサゴ目					
Platycephalidae コチ科					
Cociella crocodila	イネゴチ	I		温帯域	青山ほか,1963
Inegocia japonica	トカゲゴチ	II	ランダム配偶	温帯域	Shinomiya et al.,2003
Kumococcius rodericensis	クモゴチ	I		温帯域	Fujii,1971

学名は表1-2に従った。

	Species	和名				References
	Onigocia macrolepis	アネサゴチ				藤井.1970
	Platycephalus sp.2	マゴチ	IV	ランダム配偶	温帯域	Hara and Sunobe.2021
	Suggrundus meerdervoortii	メゴチ	I		温帯域	Shitamistu and Sunobe.2018 学名は表1-2に従った。
Moroniformes モロネ目						
Moronidae モロネ科	*Thysanophrys celebica*	セレベスゴチ	I	ランダム配偶	温帯域	Sunobe et al.2016
	Morone saxatilis	―	I		温帯沿岸部・淡水	Moser et al.1983
Spariformes タイ目						
Sparidae タイ科	*Acanthopagrus australis*		IV		温帯・熱帯域	Pollock.1985
	Acanthopagrus berda		I		熱帯域	Anam et al.2019
	Acanthopagrus bifasciatus		III		熱帯域	Etessami.1983
	Acanthopagrus chinshira	オキナワキチヌ	I		熱帯域	Uehara et al.2022
	Acanthopagrus latus	キチヌ	I		温帯域	Kinoshita.1939; 赤崎.1962
	Acanthopagrus morrisoni		I		温帯・熱帯域	Hesp et al.2004 原著ではキチヌと同定されていった。
	Acanthopagrus pacificus		II		熱帯域	Tobin.1997 原著では *A. berda* と同定されていた。
	Acanthopagrus schlegelii	クロダイ	I		温帯・熱帯域	Kinoshita.1936; Chang and Yueh.1990; Lee et al.2001; Law and Sadovy de Mitcheson.2017
	Acanthopagrus sivicolus	ミナミクロダイ	I		熱帯域	Uehara et al.2022
	Diplodus annularis		IV 雌雄異体		温帯域 (Canary Islands) 温帯域 (Central Mediterranean)	Lissia-Frau et al.1976; Pajuelo and Lorenzo.2001 Chaouch et al.2013
	Diplodus argenteus		IV		熱帯域	David et al.2005
	Diplodus cadenati		IV		温帯域	Pajuelo and Lorenzo.2004
	Diplodus capensis		IV		温帯域 (Tsitsikamma. South Africa)	Mann and Buxton.1998
	Diplodus kotschyi		III 雌雄異体		温帯域 (Angola) 熱帯域	Joubert.1981; Richardson et al.2011 Abou-Seedo et al.1990

種	和名	タイプ	配偶システム	分布域	文献
Diplodus kotschyi		III		熱帯域	Abou-Seedo et al.,1990
Diplodus puntazzo		IV		温帯域	Lissia-Frau et al.,1976; Pajuelo et al.,2008
Diplodus sargus		III		温帯域（Tunisia）	Mouine et al.,2007
Diplodus vulgaris	アフリカナチヌ	IV		温帯域	Lissia-Frau et al.,1976
					Gonçalves and Erzini,2000; Pajuelo et al., 2006
Lithognathus mormyrus		I		温帯域	Lissia-Frau et al.,1976; Besseau and Bruslé-Sicard,1995; Lorenzo et al.,2002
Pagellus acarne		IV		温帯域	Lamrini,1986
Pagellus bogaraveo		III		温帯域（Messina, Italy）	Micale et al.,2002
		IV		温帯域（Azores Lslands）	Krug,1990,1998
Rhabdosargus sarba	ヘダイ	II[1]	ペア産卵[2]	熱帯域（Hong Kong[1] and Taiwan[2]）	Kinoshita,1939[1]; Yeung and Chan, 1987[1]; Leu,1994[2]
			雌雄異体	温帯域（Australia）	Hesp and Potter,2003
Sarpa salpa		I		温帯域	Lissia-Frau et al.,1976; van der Walt and Mann,1998
Sparidentex hasta		I		熱帯域	Abu-Hakimu,1984; Lone and Al-Marzouk, 2000
Sparus aurata	ヨーロッパヘダイ	II	ランダム配偶・グループ産卵	温帯域	Zohar et al.,1978; Bruslé-Sicard and Fourcoult,1997; Ibrra-Zatarain and Duncan, 2015

対照的である（1章）.

　雄性先熟とされた種の報告を詳細に検討してみると，次のように由来の異なる雌がいることがわかった（Gonçalves and Erzini, 2000；Mouine et al., 2007；Pajuelo et al., 2008）.

　二次雌（secondary female）：雄として機能してから性転換したもの.

　一次雌（primary female）：性転換を経ずに最初から雌として機能するもの.

　本章では雌がすべて二次雌から成る場合を雌単型（雌単形 monogyny），二次雌と一次雌が混在する場合を雌二型（雌二形 digyny）と呼ぶことにする．ちなみに雌性先熟においても二次雄（secondary male）と一次雄（primary male）が出現し，雄単型（雄単形 monandry）と雄二型（雄二形 diandry）がある（4章）．さらに性転換しない雄が出現する種もあり，二次雌，一次雌，非性転換雄の組み合わせで雄性先熟をする種の性様式は次の4つのタイプに分類できる（**図3-1**；Sunobe, 2023）.

　タイプI：すべての雄が雌に性転換し，雌はすべて二次雌.

　タイプII：雌はすべて二次雌であるが，一部の雄は性転換しない.

　タイプIII：一次雌が出現し，すべての雄は雌に性転換する.

　タイプIV：一次雌が出現し，一部の雄は性転換しない.

　各タイプを示す種数はIが39種，IIが7種，IIIが10種，IVが13種となっており，タイプIは雄性先熟が見出されたすべての科で出現する．また，同一種でも地域によって異なるタイプあるいは雌雄異体を示す場合がある（**表3-1**）.

　ところで雄性先熟が進化する条件は何だろうか．体長有利性説（Warner, 1975）によれば雄性先熟を示す種の配偶システムはランダム配偶を予測している．ランダム配偶とは雌の配偶者選択がない配偶システ

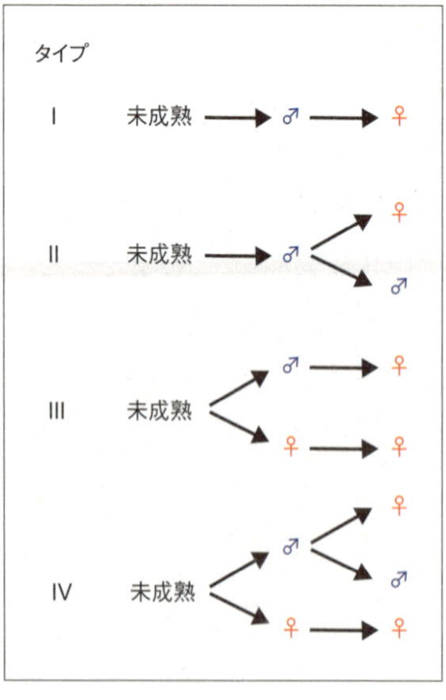

図3-1　雄性先熟を示す種でみられる性様式の4つのタイプ.

ムである．この場合，雄の繁殖成功はサイズによらず一定となるが，雌の繁殖成功はサイズが増すにつれて大きくなる．その結果，サイズの小さい雄は雌より繁殖成功が高く，大きくなると逆転するので，生涯繁殖成功が最大になるように雄性先熟が進化する（Warner, 1975, 1984；図3-2A）．雌が大きな雄を選択し一夫多妻的な配偶システムの場合は雌性先熟の進化を促すことを予測するのとは対照的である（1章，4章）．

次に雌雄異体が進化する条件を考えてみよう．体長有利性説に従えば性転換が進化するのは各サイズにおける雌雄間の繁殖成功に差があるからである．逆に各サイズで雌雄の繁殖成功が等しくなる（equal reproductive success of females and males at each size：ERS）ような配偶（以後，ERS配偶と呼ぶ）であれば性転換は進化しない（Sunobe, 2023），つまり雌雄異体が進化する（Warner, 1984；図3-2B）．ではどんな状況でERS配偶となるのだろうか．一つはサイズが等しい雌雄が一夫一妻のペアを作ることである．もう一つは雄どうしの精子競争がある場合で，精巣の大きな大型個体は小型個体より受精できる卵数が比例的に増える．群れ産卵をする種は，放卵後に集団で放精するために精子競争が生じ大型雄の繁殖成功がより高くなるので雌雄異体となるだろう．例えば，ベラ科やハタ科の多くは雌性先熟であるが，群れ産卵しかしない種の性様式は雌雄異体である（Erisman et al., 2013）．大型雄のなわばりに侵入し放精する小型のスニーカー雄が出現するような種は雌雄異体であることが多い．なぜなら小型

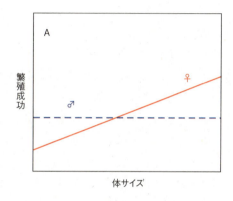

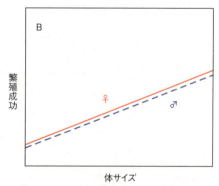

図3-2 ランダム配偶（雌が大きな雄を選択しない配偶：A）およびERS配偶（各サイズにおける雌雄の繁殖成功が等しくなる配偶：B）における体サイズと繁殖成功の関係．Aの場合は雄性先熟が進化し，Bならば雌雄異体が進化する（Warner, 1975, 1984を改変）．

3章－雄性先熟魚類の配偶システム ｜ 73

雄の繁殖成功は同じサイズの雌の繁殖成功と等しくなることが予測される．例え
ば小型雄がスニーキングをするベラ科*Symphodus ocellatus*やハゼ科クモハゼは
雌雄異体である（Warner and Lejeune, 1985；Taru et al., 2002）．

　一般的に配偶システムは可塑性があり，生態学的条件によって変化する（Davies
et al., 2012）．雌雄同体魚の場合，配偶システムとともに性様式も変わることが
予測される（Kuwamura et al., 2020, 2023a）．サンゴ礁に生息するスズメダイ
科ミスジリュウキュウスズメダイは孤立したサンゴに生息しハレム型一夫多妻で
雌性先熟である．しかし，サンゴが連続的に連なるような環境では，捕食圧が低
く雌は自由に移動できるので雄は雌を独占できず雌雄異体となる．逆に孤立した
サンゴで実験的に雌を除去し雄だけのペアという低密度状態を作ると，片方の雄
が雌に性転換する（Kuwamura et al., 2016a, 2020；5章）．この予測に従えば，
雄性先熟とされる種も生息密度によってランダム配偶とERS配偶の頻度が変化し，
①雄性先熟，②雄性先熟と雌雄異体個体の混在，③完全な雌雄異体の3つのパター
ンが出現することが予想される．

　ところで雄性先熟を示す魚類ではどれくらいの種で配偶システムが研究されて
いるのだろうか．雌性先熟魚では，体長有利性説が予想する雌が大きな雄を選択
し一夫多妻となることが多くの種で研究されてきた（4章）．雌性先熟魚の多くは浅
いサンゴ礁や岩礁地帯に生息するので観察が容易であるが，一方の雄性先熟魚は
夜行性であったり，生息場所が沖合，深海あるいは水の濁った河口部だったりと観
察をしづらい．そのせいか野外観察による配偶システムの研究は，浅いサンゴ礁に
生息するオヴァレンタリア亜系スズメダイ科クマノミ類10種の他はカサゴ目コチ科
3種に留まっている．その他はタイ目タイ科ヨーロッパヘダイで飼育下における繁
殖行動の報告があるのみだ（Sunobe, 2023）．そこで本章では，コチ科，タイ科，
クマノミ類の順に，配偶システムと性様式のタイプとの関わりを具体的に見ていく
ことにする．さらに，漁獲圧が性様式のタイプを変えた例についても紹介したい．

3-2. コチ科

　コチ科はインド・太平洋の熱帯から温帯にかけて分布する18属80種から成る
分類群である（Nelson et al., 2016）．これまでイネゴチ，トカゲゴチ，クモゴチ，
アネサゴチ，メゴチが雄性先熟であることが知られている（**表3-1**），しかし，

配偶システムに関する知見がなかったため筆者らの研究グループがトカゲゴチを手始めに，セレベスゴチを野外で観察した．さらに，マゴチ（学名は中坊（2013）に従いPlatycephalus sp.2とする）は雌雄異体であるとされてきたが（Masuda et al., 2000），配偶システムを野外観察しつつ性様式について改めて検討した（Shinomiya et al., 2003；Sunobe et al., 2016；Hara and Sunobe, 2021）．

コチ科の野外研究においては以下の4つの条件を満たせばランダム配偶とみなすことにした．①ペア産卵であること，②配偶のたびに相手が変わること，③ペアを組んだ雌雄のサイズに相関がない，④なわばりをもたない．

3-2-1. トカゲゴチ

本種の性様式についてはFujii（1971）が雄性先熟であることを報告している．そこで繁殖生態を観察するため鹿児島大学水産学部東町ステーション地先海岸において，1995年から1997年にかけて水深6–13 mの砂泥底の斜面に36 m × 40 mの観察区を設置し，出現する個体を詳しく観察した（Shinomiya et al., 2003）．

1) 雄，性転換個体および雌の生殖腺

1996年9月から1997年12月にかけて同地で月例採集により225個体（雄47個体，雌雄同体個体38個体，雌140個体）の標本を得た．全長，体重，生殖腺重量を測定した後，生殖腺は組織学的に観察し性を決定した．トカゲゴチの生殖腺は雄の時は精巣のみから成り，性転換が始まると卵巣部分が出現し，雌に性転換すると精巣部分が消失する（図3-3）．

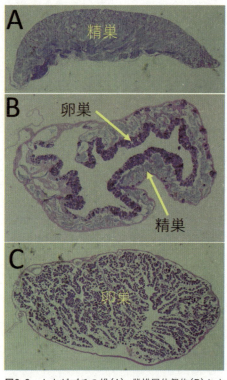

図3-3 トカゲゴチの雄(A)，雌雄同体個体(B)および雌(C)の生殖腺（山田守彦撮影）．

2）性転換するサイズ

　生殖腺重量指数（（生殖腺重量／体重）×100）は6月から9月で高くこの時期が産卵期と思われる．雄，雌雄同体個体，雌のサイズはかなり重なっている（**図3-4A**）．また，雌は雄よりも有意に大きいが，かなり大きな雄も出現している．雌雄同体個体は全長133–271 mmにわたって出現し，様々なサイズで性転換しているようだ．雌雄同体個体は2月から12月に出現し，産卵期・非産卵期を問わず性転換すると思われる．しかし，雌雄同体個体でも精子が形成されており（**図**

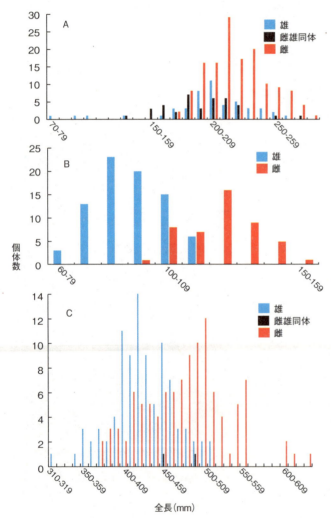

図3-4 トカゲゴチ(A)，セレベスゴチ(B)およびマゴチ(C)における雄，雌雄同体個体，雌の全長組成（それぞれShinomiya et al., 2003, Sunobe et al., 2016, Hara and Sunobe, 2021を改変）．

3-3B),雄として機能している可能性がある.

1996年と1997年に前年に個体識別した雄が性転換しているかどうかを調査した.16個体(全長98–256 mm)が再発見されたが,性転換したのは全長116–168 mmの個体で,102 mm以下および183 mm以上の個体は性転換しなかった.

以上の結果は,トカゲゴチでは性転換は幅広いサイズで起こることを示しているとともに,大型雄は性転換しないことを示唆している.本種については年齢査定をしなかったが,特定の年齢で性転換することはなさそうだ.小型個体はすべて雄であることからすべての雌は雄由来と思われるが,大型雄も出現したところから一部の個体は性転換せずに雄のまま一生を過ごすタイプIIと判断した(**表3-1**).

3) 産卵行動と配偶システム

観察区に出現した個体は追い込み網で捕獲した後,全長を測定しアクリルペイントを水で薄めたものを背鰭の左右に注射して個体識別した(**図3-5A**).観察期間は1995年5月–10月,1996年5月–11月,1997年6月–7月の午前11時から午後8時まで潜水観察した.

産卵は日没後の午後6時28分から7時42分に7回観察された.産卵前になると雄は雌に接近し胸鰭と腹鰭を広げて求愛した.このような求愛を繰り返した後,雌雄は水底から50–90 cm上昇し体を震わせ産卵した.産卵が済むと急いで水底に戻った.雌雄の行動圏は重なりなわばりは見られなかった.行動圏が互いに

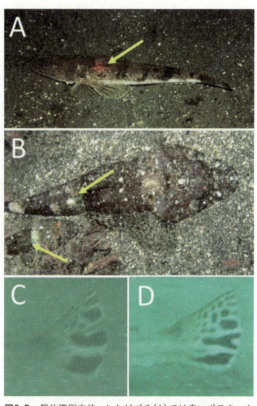

図3-5 個体識別方法.トカゲゴチ(A)では赤いポスターカラーを,セレベスゴチ(B:境田紗知子撮影)では緑のイラストマーを皮下注射した.マゴチ(C, D:原 若輝撮影)では尾鰭の模様の違いを利用した.

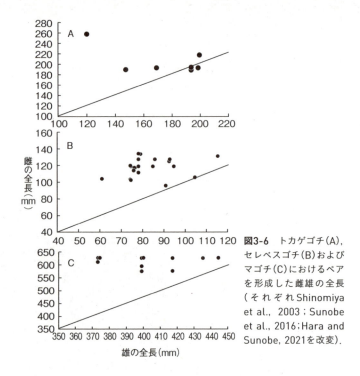

図3-6 トカゲゴチ(A),セレベスゴチ(B)およびマゴチ(C)におけるペアを形成した雌雄の全長(それぞれShinomiya et al., 2003；Sunobe et al., 2016；Hara and Sunobe, 2021を改変).

重なる雌雄間で産卵したが，同じ個体どうしが再びペアを作り産卵することはなかった．また，産卵したペアのサイズには相関がなかった（**図3-6A**）．以上の結果はトカゲゴチの配偶システムはランダム配偶であることを示している．しかし，一部の雄は性転換しないことが示唆されることから，個体群の一部で雌雄異体の進化をうながすようなERS配偶があるかもしれない．

3-2-2. セレベスゴチ

　本種を観察した東京海洋大学館山ステーション地先海岸（調査地の詳細については6章を参照）では，岩盤の窪んだ部分に砂がたまるような場所に本種がよく出現した．本種に関する繁殖生態学的な情報はなかったが，予備調査で生殖腺を観察したところ，雄は精巣と未熟な卵巣から成る両性生殖腺を有し，雌の生殖腺は卵母細胞のみから成っていた（**図3-7**）．さらに雌のほうが大きいので雄性先熟と思われた．そこで40 m × 40 mの観察区を設け2009年から2011年にかけて調査した（Sunobe et al., 2016）．

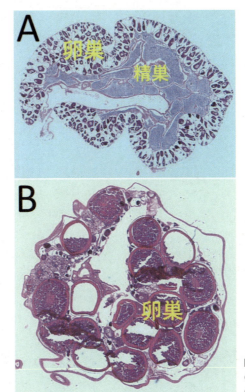

図3-7 セレベスゴチの雄(A)および雌(B)の生殖腺.

1) 性転換するサイズと年齢

　後で述べるように配偶システムを明らかにするため，観察区に出現した127個体を実験室に持ち帰りイラストマーで背面部に標識して元の場所に放した（**図3-5B**）．その際，全長を測定するとともに腹部を押して精子か卵を出すかどうかで雌雄を判別した．また年齢査定をするため鱗も採取した．

　雌雄のサイズを比較してみると，雌のほうが有意に大きい．しかし，全長90–119 mmでサイズが重なる（**図3-4B**）．では年齢ではどうだろうか？　鱗を観察すると透明帯と不透明帯が見られ，2010年9月から2011年5月まで飼育したところほとんど成長しなかったので，年輪は冬季に形成されると思われた．そこで鱗を用いて年齢査定をしたところ雄では1歳から2歳，雌では3歳から5歳で，年齢によって性がはっきり分かれることが明らかとなった（**図3-8A**）．このことからすべての雄が雌に性転換するタイプⅠと判断した（**表3-1**）．

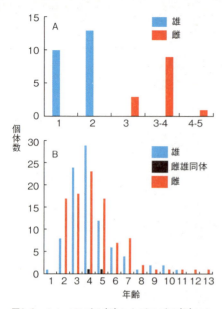

図3-8 セレベスゴチ(A)およびマゴチ(B)における雄，雌雄同体個体，雌の年齢組成（それぞれSunobe et al., 2016；Hara and Sunobe, 2021を改変）．

　館山における本種の産卵期は6月から8月と思われる．その年に産まれた仔魚は1歳となる次年の夏に初めて雄として繁殖に参加し，さらに次の夏も2歳の雄として繁殖する．そして3歳を示す年輪ができる冬季に雌に性転換することが予想できた．このことを確認するために，2010年8月に採集した1歳（1個体）と2歳の雄（3個体）をそれぞれ別の水槽で一冬飼育し，翌年の4月以降に生殖腺を組織学的に観察したところ1歳の雄は性転換せず2歳の雄に，2歳の雄は性転換して3歳の雌になっていた（**表3-2**）．雌雄のサイズが重なるのは産卵期の最初期に産まれた個体と後期に産まれた個体とでは同じ年齢でもサイズに違いが出るからだろう．

2）性転換する条件

　雌性先熟の魚類では，多くは配偶システムが一夫多妻で，雄が消失すると最もサイズの大きな雌が雄に性転換する．つまりサイズによる社会順位があり，順位が上がることで性転換するという社会条件がある（4章）．雄性先熟の種でも，3-5で述べるようにクマノミ類は雌の社会順位が高く，雌の存在が雄の性転換を妨げている．セレベスゴチは2歳で性転換するようだが，そこには何らかの社会的条件があるのだろうか？　それを明らかにするためにセレベスゴチでも雄（3個体，2歳）と雌（3個体，3歳以上）を同居させる飼育実験をした．しかし，サイズが大きな雌がいるにもかかわらず雄は性転換した．つまりセレベスゴチではサイズによる社会順位は存在せず，一定の年齢に達すると性転換する（**表3-2**）．

3）産卵行動と配偶システム

　産卵期である7月から8月の夕方になると，海底で大小の2個体がペアを作りじっとしている（**図3-5B**）．大きいほうの個体は腹部が膨れており，明らかに産卵前

表3-2 セレベスゴチの飼育実験の結果(Sunobe et al., 2016を改変).

グループ番号	個体番号	開始時の全長(mm)		終了時の全長(mm)*		性転換の有無	開始時の年齢
		雄	雌	雄	雌		
#1	M1	92		96		無	1
#2	M2	102			102	有	2
	M3	105			106	有	2
	M4	108			108	有	2
#3	M5	100			100	有	2
	M6	104			106	有	2
	M7	106			106	有	2
	F1		110		111	無	3
	F2		125		125	無	3か4
	F3		135		135	無	3か4

* M2, M6, F1は実験終了前の2011年4月, F3は2011年2月に死亡したときの全長と性を示す.

の雌である. このようなペアを2組採集し, 水槽で観察したところ, それぞれ採集したその日の18時45分と20時15分に産卵した. まず雄が雌の腹部をつつく行動から始まり, 雌を追尾して雌の正面で定位した. 雄が雌の腹部の下に入ると, 雌は背鰭を広げたり口を開けたりした. 次に雌雄が水面に向かって上昇し, 産卵した.

次に配偶システムを観察するため観察区において個体識別をした個体について, 14時から17時までの間の様々な時間に潜水してペアを探してみた. ペアを組んだセレベスゴチは水底に2個体でじっとしているので, 背中の標識から個体番号を読み取るのは容易であった. 3年間で22ペアを記録し, このうち20ペアは1回のみのペアリングで, 1ペアで2回, 1ペアで3回のペアリングがみられた. つまり特定の関係を継続することはほとんどないといえる. ペアを形成した雌雄のサイズは雌のほうが大きいものの, 相関関係は見られなかった (**図3-6B**). また, 雌雄の行動圏は互いに重なっておりなわばりはなかった (**図3-9**). 以上より, セレベスゴチの配偶システムはランダム配偶と思われる.

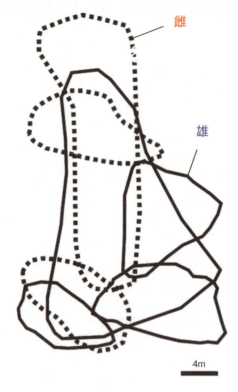

図3-9 セレベスゴチの行動圏．実線は雄，破線は雌 (Sunobe et al., 2016を改変)．

3-2-3. マゴチ

　マゴチが属するコチ属にはサイズが大きくなる種が多く，水産重要種を含むため資源管理の観点から多くの研究がある．これらの研究は，年齢の低い小さいサイズの雌が出現することから他のコチ科の種とは異なり雌雄異体であることを示唆している（Bani and Moltschaniwskyj, 2008；Barnes et al., 2011；Gray and Barnes, 2015；Coulson et al., 2017；Akita and Tachihara, 2019）．マゴチについても雌が雄より大きいのは雌雄の成長率の差であり雌雄異体であるとされてきた（Masuda et al., 2000）．そこで，本種について配偶システムと性様式という観点から掘り下げる研究をしてみた（Hara and Sunobe, 2021）．

1) 雌雄のサイズ分布と性転換

　館山において2014年4月から2015年3月にかけて月例採集により202個体の標本を得た．標本は懇意にしている漁業者に委託して館山周辺の漁港で購入したものである．全長，体重，生殖腺重量を測定してから，生殖腺は組織学的に観察し

た．耳石輪紋が年齢査定に有効であるので（Masuda et al., 2000），耳石を摘出し薄片標本を作製し輪紋をカウントし各個体の年齢を推定した．

月例採集で得られた個体のなかで，雄は93個体，雌は107個体であった．雌のサイズは雄よりも有意に大きかったが，サイズ分布は全長370–519 mmで大きく重なった（図3-4C）．年齢は雌雄で有意差はなく2–11歳で重なっていた（図3-8B）．雌雄の生殖腺はそれぞれ卵母細胞および精巣のみから成っていた（図3-10A，C）．わずか2個体（全長455 mm（3歳），全長499 mm（4歳））であったが雌雄同体の個体が出現した．生殖腺構造は，卵巣薄板内に精原細胞が前卵黄形成期の卵母細胞に囲まれるように存在していた（図3-10B）．

実際に雄が雌に性転換するかどうかを確認するため2014年5月から8月にかけて飼育実験を行った．2014年5月に直径7 m，深さ2 mの海水プールに雄5個体（全長360–415 mm），雌3個体（全長540–550 mm）を収容した．実験を開始するに当たって腹部を軽く押し，精子か卵を出すかで性を判別した．同年8月に取り上げて生殖腺を組織学的に観察したところ最小の個体（2歳）が性転換して卵巣を形成していた．

以上のことからマゴチは雄から雌に性転換することが明らかとなった．上記の

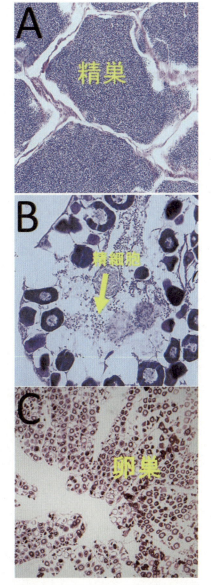

図3-10　マゴチの雄（A），雌雄同体個体（B）および雌（C）の生殖腺．

3章－雄性先熟魚類の配偶システム　｜　83

雌雄同体個体および飼育実験で性転換した個体のサイズと年齢を考えると，全生活史の前半で性転換している可能性がある．雄性先熟のオーストラリア産のアカメ科 *Lates calcarifer* では成長率の良い雄は繁殖に参加する前に性転換をする．というのも成長して大きな雌になったほうがより多くの卵を産めることが期待できるからだ（Roberts et al., 2021）．マゴチでは雌の成長率が雄より大きいが，2歳から4歳の雄のなかには成長率の良い個体がいてサイズも雌並みに全長300–500 mm に達していることから（Masuda et al., 2000），この年齢で成長率の良い雄が雌に性転換するのかもしれない．

　翻って成長率の低い雄はどうするのか？　飼育実験で大型雄は性転換しなかったことを考慮すると，おそらく性転換せずに一生を雄として過ごすと思われる．雌雄のサイズを比べると雌のほうが大きいが（**図3-4C**），これは雌の成長率が雄より大きいからだろう（Masuda et al., 2000）．しかし，雌雄の年齢は有意差がなかった（**図3-8B**）．また，飼育個体から1歳の雌が出現した（Masuda et al., 2000）．このことから本種の性様式はタイプIVと判断した（**表3-1**）．

2）配偶システム

　生殖腺重量指数は5月から6月にかけて上昇し，9月にかけて下がることから館山での産卵期は5月から8月と推定された．そこで2014年6月から9月，2015年5月から8月に館山市伊戸沖水深20 m の砂地に70 × 50 m の観察区を設け繁殖行動を観察した．出現した個体は追い込み網で捕獲し，全長を測定し先に述べた方法で性を判別した．個体識別は尾鰭の模様が個体ごとに異なるのでそれを利用した（**図3-5C, D**）．

　出現した雄は7個体（全長374–450 mm），雌は8個体（全長564–630 mm）であった．マゴチは個体の出入りが少なく，雌は全個体が2年続けて出現した．雄でも1個体は2014年のみ，もう1個体は2015年のみの出現であったが5個体は続けて出現した．雌は活発に動き回り，雄がそれを追尾した．観察区とは別の場所で，16時ごろ雄が約20分追尾してからペアが約50 cm 水底から上昇し産卵した．観察区での観察時間は9時から14時の間だったので産卵行動を観察できなかったが，追尾する雄とされる雌の組み合わせから配偶システムを推定した．

　雌雄の組み合わせは2年間の調査で，延べ20ペアで1回のみ，2ペアで2回，1ペアで5回であった．ペアとなった雌雄のサイズは相関がなかった．また，出現個体の行動圏は互いに重なりなわばりは存在しなかった（Hara and Sunobe,

2021；Sunobe，2023）．これらの結果はマゴチの配偶システムがランダム配偶であることを示唆している．しかし，完全なランダム配偶ならばすべての個体が雄を経てから雌に性転換するはずであるが，館山の個体群は雌雄同体個体と雌雄異体個体の両方が出現した．及川（1996）は高密度で飼育した場合，産卵前の雌に複数の雄が追尾したことを報告している．そこでペア産卵だけでなく，他の雄によるストリーキングあるいは群れ産卵のようなERS配偶をしている地域では雌雄異体になる可能性が考えられる．

3-3. タイ科

タイ科では24種で雄性先熟の性転換が知られている（**表3-1**）．しかし，配偶システムに関しては 地中海から大西洋北東部に分布するヨーロッパヘダイが飼育条件下で観察されているだけである（Ibrra-Zatarain and Duncan，2015）．6 × 3 × 0.9 mの水槽に雌7個体，雄5個体を収容し産卵行動を観察した．論文に添付された動画によれば，産卵前に各個体は水底付近で群がりを形成していた．次に体色がわずかに黒くなった雄が雌の生殖孔付近をつつく求愛行動を示した．水底付近での求愛の後，雌は遊泳速度を急に上げて産卵した．雄1個体のペア産卵もあれば雄が2–4個体の群れ産卵の両方が見られた．繁殖行動の間，雄間の攻撃行動は見られなかったことからヨーロッパヘダイの配偶システムはペア産卵の場合はランダム配偶であると考えられる．

ヨーロッパヘダイはすべての個体がまず雄として機能する．その後．雌に性転換するが，一部は性転換しないタイプⅡの性様式である（Zohar et al.，1978）．ランダム配偶の他に群れ産卵があるため雄性先熟と雌雄異体が混在するのかもしれない．

3-4. スズメダイ科クマノミ類

クマノミ類はサンゴ礁のラグーンや岩礁域に生息し，しかもイソギンチャクから離れることがない．この性質のおかげで個体識別した個体を追跡しやすく観察が容易なので，雄性先熟の魚類で最も早くから研究されてきた．これまで報告されてきた10種（*Amphiprion akallopisos*，*A. bicinctus*，クマノミ，ハマクマノミ，

A. melanopus, カクレクマノミ, *A. percula*, ハナビラクマノミ, トウアカクマノミ, セジロクマノミはいずれも一夫一妻で雄性先熟である（**表3-1**）. 一夫一妻には雌雄の双方がより大きな相手を互いに選択するために雌雄のサイズが等しくなる体長調和一夫一妻（size-assortative monogamy）と, 雌に雄のサイズへの選好性がなく小さな雄を受け入れる非体長調和一夫一妻（non-size-assortative monogamy）の2つがある（Kuwamura et al., 2020, 2023a）. クマノミ類の場合は後者に当たる. 一見するとなぜクマノミ類で雄性先熟が進化したのか理解しにくい. なぜなら雄性先熟が進化する条件であるランダム配偶とは正反対ともいえる一夫一妻だからである. ここでは最近の研究成果（Sunobe et al., 2022）を踏まえ, クマノミ類における雄性先熟の進化が体長有利性説に沿って説明できることを示す.

先に進む前にクマノミ類において性転換が起きる条件を確認しておこう. クマノミ類はイソギンチャクとその周辺になわばりを形成し1つの社会グループを形成している. その内訳は, 最大個体が雌, 次に大きな個体が雄, それより小さい個体は性が定まらない未成熟の状態だ. サイズによる社会順位があり, 特に最上位の雌は常に下位個体を攻撃し性転換を抑制している（Fricke and Fricke, 1977；Moyer and Nakazono, 1978a；Fricke, 1979；Buston, 2003；Hattori, 2012）. 何らかの原因で雌が消失すると雄が雌に性転換し最大の未成熟個体が成熟して雄役を担う. このようにコチ科とは異なり性転換が起きるきっかけは雌性先熟の魚類でみられるような社会順位の変動によるものだ.

3-4-1. なぜ一夫一妻か？ – 同性間競争の検証 –

そもそもクマノミ類はなぜ一夫一妻なのだろうか？ イソギンチャクのような狭い環境では一夫多妻が進化しやすい. というのも大きな雄は容易に複数の雌をコントロールできるからだ（Hattori, 2012）. Fricke and Fricke（1977）は資源が限られていることが一夫一妻になる要因であることを示唆している. イソギンチャクはクマノミ類に隠れ場所と伸びた触手が卵を保護してくれる産卵場所を提供してくれる（Allen, 1972；Moyer and Bell, 1976；Ross, 1978；Moyer and Steene, 1979；Fautin, 1991）（**図3-11**）. *A. akallopisos* やクマノミでは生息密度が高く, 隣り合うグループ間で同性どうしのケンカは頻繁に起きる（Moyer and Sawyers, 1973；Fricke, 1979；Moyer, 1980；Ochi, 1989b）. 同性どうし

は何かをめぐって競争していると思われる．その結果，勝ち残った雌と雄が一夫一妻のペアを形成するのではないだろうか？

そこで雌どうしは産卵場所を，雄どうしは雌と配偶できる雄という地位を争っている，という仮説を立てそれを検証するためにカクレクマノミを用いて飼育実験を実施した（Sunobe et al., 2022）．

図3-11　クマノミの産卵行動．背後にイソギンチャクの触手が見える（平田智法撮影）．

実験を開始するにあたってカクレクマノミを熱帯魚業者から12ペア購入し，それぞれペアごとに予備水槽に収容した．実験用の水槽（60 × 30 × 35 cm）は真ん中を黒いプラスチック板で仕切り，それぞれに産卵巣として植木鉢（開口部直径9.8 cm，底の直径6.1 cm，長さ7.5 cm）を1個ずつ設置した．

1）雌間競争

もし雌どうしが産卵場所をめぐって争うなら，産卵場所を増やしてやればケンカの頻度は下がるはずだ．2個体の雌を区分けした左右に収容し24時間の馴致後に真ん中の板を外し，1時間対面させ攻撃行動の回数を記録した．再び両者をプラスチック板の左右に分け，24時間後に今度は植木鉢の数を3個に増やし対面させた．仮説が正しいのならケンカの回数は減るはずだ．

攻撃行動は体側誇示と相手への突進が観察されたが，両者ともに産卵巣が増えても頻度に有意差はなかった（**図3-12**）．この結果は仮説を支持するものではないが，いず

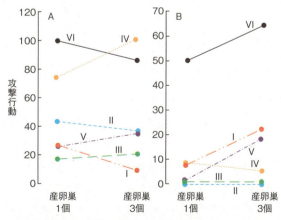

図3-12　産卵巣を1個と3個にした場合のカクレクマノミ雌間における攻撃頻度．A：体側誇示，B：突進行動（Sunobe et al., 2022を改変）．

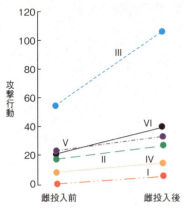

図3-13 雌がいない場合と雌を入れた場合におけるカクレクマノミ雄間における攻撃頻度（Sunobe et al., 2022を改変）．

れにしても実験水槽の大きさでは雌どうしは共存できないことを示している．クマノミおよび*A. akallopisos*では隣り合う雌どうしでなわばりをめぐって争うので(Moyer and Sawyers, 1973；Fricke, 1979)，雌はイソギンチャクおよびその周辺部全体を防衛しているのではないだろうか．

2) 雄間競争

　雄2個体を同居させるだけでは競争が起こりにくい．なぜなら片方が性転換すればペアが成立するからである．雌間競争の実験と同様に2個体の雄をそれぞれ区分けした左右に収容した．24時間の馴致終了後に真ん中の板を外し，1時間対面させケンカの回数を記録した．そこに雌（予備水槽ペアを組んでいた雌ではない）を1個体導入し，さらに1時間ケンカの回数を記録した．もし仮説が正しいのなら回数は増えるはずである．結果は，雌を導入することで体側誇示の回数が有意に増加したことを示している（**図3-13**）．つまり雄どうしは雌をめぐって争っていると思われる．

　以上の飼育実験の結果は同性どうしが共存できないことを示している．つまりクマノミ類が一夫一妻なのは相手を選択して一緒にいるのではなく，同性間競争に勝ち残った雌雄がたまたまペアを組んでいるだけのことだろう．

3-4-2．なぜ雄性先熟なのか？

　クマノミ類の雄性先熟の進化についてはこれまで2つの仮説が発表されている(Fricke and Fricke, 1977；Hattori, 2012)．まずFricke and Fricke（1977）の仮説であるが，次の通りである．性転換が進化する前の雌雄異体の状態で性比が1：1でイソギンチャクへの稚魚の着底や成魚が他のホストからの移動がランダムなら，同数の同性ペアと異性ペアが生じるだろう．低密度のイソギンチャク間の移動は新たなホストを見つけにくいのと捕食圧にさらされるため困難で，できれば移動は避けたい．したがって，同性ペアになってしまったら雌雄同体であればどちらかが性転換すれば異性ペアになり繁殖できる．クマノミ類では雄が小さくても大

きな雌が産んだたくさんの卵を保護することが可能である．なぜなら卵はイソギンチャクの触手が覆われる岩盤に産み付けられるので（**図3-11**），卵捕食者から守られることになる．つまり雄のサイズは繁殖成功に影響しないのである．対照的に雌は大きくなればなるほどたくさんの卵を産む．そこで繁殖成功を高めるうえで雄性先熟が有利となる．つまり，一夫一妻でも大きいほうの個体が雌であるほうが繁殖成功を高くすることができる．

　Fricke and Fricke（1977）の仮説は雌雄異体の祖先種の配偶がランダムであることが前提条件となっている．これに対し，Hattori（2012）はランダム配偶を前提としなくても説明できる体サイズ構成モデル（body size composition model）を提案した．このモデルはイソギンチャクが収容できるクマノミの個体数とサイズ構成を予測するものである．先に述べたようにサイズによる順位関係があり，各個体間のサイズ差とサイズ比は一定であることから導かれた．クマノミ類の産卵数と体サイズの相関関係がわかれば，各サイズの個体が雌である場合の産卵数を計算できる．では最大個体が雌で一夫一妻の場合と，最大個体が雄でそれより小さい雌と繁殖するハレム型一夫多妻となる場合とでは，最大個体の繁殖成功はどちらが高いだろうか？　ハマクマノミ，カクレクマノミ，ハナビラクマノミにおける体サイズと卵巣重量のデータを用いて回帰式を算出し，各サイズの卵巣重量を予測した．すると前者の卵巣重量が後者の卵巣重量の合計よりも大きいという結果となり雄性先熟が有利となることが説明できた．しかし，この仮説に従えば同じような生息条件をもつ他種でも雄性先熟が進化するはずであるが，例えばショウガサンゴに生息する一夫一妻のハゼ科ダルマハゼは双方向性転換を示す（Kuwamura et al., 1994a；1章，5章）．そもそも1つのイソギンチャクに雌どうしは同居できないので一夫多妻は起こりえないと考えられる．

　Fricke and Fricke（1977）の仮説は体長有利性説に近いものであったが，なぜかWarner（1975）を引用せず，同モデルとの整合性について検討していない．そこでSunobe et al.（2022）はFricke and Fricke（1977）の仮説をさらに定量的に検証した．次の3つの前提条件を設定しマルコフ連鎖モンテカルロ法を用いて雌雄の繁殖成功がどうなるのかシミュレーションしてみた．①祖先種は雌雄異体，②ある個体がイソギンチャクにたどり着いた時に同性個体がすでにいた場合，小さいほうは追い出され大きいほうが残る．③異性がそこにいた場合はどういう相手でも一夫一妻のペアとなる（つまり配偶者選択のないランダム配偶）．はたし

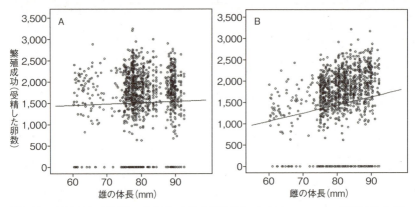

図3-14 雄(A)および雌(B)の各体長における繁殖成功のシミュレーション．実線はサイズと繁殖成功の回帰直線(Sunobe et al., 2022を改変)．

て結果は体長有利性説に合致するものであった（**図3-14**）．一夫一妻という一見するとランダム配偶からかけ離れた配偶システムであるが，シミュレーションはペアリングの段階で配偶者選択がなければ（すなわちランダムにペアができれば），その後のペア維持期間が長くても雄性先熟が進化することを示している．

3-4-3. 高密度域での配偶システムと性様式

愛媛県の宇和海はイソギンチャクが密集しており，クマノミの生息密度も高くなる．このような条件下では，雄も雌も隣のなわばりに侵入し一時的に一夫二妻や一妻二夫も現れたが，ほとんどの場合は一夫一妻であった（Ochi, 1989a, 1989b；Hattori and Yanagisawa, 1991）．また，紅海における *A. akallopisos* の観察では同様にイソギンチャクの密度が高いにもかかわらず複婚は見られず一夫一妻のペアしか現れなかった（Fricke, 1979）．以上のことからクマノミ類はどのような密度でも原則的に一夫一妻と思われる．

しかし，宇和海のクマノミ個体群では性転換はまれにしか起こらず，一生を雌あるいは雄として過ごす個体が出現し，タイプIVの性様式となっている（**表3-1**）．成魚のなわばりの間の隙間に未成魚がペアを作り行動圏を確保していたが，これらの個体は繁殖の機会がくればすぐに雌雄のペアとして機能できる．密集したイソギンチャク間の移動は捕食圧が低いので，パートナーを失った雄は容易に移動し独身雌とペアを形成するか，他のペアのなわばりに侵入し先住雄を追い出

してパートナーの座に納まる．当然，大きいほうの雄が勝つので，結果的に雌雄のサイズは等しくなる（Ochi, 1989b；Hattori and Yanagisawa, 1991）．すなわち各サイズにおける雌雄の繁殖成功が等しいERS配偶となる．

3-5. 漁獲圧による性様式の変化

以上，各分類群における配偶システムと性様式の関わりをみてきたが，漁獲圧が性様式のタイプを変化させた例についても簡単に紹介しておこう．

オーストラリア南部および東部では大型のツバメコノシロ科*Polydactylus macrochir*が水産重要種として漁獲されている．1986年から1990年にかけて大型個体は雌から成り，逆に小型個体は雄ばかりであった．つまりこの期間の性様式はタイプ I であった．ところが2007年から2009年にかけて大型個体への漁獲圧がかかると，雌雄のサイズ構成は大きく重なるようになった．これは大型個体の雌が消失したため，雄が小型のまま性転換してしまい，一方で性転換をしない雄も出現しタイプ II となっている（**表3-1**）．これは大型個体への過度の漁獲圧が性様式に影響を与えた例である（Moore et al., 2017）．

3-6. まとめと今後の課題

雄性先熟を示す種では性様式にタイプ I だけでなくタイプ II，III，IV のような雌雄ともに性転換しない個体が出現し，さらに同じ種でありながら場所が異なるとタイプが異なったり完全な雌雄異体の個体群も見られる．その要因としてランダム配偶だけでなくERS配偶の産卵様式をもつことが予測される．さらに，タイプ II，III，IV の違いが現れる要因についてはまだ不明である．おそらくERS配偶の頻度に因るものと思われるが今後の課題といえる．

雄性先熟魚類の配偶システムと体長有利性説との整合性を検証してみると，性様式の進化に配偶者選択の有無が大きな選択圧になっていることが理解できる．例としてクマノミ類とダルマハゼを比較してみよう．両者はそれぞれイソギンチャクとショウガサンゴという限定された環境にグループで生息し，最大の個体と2番目の個体が一夫一妻のペアとなり，雄が卵保護を担当するなど生態学的な条件はとてもよく似ている．しかし，前者は雄性先熟で非体長調和一夫一妻，後者は

双方向性転換で体長調和一夫一妻（Kuwamura et al., 1994a；1章，5章）を示す．クマノミ類では卵はイソギンチャクの触手に保護されるので，卵の孵化率は雄のサイズとは無関係である．そこでペアリングの際に雌の配偶選択が働かず雄性先熟が進化する．ダルマハゼでは雄のサイズが卵の孵化率に影響する．これは同居するサンゴガニが卵の捕食者なので，大きい雄のほうが卵保護に有利だ．一方で産卵数は雌のサイズによって決まる．そこで互いにサイズの大きいほうを選択しようとするが，雌役をするほうが成長率は良いのでペア形成時に雌—雌ペアなら大きいほうが雄に，雄—雄ペアなら小さいほうが雌に性転換する双方向性転換が進化する（Kuwamura et al., 1993, 1994a；5章）.

　コチ科3種の例では産卵するごとにペアの相手が変わり，クマノミ類ではペアが長期間維持される．しかし，一時的であろうと長期にわたろうとペアリングがランダム，つまり配偶者選択がなければ雄性先熟が進化することを強調しておきたい．3-1で述べたように雄性先熟を示す魚類の配偶システムに関する研究例は少ない．観察の困難さはあるが，さらに多くの種について研究がなされ配偶システムとの関係が検証されるべきである．

コラム2　昆虫の性と共生微生物

陰山大輔

　昆虫には，体内を循環して性の分化を促進する性ホルモンのようなものはなく，細胞一つひとつが独立に，そのゲノム情報に基づいて明確に性決定すると考えられている．どの昆虫にも保存されている *doublesex*（*dsx*）遺伝子が最下流に位置する一連の性決定関連遺伝子のカスケードが存在し，最終的に *dsx* 遺伝子のスプライシングのされ方が雌雄で異なることにより，雌雄で異なるタンパクが作られる．ところが，その性決定が，細胞内に共生していて母から子に伝わる共生細菌によって覆されている場合がある．アワノメイガ，アズキノメイガ，チャハマキなど，チョウ目昆虫の一部でみられる雄のみが死ぬ現象（雄殺し）である（Fukui et al., 2015；Sugimoto et al., 2015；Arai et al., 2023）．

　近年の研究により，チョウ目でみられる雄殺し現象の根幹に，細胞内共生細菌ボルバキアによる性決定の操作があることがわかってきた．遺伝的な雄個体（ZZ型；雌はWZ型）が，ボルバキアの影響で雌に性決定されていることが，*dsx* 遺伝子のスプライシングパターンでわかっている．さらに，雌に性決定されたZZ個体は，卵からの孵化前後で死亡する．これらの個体におけるZ染色体上の遺伝子の発現量が正常個体の2倍ほどであることから，遺伝子量補償システム（性染色体上の遺伝子発現量を雌雄で揃える機構）の破綻が致死の原因であると考えられている．さらに，抗生物質を用いたボルバキアの不完全な除去により，雌雄の形質を併せもつモザイク個体が生じる（Kageyama et al., 2003：**図1**）．

　また，このボルバキアによる性決定の操作は，細胞レベルで再現することができる．アズキノメイガの雄から樹立した培養細胞では，性決定関連遺伝子のカスケードが雄型で維持されているが，ボルバキアを感染させると，それが雌型に切り替わる（Herran et al., 2023）．アワノメイガでは，ボルバキアが作るタンパクOscarが性決定関連遺伝子カスケードの上流に位置する *Masculinizer* 遺伝子がコードするタンパクと相互作用することで雌型への性決定の切り替えが起きる（Katsuma et al., 2022）．

　一方，キイロショウジョウバエでは共生細菌スピロプラズマによる雄殺しが知られているが，チョウ目昆虫の場合と違い，それは性決定の操作によるものでは

ない．キイロショウジョウバエでは，遺伝子量補償複合体と呼ばれるタンパクとRNAからなる複合体が雄のX染色体に付着し，雄（XX型）におけるX染色体上の遺伝子の発現量を下げることによって遺伝子量補償を達成するが，スピロプラズマが作るタンパクSpaidは，遺伝子量補償が行われる雄のX染色体のDNAに損傷を与え，アポトーシスが誘導されることで雄が死に至る（Harumoto and Lemaitre, 2018）．

他にも，様々な昆虫において，様々な共生細菌による雄殺しが報告されている（Kageyama et al., 2012）．さらに最近になって，共生ウイルスによる雄殺しが立て続けに発見され（Fujita et al., 2021；Kageyama et al., 2023；Nagamine et al., 2023），細菌だけでなく，多様なウイルスが雄を殺す可能性が示唆されている．

このような共生微生物にとって，雄の宿主を発生初期に殺すことには，適応的な意義がある

図1　アズキノメイガのボルバキア感染雌成虫に抗生物質を投与することによって次世代で出現する雌雄モザイク個体
a：正常雄．b：正常雌．c-f：雌雄モザイク個体．茶色部分：雄形質．クリーム色部分：雌形質．右のトレース図は雌形質（白）と雄形質（黒）をわかりやすく表示したもの（Kageyama et al., 2003を改変，Fig. 1の原図はカラー写真）．

と考えられている（Hurst and Majerus, 1993）．共生微生物にとっては，雄を生かすことによるメリットはない．しかも，雄が発生初期に死亡すると，雄が消費するはずだった餌資源を残された雌が消費すること

ができる．さらに，共食いが起きる種では，死亡した雄を雌が食べることによって適応度を高めることができる．

このようにして，雄殺しを起こす微生物の感染頻度が上昇していくと，その宿主集団はどうなっていくだろうか．チョウの一種であるリュウキュウムラサキでは，ボルバキアの蔓延による著しく雌に偏った集団性比が，雄殺しに対する宿主側の抵抗性遺伝子の出現により，5年程度でほぼ1：1の性比に戻ったことが示された（Charlat et al., 2007）．カオマダラクサカゲロウでも，スピロプラズマによる雄殺しによって生じた雌に偏った集団性比が，宿主側の抵抗性遺伝子の発達により，5年程度で雌雄1：1に戻ったことが示された（Hayashi et al., 2018）．雄殺しに対する抵抗性遺伝子の詳細はまだよくわかっていないが，その本質は性決定システムの変化である可能性が示唆されている（Hornett et al., 2021）．昆虫は，性決定システムが非常に多様であることが知られているが，雄殺し微生物と宿主昆虫との進化的攻防によって，その一部が説明できるかもしれない．

コラム2　昆虫の性と共生微生物 ｜ 95

4章

雌性先熟魚類の配偶システム

坂井陽一

　約500種の雌雄同体魚のうち，およそ320種で雌性先熟，すなわち雌から雄への性転換が確認されている．この報告種数の多さは，一夫多妻型の配偶システムが魚類に広く見られることに起因する．この雌性先熟と一夫多妻型の配偶システムとの関連性は，生涯繁殖成功を最大化する生活史戦略の概念に基づく体長有利性モデルの理論予測に合致する．雌の性転換は所属グループのなわばり雄の消失後に広くみられ，社会順位の高い大きな雌が，性転換を経て，雄のなわばりや繁殖グループを継承する．ただし，雌の性転換のタイミングはそれのみではない．雄の存在下で独身雄となる性転換や，雄と闘争してグループを分割する性転換も存在する．さらには，産卵を犠牲にした急速な成長や，グループ間移動による社会的順位の改善といった，性転換機会をめぐる雌間の競争事例も存在する．本章では，雌性先熟魚の性転換の機能的文脈と個体レベルの社会的メカニズムに焦点を当てながら，広い視野で雌性先熟魚の実態に迫る研究成果を紹介する．

4-1．雌性先熟魚類の研究の歴史と方法論の変遷

　雌性先熟（雌から雄への性転換）は真骨類21科326種から確認されている（1章**表1-2**，**1-3**）．雌雄同体の4タイプ（同時的雌雄同体，雄性先熟，雌性先熟，および双方向性転換）のなかで最も確認種数が多い．

Atz（1964）は，様々な魚類分類群から報告され始めた性転換現象について，当時の主要な研究方法であった標本を用いた解剖学的および組織学的分析による研究結果を総説としてまとめ，雌雄同体の統合的理解への第一歩を記している．生理学的に正常に機能している性転換現象とは何かを考える礎となるものであったが，性転換の機能（適応的意義）の議論はまだほとんど始まっていない状況であることも記されている．ハタ科10種，タイ科5種のみが雌性先熟として記録され，ベラ科7種とトラギス科1種は雌性先熟の可能性を記述するに留まっている（Atz, 1964）．

この6年後に発表されたReinboth（1970）の総説では，雌性先熟の記録はハタ科16種，タイ科3種，ベラ科12種，ブダイ科3種を含めた41種まで増加した．この当時ベラ類やブダイ類の雌性先熟性の議論を混乱させる原因となっていたのが「体色やサイズの大きく異なる2タイプの雄が出現する現象」である．Reinboth（1970）は，それらの2タイプの雄の出現が，異なる生活史に拠るものであることを明確にしている．詳しくは後ほど解説するが，これは雌性先熟魚類の生活史の実態を理解するうえでの大きな進歩であった（雄二型／雄二形；4-3を参照）．

食卓にも馴染み深いハタ科，タイ科，ベラ科，ブダイ科は，上記のように性転換の研究史において古くからの代表格であった．水産価値の高い魚種が数多く含まれることから，漁業活動を通じた研究標本の入手により分析が進められたものが少なくない．現時点のデータにおいても，これらの4科は雌性先熟326種の70％（229種）を占める（**表4-1**）．まさに雌性先熟を代表する分類群である．生殖腺の組織学的分析による両性生殖腺をもつ個体を含めた雌雄性の確認，および標本個体の雌雄のサイズ分布の相違による性転換の裏付けなど，標本個体の解剖学的および組織学的分析による研究法が確立されている．現時点までに確認された雌性先熟魚326種のうち，297種（91％）がこの標本分析によるものである（**表4-1**）．

1960年代からスキューバダイビングの装備が一般社会に普及し始めた．漁業の対象とならないような魚類の標本入手も比較的容易となり，1970年代以降の性転換研究に勢いを与えた．加えて，野生動物を観察調査する方法論を水中世界にも展開することが可能になった．潜水による魚類の行動観察や性転換の検証のための操作実験などを野外で実施しようとするフィールド研究者がカリブ海，西部太平洋，紅海などのサンゴ礁や温帯の水域を中心に同時的に出現し，性転換研

表4-1 雌性先熟型の性転換の確認されている科と種数, および研究手法.

目／科	報告種数	研究手法		
		生殖腺組織	水槽実験	野外観察・野外実験
Gobiiformes ハゼ目				
Gobiidae ハゼ科	25	19	12	8
Uncertain orders in Ovalentaria オヴァレンタリア亜系（目未確定）				
Pomacentridae スズメダイ科	6	6	1	2
Pseudochromidae メギス科	2	2	0	1
Cichliformes カワスズメ目				
Cichlidae カワスズメ科	1	0	1	0
Cyprinodontiformes カダヤシ目				
Poeciliidae カダヤシ科	1	1	1	0
Rivulidae	1	1	1	0
Synbranchiformes タウナギ目				
Synbranchidae タウナギ科	4	4	1	0
Trachiniformes ワニギス目				
Pinguipedidae トラギス科	8	8	2	2
Trichonotidae ベラギンポ科	1	1	0	0
Labriformes ベラ目				
Labridae ベラ科	101	96	9	9
Odacidae	1	1	0	0
Scaridae ブダイ科	36	36	0	1
Perciformes スズキ目				
Serranidae ハタ科	71	70	7	2
Pomacanthidae キンチャクダイ科	22	9	11	6
Malacanthidae キツネアマダイ科	1	1	0	1
Cirrhitidae ゴンベ科	7	7	1	1
Scorpaeniformes カサゴ目				
Scorpaenidae フサカサゴ科	1	1	0	0
Spariformes タイ目				
Nemipteridae イトヨリダイ科	2	2	0	0
Lethrinidae フエフキダイ科	11	11	0	0
Sparidae タイ科	23	20	0	0
Tetraodontiformes フグ目				
Balistidae モンガラカワハギ科	1	1	0	1
Total	326	297	47	34

分類は Nelson et al. (2016)に従う.
方法論の区分けごとの魚種数は Kuwamura et al. (2023b)のデータベースからまとめた.
ある個体群において雌性先熟が確認された報告があれば, 異なる見解が存在しても, 種数にカウントした.
双方向性転換のみ報告されている魚種, および性転換の根拠データの弱いものはデータに含めていない.

4章－雌性先熟魚類の配偶システム | 99

究が視野を拡大させながらより一層加速した．Reinboth（1970）の17年後にまとめられた余吾（1987）による魚類の雌雄同体の総説では，ハタ科41種，ベラ科84種，ブダイ科33種を含む約180種から雌性先熟が記録されている．これはReinboth（1970）の報告の3倍を超える種数である．とりわけサンゴ礁や岩礁に生息するベラ科とブダイ科の研究報告種数の増加は顕著である．

　スキューバなどの潜水装備を用いた自然個体群の水中観察調査は，個体レベルでの性転換のプロセスとパターンを詳細に理解するうえで有効な手法である．研究対象となる魚類の社会（空間利用や配偶関係などの種内関係）の成り立ちと生き残り戦略（採餌や逃避などに関する種間関係）といった生態特性を理解し，どのような局面で性転換が起こるのかを捉えることができれば，性転換の適応的意義を評価するうえで非常に有益なデータとなる．現在までに潜水観察調査によって合計34種から雌性先熟が確認されている（**表4-1**）．

　また，水槽飼育実験は，単純な社会的組み合わせから性転換能力の存在を検証することが可能となる．潜水器材の普及は，飼育実験に適した活魚標本の収集を研究者自身が行うことを可能とし，飼育実験研究の発展にも貢献してきた（例えば，鈴木ほか，1979；日置ほか，1982；Ross et al.，1983；Sunobe and Nakazono，1993など）．長時間の潜水観察の難しい深場に生息する魚種や，洞窟や岩の隙間など肉眼での観察が難しい場所に生息する魚種などを対象とした研究に大きな力を発揮してきた．性転換の検証を目的とした水槽実験においては，産卵行動の確認によって個体の性機能を確認することが多い．そのためには，飼育個体が安定したペースで産卵する状態までコンディションを上げること，すなわち繁殖飼育に成功するかが一番のハードルとなる．魚種の行動や生態，生理的な特性に応じて，高度な飼育管理技術の導入や，特別な飼育環境の整備が必要となる場合もある．飼育実験による雌性先熟の確認は，現在までに合計47種から報告されている（**表4-1**）．

4-2. 配偶システムのタイプ分け

　雌性先熟魚類の配偶システムに関するデータは，これまでに132種から獲得されている（**表4-2**）．配偶システムは産卵行動の野外調査，すなわち「野生個体群の水中観察調査」のアプローチによって確認される．魚類の配偶システムは，

個体の空間配置と個体間の配偶関係のパターンから捉えることができる（1-4を参照；Kuwamura, 1984, 1997）.

　雌性先熟は一夫多妻の配偶システムと強い関係にある（Robertson and Warner, 1978；Warner and Robertson, 1978；Kuwamura, 1984；Warner, 1984, 1988, 1991；Kuwamura et al., 2020；Sakai, 2023）. 具体的には，「ハレム型一夫多妻」あるいは「なわばり訪問型複婚」と呼ばれる一夫多妻的な配偶システムをもつ魚種が，雌性先熟の大勢を占める（**表4-2**）. 近年の系統発生的アプローチにおいても，配偶システムが性表現の進化的移行の重要な推進力となった可能性が示唆されている（Hodge et al., 2020）. また，大きい個体が雄として機能する「体長調和一夫一妻」の配偶システムをもつ魚種からも雌性先熟は確認されている（**表4-2**）. 以下，雌性先熟魚の配偶システムの特徴を説明する.

4-2-1. ハレム型一夫多妻

　ハレム型一夫多妻（harem polygyny）は，雄のなわばりが複数の雌の行動圏（またはなわばり）を覆い，雄とそれらの雌との間に安定した配偶関係が維持されているものを指す（Robertson, 1972；Kuwamura, 1984, 1997）. 大型の雄は，雌の行動圏や雌のなわばりを含む安定したなわばりを維持し，同居雌との繁殖機会を独占する. なわばり雄と同居雌の間でのペア産卵は，ハレム魚類の基本的な産卵様式となる.

　ハレム型一夫多妻は，10科61種の雌性先熟魚から報告されている（**表4-2**）. そのうち，トラギス科，キンチャクダイ科，およびゴンベ科は，すべての魚種が例外なくハレム型一夫多妻社会をもつ（20種；**表4-2**）. このハレム型一夫多妻は，雌どうしの空間配置（排他性）から以下の3タイプに区別される（Kuwamura, 1984；Sakai and Kohda, 1997）.

表4-2　野外調査で確認されている雌性先熟魚の配偶システムと雄の出現様式.

目／科／種	和名	雄の出現様式	配偶システム					文献
			体長調和一夫一妻	ハレム型一夫多妻	なわばり訪問型複婚	グループ産卵	産卵集団	
Gobiiformes ハゼ目								
Gobiidae ハゼ科								
Coryphopterus glaucofraemum					○			Cole and Shapiro,1992; Forrester et al.,2011
Fusigobius neophytus	サンカクハゼ	雄二型			○			Tsuboi and Sakai,2016
Gobiodon histrio	ベニサシコバンハゼ	雄単型	○					Munday et al.,1998
Gobiodon okinawae	キイロサンゴハゼ	雄単型	○					Cole and Hoese,2001
Gobiodon quinquestrigatus	フタイロサンゴハゼ	雄単型	○					Nakashima et al.,1996; Thompson et al.,2007
Lythrypnus dalli					○			St. Mary,1994
Paragobiodon echinocephalus	ダルマハゼ	雄単型	○					Lassig,1976,1977; Kuwamura et al.,1994a
Paragobiodon xanthosomus	アカネダルマハゼ	雄単型	○					Wong et al.,2008
Trimma okinawae	オキナワベニハゼ	雄単型		タイプ不明				Sunobe and Nakazono,1990
Uncertain orders in Ovalentaria オヴァレンタリア亜系（目未確定）								
Pomacentridae スズメダイ科								
Dascyllus aruanus	ミスジリュウキュウスズメダイ	雄二型		群れ型				Fricke and Holzberg,1974; Coates,1982; Shpigel and Fishelson,1986; Cole,2002
Dascyllus carneus		雄二型		群れ型				Asoh and Yoshikawa,2003
Dascyllus flavicaudus				群れ型				Asoh,2004; Godwin,1995
Dascyllus marginatus		雄単型		群れ型				Shpigel and Fishelson, 1986; Fricke,1980
Dascyllus melanurus	ヨスジリュウキュウスズメダイ	雄単型		群れ型				Asoh,2005a
Dascyllus reticulatus	フタスジリュウキュウスズメダイ	雄単型 (雄二型?)		群れ型				Asoh,2005b; Sakanoue and Sakai,2019
Synbranchiformes タウナギ目								
Synbranchidae タウナギ科								
Monopterus albus	タウナギ				○			Matsumoto et al.,2011
Trachiniformes ワニギス目								
Pinguipedidae トラギス科								
Parapercis cylindrica	ダンダラトラギス	雄単型		なわばり型				Stroud,1982; Walker and McCormick,2009
Parapercis hexophtalma		雄単型		なわばり型				Stroud,1982; Clark et al.,1991
Parapercis snyderi	コウライトラギス	雄単型		なわばり型				Nakazono et al.,1985; Ohta, 1987; Ohnishi et al.,1997

Labriformes ベラ目

Labridae ベラ科

種	和名					文献
Bodianus diplotaenia		雄単型		○		Hoffman,1985
Bodianus eclancheri		雄単型			○	Hoffman,1985
Bodianus mesothorax	ケサガケベラ	雄単型			○	Claydon,2005
Bodianus rufus		雄単型	重複型			Hoffman,1985
Cheilinus fasciatus	ヤシャベラ	雄単型	タイプ不明		○	Hubble,2003; Donaldson, 1995; Claydon,2004
Cheilinus trilobatus	ミツバモチノウオ	雄単型	タイプ不明	○		余吾,1987; Colin and Bell,1991; Claydon,2004
Cheilinus undulatus	メガネモチノウオ	雄単型	タイプ不明	○	○	Colin and Bell,1991; Colin, 2010; Claydon,2004; Sadovy de Mitcheson et al.,2010
Cirrhilabrus temmincki	イトヒキベラ	雄単型		○		Bell,1983; Kohda et al.,2005
Clepticus parrae		雄単型			○	Warner and Robertson, 1978; Robertson and Hoffman,1977
Coris dorsomacula	スジベラ	雄単型	タイプ不明			Tribble,1982
Coris gaimard	ツユベラ	雄単型		○		Sancho et al.,2000
Coris julis		雄二型		○		Lejeune,1987
Epibulus insidiator	ギチベラ	雄単型	タイプ不明	○		Colin and Bell,1991; Kuwamura et al.,2016b
Gomphosus varius	クギベラ	雄単型		○		Colin and Bell,1991; Kuwamura et al.,2016b
Halichoeres bivittatus		雄二型		○	○	Warner and Robertson, 1978; Clavijo and Donaldson,1994
Halichoeres garnoti		雄単型		○		Robertson,1981
Halichoeres maculipinna		雄二型		○		Robertson,1981
Halichoeres margaritaceus	アカニジベラ	雄単型	タイプ不明			Walker and Ryen,2007
Halichoeres marginatus	カノコベラ	雄単型		○	○	Shibuno et al.,1993b
Halichoeres melanochir	ムナテンベラ	雄単型		○		Moyer and Yogo, 1982; 余吾,1985
Halichoeres melanurus	カザリキュウセン	雄二型	タイプ不明	○		Colin and Bell,1991; Kuwamura et al.,2000; Karino et al.,2000
Halichoeres miniatus	ホホワキュウセン	雄単型	なわばり型			Munday et al.,2009
Halichoeres semicinctus		雄単型		○	○	Adreani and Allen,2008
Halichoeres tenuispinnis	ホンベラ	雄二型		○		中園,1979
Halichoeres trimaculatus	ミツボシキュウセン	雄二型		○	○	Suzuki et al., 2008, 2010
Iniistius pentadactylus	ヒラベラ	雄単型	なわばり型			Nemtzov,1985
Labrichthys unilineatus	クロベラ	雄単型	タイプ不明			Colin and Bell,1991

4章－雌性先熟魚類の配偶システム

Labroides dimidiatus	ホンソメワケベラ	雄単型	重複型			Robertson,1972; Kuwamura,1984
Lachnolaimus maximus		雄単型	タイプ不明			McBride and Johnson, 2007; Colin,1982
Macropharyngodon moyeri	ウスバノドグロベラ	雄単型	タイプ不明			Moyer,1991
Notolabrus celidotus		雄単型		○		Jones,1980,1981
Parajulis poecilopterus	キュウセン	雄二型		○	○	中園,1979; 福井ら,1991
Pseudocheilinus hexataenia	ニセモチノウオ	雄単型	タイプ不明			Colin and Bell,1991
Pseudolabrus sieboldi	ホシササノハベラ	雄二型		○		中園,1979
Pteragogus aurigarius	オハグロベラ	雄単型		○	○	中園,1979; Moyer,1991; Shimizu et al.,2022
Semicossyphus pulcher		雄単型		○		Adreani et al.,2004
Stethojulis interrupta	カミナリベラ	雄二型		○		中園,1979
Stethojulis trilineata	オニベラ	雄二型		○		Kuwamura et al., 2016b; 余吾,1987
Suezichthys ornatus		雄単型		○		Andrew et al.,1996
Symphodus melanocercus		雄二型		○		Warner and Lejeune,1985
Symphodus tinca		雄二型		○		Warner and Lejeune,1985
Thalassoma bifasciatum		雄二型		○	○	Warner and Robertson, 1978; Reinboth,1973
Thalassoma cupido	ニシキベラ	雄二型		○	○	Meyer,1977
Thalassoma duperrey		雄二型		○	○	Ross,1982
Thalassoma hardwicke	セナスジベラ	雄二型		○	○	Robertson and Choat, 1974; Craig,1998; Kuwamura et al.,2016b
Thalassoma jansenii	ヤンセンニシキベラ	雄二型		○	○	Kuwamura et al.,2016b
Thalassoma lucasanum		雄二型		○	○	Warner,1982
Thalassoma lunare	オトメベラ	雄二型		○	○	Robertson and Choat,1974
Thalassoma lutescens	ヤマブキベラ	雄二型		○	○	渋野ら,1994a; Kuwamura et al.,2016b
Thalassoma pavo		雄二型		○	○	Wernerus and Tessari, 1991
Thalassoma quinquevittatum	ハコベラ			○	○	Craig,1998; Kuwamura et al.,2016b
Xyrichtys martinicensis		雄単型	なわばり型			Victor,1987
Xyrichtys novacula		雄単型	なわばり型			Bentivegna and Rasotto, 1987; Marconato et al.,1995

Scaridae ブダイ科

Calotomus carolinus	タイワンブダイ	雄単型		○		Robertson et al.,1982
Calotomus japonicus	ブダイ	雄単型		○		渋野ら,1994b
Cetoscarus bicolor	イロブダイ	雄二型	タイプ不明			Colin and Bell,1991
Chlorurus sordidus	ハゲブダイ	雄二型		○	○	余吾ら,1980; 余吾,1985
Cryptotomus roseus		雄単型		○		Robertson and Warner,1978

Scarus forsteni	イチモンジブダイ	雄二型			○			Colin and Bell,1991; Kuwamura et al.,2009
Scarus frenatus	アミメブダイ	雄単型・雄二型	タイプ不明					Choat and Robertson, 1975; Gust,2004
Scarus globiceps	ダイダイブダイ	雄二型			○	○		Choat and Robertson,1975; Kuwamura et al.,2009
Scarus iseri		雄二型	タイプ不明		○	○	○	Robertson and Warner, 1978; Colin,1978
Scarus niger	ブチブダイ	雄単型			○	○		Kuwamura et al.,2009
Scarus oviceps	ヒメブダイ	雄二型			○			Claydon,2005
Scarus psittacus	オウムブダイ	雄二型			○			Colin and Bell,1991; Claydon,2005; Kuwamura et al.,2009
Scarus rivulatus	スジブダイ	雄二型			○	○		Choat and Robertson,1975; Kuwamura et al.,2009
Scarus schlegeli	オビブダイ	雄二型			○			Colin and Bell,1991
Scarus vetula		雄二型	タイプ不明		○	○		Clavijo,1983
Sparisoma atomarium		雄単型	タイプ不明(群れ型?)					Robertson and Warner,1978
Sparisoma aurofrenatum		雄単型	タイプ不明(重複型?)					Robertson and Warner,1978
Sparisoma chrysopterum		雄単型			○			Robertson and Warner,1978
Sparisoma radians		雄単型	タイプ不明(群れ型?)		○	○		Robertson and Warner, 1978; Muñoz and Warner,2003a,2004
Sparisoma rubripinne		雄単型			○	○		Robertson and Warner,1978
Sparisoma viride		雄単型			○			Robertson and Warner,1978

Perciformes スズキ目

Serranidae ハタ科

Cephalopholis argus	アオノメハタ	雄単型	タイプ不明					Shpigel and Fishelson, 1991; Schemmel et al.,2016
Cephalopholis boneak	ヤミハタ	雄二型	タイプ不明					Liu and Sadovy, 2004a, 2004b, 2005
Cephalopholis fulva		雄単型	タイプ不明				○	Sadovy et al.,1994
Cephalopholis hemistiktos		雄単型		○				Shpigel and Fishelson,1991
Cephalopholis miniata	ユカタハタ	雄単型	なわばり型					Shpigel and Fishelson,1991
Cephalopholis panamensis		雄単型	タイプ不明					Erisman et al.,2010
Epinephelus adscensionis		雄単型	タイプ不明(重複型?)				○	Kline et al.,2011

Epinephelus fuscoguttatus	アカマダラハタ	雄単型			○	Pears et al.,2007
Epinephelus guttatus		雄単型			○	Shapiro et al.,1994; Sadovy et al.,1994; Nemeth et al.,2007
Epinephelus marginatus		雄単型		○		Zabala et al.,1997a, 1997b
Epinephelus ongus	ナミハタ	雄単型			○	Nanami et al.,2013; Ohta and Ebisawa,2015
Mycteroperca microlepis		雄単型			○	Gilmore and Jones, 1992; Brulé et al.,2015
Mycteroperca olfax		雄単型			○	Salinas-de-León et al., 2015; Usseglio et al., 2015
Mycteroperca phenax		雄単型			○	Gilmore and Jones, 1992; Harris et al.,2002
Mycteroperca rubra		雄単型			○	Aronov and Goren,2008
Mycteroperca venenosa		雄単型		○	○	Schärer et al.,2012; García-Cagide and García,1996
Plectropomus leopardus	スジアラ	雄二型			○	Samoilys and Squire, 1994; Adams,2003
Pseudoanthias squamipinnis	キンギョハナダイ	雄単型	群れ型			Shapiro,1981; 余吾,1985
Pomacanthidae キンチャクダイ科						
Centropyge bicolor	ソメワケヤッコ	雄単型	重複型			Aldenhoven,1984
Centropyge ferrugata	アカハラヤッコ	雄単型	重複型			Sakai and Kohda,1997
Centropyge interruptus	レンテンヤッコ	雄単型	重複型			Moyer and Nakazono, 1978b
Centropyge multispinis		雄単型	タイプ不明			Moyer,1990
Centropyge potteri		雄単型	重複型			Lutnesky,1994,1996; Lobel,1978
Centropyge tibicen	アブラヤッコ	雄単型	重複型			Moyer and Zaiser, 1984; Moyer,1987
Centropyge vrolicki	ナメラヤッコ	雄単型	重複型			Sakai et al.,2003b
Genicanthus caudovittatus		雄単型	群れ型			Debelius,1978; Moyer,1990
Genicanthus lamarck	タテジマヤッコ	雄単型	群れ型			Moyer,1984a
Genicanthus melanospilos	ヤイトヤッコ	雄単型	群れ型			Moyer,1987,1990
Genicanthus semifasciatus	トサヤッコ	雄単型	群れ型			Moyer,1987,1990
Holacanthus passer		雄単型	タイプ不明			Moyer et al. 1983
Holacanthus tricolor		雄単型	重複型			Hourigan and Kelley, 1985; Hourigan,1986; Moyer et al.,1983
Malacanthidae キツネアマダイ科						
Malacanthus plumieri		雄単型	なわばり型			Baird,1988

Cirrhitidae ゴンベ科					
Cirrhitichthys aprinus	ミナミゴンベ	雄単型	なわばり型		小林・鈴木,1992; Sadovy and Donaldson, 1995; Donaldson,1990
Cirrhitichthys falco	サラサゴンベ	雄単型	なわばり型		Donaldson,1987; Kadota et al.,2011
Cirrhitichthys oxycephalus	ヒメゴンベ	雄単型	なわばり型		Donaldson,1990
Neocirrhites armatus	ベニゴンベ	雄単型	なわばり型		Sadovy and Donaldson, 1995; Donaldson,1989, 1990
Paracirrhites forsteri	ホシゴンベ	雄二型	タイプ不明	○	Donaldon, 1990; Kadota and Sakai, 2016; Kadota et al., 2024b
Scorpaeniformes カサゴ目					
Scopaenidae フサカサゴ科					
Caracanthus unipinna	ワタゲダンゴオコゼ	雄単型	タイプ不明		Wong et al.,2005
Tetraodontiformes フグ目					
Balistidae モンガラカワハギ科					
Sufflamen chrysopterus	ツマジロモンガラ		なわばり型		Takamoto et al.,2003; Seki et al.,2009

○：報告例あり.
ハレムについては3タイプの別を示す. 重複型：行動圏重複型ハレム, なわばり型：なわばり型ハレム, 群れ型：群れ型ハレム.

　①行動圏重複型ハレム　行動圏重複型ハレム（cohabiting-females type）は, 雌の行動圏が重なり合う空間配置を有する（**図4-1**）. このタイプは, カリブ海のベラ科キツネベラ属*Bodianus rufus*, ベラ科ホンソメワケベラ, キンチャクダイ科アブラヤッコ属6種（ソメワケヤッコ, アカハラヤッコ, レンテンヤッコ, *Centropyge potteri*, アブラヤッコ, ナメラヤッコ）, およびカリブ海のキンチャクダイ科*Holacanthus tricolor*の合計9種の雌性先熟魚から報告されている（**表4-2**）.

　このタイプでは, ハレムメンバー間の頻繁な社会行動がみられる. 雄はなわばり内のパトロールを繰り返し, 雌との頻繁な社会的接触を維持する. 行動圏を重複させている雌どうしにも接近行動やさほど激しくない攻撃的行動などの社会行動がみられる. 同居するメンバー間の社会行動に基づく優劣関係は, 性転換に深く関わる（4-5を参照）. メンバー間には体の大きさに基づいた直線的な優劣関係がみられることが多く, そこでは互いに行動圏を大きく重複させた空間配置がみられる（共存型ハレム：坂井, 1997；**図4-1**）. しかし, 体の大きさが近い雌ど

4章－雌性先熟魚類の配偶システム｜107

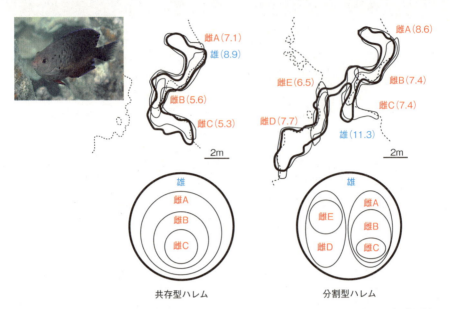

図4-1 行動圏重複型ハレムの空間配置の例．アカハラヤッコのハレムにおける，雄なわばり（太線）と雌の行動圏（細線）を示す（Sakai and Kohda, 1997を元に描く）．雄のなわばりには雌の行動圏が含まれ，雌の行動圏は重複している．全長(cm)を括弧内に示す．雌の行動圏は雄のなわばり内で重なり合うが（左：共存型ハレム），体サイズの近い雌どうしは排他的な関係となり，雄のなわばりを分割するサブグループを形成することがある（右：分割型ハレム）（写真：坂井陽一）．

うしは排他的になる傾向があり（体長差の原則，1-4-1を参照）．その結果，雄のなわばりが体サイズの近い雌のなわばりによって分割される空間配置になることがある（分割型ハレム：坂井，1997；**図4-1**）．この分割型ハレムは，ホンソメワケベラ，キンチャクダイ科魚類でみられており（Kuwamura, 1984；Hourigan and Kelley, 1985；Sakai and Kohda, 1997），雄存在下の性転換に関連するハレム構造として知られている（4-6を参照）．

②なわばり型ハレム なわばり型ハレム（territorial-females type）は，雄なわばり内に同居するすべての雌がなわばりを構え，互いに排他的な関係になるタイプのハレムである（**図4-2**）．トラギス科3種（ダンダラトラギス，*Parapercis hexophtalma*，コウライトラギス），ベラ科4種（ホホワキュウセン，ヒラベラ，*Xyrichtys martinicensis*，*X. novacula*），ハタ科ユカタハタ，キツネアマダイ科 *Malacanthus plumieri*，ゴンベ科4種（ミナミゴンベ，サラサゴンベ，ヒメゴンベ，

図4-2 なわばり型ハレムの空間配置の例．サラサゴンベのハレムの雄なわばり（太線）と雌なわばり（細線）（左：Kadota et al., 2011を元に描く）．雄なわばりに同居する雌どうしは排他的な空間配置を取る．全長（cm）を括弧内に示す（写真：門田 立）．

ベニゴンベ），モンガラカワハギ科ツマジロモンガラの合計14種から確認されている（**表4-2**）．

　雌のなわばりは，砂地などの構造物の乏しい開放的な生息空間で暮らす生態的特徴に起因する．隠れ家（シェルター）となる場所（Clark, 1983；Baird, 1988），産卵に適したサンゴや岩などの繁殖に関係する場所（Ishihara and Kuwamura, 1996；Seki et al., 2009），採餌場所および餌生物（Shpigel and Fishelson, 1991；Kadota et al., 2011）など，生存に必要な資源を確保するなわばりとなっている．

　行動圏重複型ハレムとは対照的に，雌どうしの社会的相互作用はあまり頻繁にはみられず，なわばりの境界部で同性個体への攻撃行動がみられる．なわばり型ハレムにおける，雌どうしの排他性と異性への親和性の切り替えは，なわばり型ハレム魚類の性転換プロセスに深く関わるものであるが，それがどのような仕組みで為されているのかについては，よくわかっていない．なわばり型ハレムにみられる性転換パターンは多様性に富み，性転換戦術の議論に大きな貢献を果たしてきた（4-6を参照）．

　③群れ型ハレム　群れ型ハレム（aggregating-females type）と呼ばれるタイプは，動物プランクトンを食べるために群泳する魚種にみられる（Shapiro, 1981；Moyer, 1984a；余吾, 1985；Sakanoue and Sakai, 2019）．雌どうしには排他的な関係はみられない．スズメダイ科ミスジリュウキュウスズメダイ属6種（ミスジリュウキュウスズメダイ，*Dascyllus carneus*，*D. flavicaudus*，*D. marginatus*，ヨスジリュウキュウスズメダイ，フタスジリュウキュウスズメダイ），

ハタ科キンギョハナダイ，キンチャクダイ科タテジマヤッコ属4種（*Genicanthus caudovittatus*，タテジマヤッコ，ヤイトヤッコ，トサヤッコ）の合計11種から知られている（表4-2）．

群れ型ハレムが報告されている雌性先熟魚の11種のすべてから，2個体以上の雄がグループ内に出現するハレム構造（複雄群）を示すことが知られている（図4-3）．例えば，キンギョハナダイでは，雄が1個体のハレムの場合，最大9個体の雌が雄と同居し，配偶関係をもつ（Shapiro，1977；余吾，1985）．三宅島のキンギョハナダイの複雄群では，15個体の雄と72個体の雌から成る大きなグループが確認されている（余吾，1985）．このような複雄群では，遊泳する雌の行動圏は複数の雄の行動圏と重複し，乱婚的な配偶関係が生じている可能性が示唆されている．

枝サンゴ群落に生息するミスジリュウキュウスズメダイ属魚類においても，多数の個体が同所的に生息できる枝サンゴ群落密度の高い場所では，複雄群のコロニーが形成される（表4-2の6種すべてで確認；Fricke，1977，1980；Asoh，2004，2005a，2005b；Asoh and Yoshikawa，2003）．ただし，それらの複雄群のコロニーにおいて，雌雄間の配偶関係が安定しているのか（＝ハレム），あるいは乱婚的になるのか（＝なわばり訪問型複婚）は明らかではない．なお，フタスジリュウキュウスズメダイのおよそ200個体から成る複雄群コロニーにおける観察調査では，雌が産卵相手を変えたり，コロニー間を産卵移動するなど，なわばり訪問型複婚タイプの配偶関係になることが確認されている（鹿島 傑，未発表データ）．同属の複雄群コロニーにおける詳しい配偶関係の調査が期待される．

また，枝サンゴコロニーが孤立している状態でも，サンゴの作り出す空間構造

図4-3　群れ型ハレムの空間配置の例．枝サンゴに生息するフタスジリュウキュウスズメダイのハレムは，長い枝の間に広い隙間があるサンゴでみられる(a)．複雄群(右図)は，細く短い枝を多数もつサンゴでみられる(b)（写真：坂上 嶺）．

によって複雄群が生じることがフタスジリュウキュウスズメダイから報告されている（Sakanoue and Sakai, 2019）．具体的には，枝の長いサンゴでは，1個体の雄が複数の雌との配偶関係を独占するハレム型のコロニーが形成される（**図4-3a**）．一方，短い枝が多数伸びたサンゴでは，多数の小型個体の同居が可能となり，複雄群がみられる（**図4-3b**）．なお，複数の雄がコロニー内に出現する背景には，雄の存在下の性転換が関与している（4-6を参照）．

4-2-2. なわばり訪問型複婚

なわばり訪問型複婚（male-territory-visiting polygamy）は，雄が雌の好む産卵場所（例えば，引き潮時に沖への強い流れの生じるリーフエッジなど）になわばりを構え，雌は特定のタイミング（例えば，強い引き潮の生じる大潮の満潮後など）に雄のなわばりを訪れて産卵する配偶システムである．ハレムとは異なり，雌は産卵相手を選択できる．雌がたくさん訪れるなわばり雄は一夫多妻的な繁殖が可能となる（Kuwamura, 1997；Warner, 2001）．なわばり訪問型複婚は，59種の雌性先熟魚から確認されている（**表4-2**）．

なわばり訪問型複婚は，ベラ科とブダイ科の最も主要な配偶システムであり，ベラ科の雌性先熟53種の70%（37種），ブダイ科の雌性先熟22種の82%（18種）からそれぞれ報告されている（**表4-2**）．ベラ科の祖先種における配偶システムがなわばり訪問型複婚である可能性が最も高いことが系統解析により示唆されている（Hodge et al., 2020）．

ベラ科とブダイ科には遊泳力の高い魚種が多く，そのほとんどは分離浮性卵を産む．産卵後，直ちに卵を沖合へと放つことができるリーフエッジを産卵場所として使用するものが多い（Colin and Bell, 1991；Kuwamura et al., 2009）．そこでは，雄が雌の好む産卵場所をなわばり防衛し，産卵が集中的に行われる．つまり，なわばり訪問型複婚となる．なわばり訪問型複婚の配偶システムは，沈性卵を基質に産み付けて卵保護する習性をもつ雌性先熟魚にもみられる（ハゼ科の*Coryphopterus glaucofraenum*，サンカクハゼ，*Lythrypnus dalli* の3種，地中海のベラ科*Symphodus* 属2種，およびタウナギ科タウナギ；**表4-2**；**図4-4**）．

なわばり訪問型複婚社会をもつ魚類には，顕著な体色・体型の性的二型がみられることが多い．なわばり獲得・維持のためには，なわばり訪問型複婚社会もハレム型一夫多妻社会もともに，闘争を勝ち抜くための大きな体サイズが雄に必要

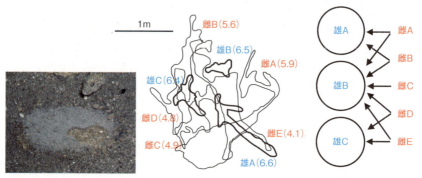

図4-4 なわばり訪問型複婚の空間配置の例．サンカクハゼの雌の行動圏（細い線）と巣をもつ雄のなわばり（太線）（左：Tsuboi and Sakai, 2016を元に描く）．一部の雌は，行動圏を複数の雄のなわばりと重ねている．全長(cm)を括弧内に示す（写真：坪井美由紀）．

となるが，なわばり訪問型複婚社会における雄の目立つ体色・体型は雌による選り好み，つまり配偶者選択を通じて進化したものである（Robertson and Hoffman, 1977；Warner and Schultz, 1992；Karino et al., 2000；狩野, 2004）．なわばり訪問型複婚では，そのような派手な体色を呈するなわばり雄と雌のペア産卵が中心的な繁殖様式となる．雄間競争と配偶者選択の結果，一部のなわばり雄個体が多くの雌との産卵機会を独占するようなケースもしばしば観察されている（Warner, 2001）．

なわばり訪問型複婚では，ペア産卵以外の雄の繁殖戦術も存在する．スニーキング（sneaking），ストリーキング（streaking），グループ産卵（group spawning）である（Warner, 1984）．これらの戦術は体サイズの小さな雄にみられることが多い（4-3を参照）．産卵のためになわばり雄を訪問移動中の雌や，雄なわばりの周囲で産卵機会を待っている雌など，産卵準備の整っている雌に求愛し，ペア産卵するものがスニーキング，なわばり雄と雌のペア産卵の放卵放精の瞬間に飛び込んで放精するものがストリーキングである（Warner et al., 1975；中園, 1979）．いずれも小型雄の隠蔽性と俊敏さを生かした繁殖戦術である．

小型の雄が集団を形成し，雌と産卵するのがグループ産卵である（Warner et al., 1975；中園, 1979；吉川, 2001）．グループ産卵は浮性卵を産出する27種の雌性先熟魚で報告されている（**表4-2**）．そのほぼすべてがベラ科（17種）と

ブダイ科（9種）であり，そのうちの93%（25種）がなわばり訪問型複婚社会をもつ（**表4-2**）．グループ産卵は，なわばり雄のペア産卵とともに個体群における主要な産卵パターンになることも少なくない．例えば，ブルーヘッドラスの高密度個体群では，グループ産卵集団がなわばり雄のなわばりに侵入し，潮通しの良い産卵場所を占拠することが報告されている（Warner, 2001）．なお，なわばり雄が状況に応じてグループ産卵に参加することも知られている（Suzuki et al., 2010）．

　ハレム型一夫多妻となわばり訪問型複婚の両方が報告されている魚種が，ベラ科，ブダイ科，ゴンベ科に合計8種存在する（ベラ科のミツバモチノウオ，メガネモチノウオ，ギチベラ，カザリキュウセン，ブダイ科の*Scarus iseri*, *Sc. vetula*, *Sparisoma radians*，ゴンベ科ホシゴンベ；**表4-2**）．配偶システムの変動をもたらすメカニズムについては，これらの魚種の多くで明らかではないが，カザリキュウセンの野外調査結果はこの問題に関する洞察を提供する．沖縄県瀬底島のカザリキュウセンの雄は広めの産卵なわばりを維持し，なわばりのすぐ近くに住む雌や，長い距離を産卵移動してくる雌と産卵する．そして，雌は産卵相手の雄を変えることもできる（Kuwamura et al., 2000；狩野, 2004）．これらはなわばり訪問型複婚の特徴である．しかし，そのリーフにエソなどの捕食者が多数出現し，産卵移動時の捕食リスクが高い状況になると，雌の空間配置と配偶者選択の強度に変化が確認された．具体的には，雄のなわばり内に同居する雌が増え，近接するなわばり雄と繰り返し産卵する傾向が認められた（Karino et al., 2000；狩野, 2004）．これらはハレム型一夫多妻社会の条件に合致する．このように，なわばり訪問型複婚社会を基本とする魚種であっても，雌の配偶者選択（産卵訪問移動）が大きく制限される生息環境条件下では，ハレム型一夫多妻的な空間配置と配偶関係に移行する可能性がある．また，口永良部島のホシゴンベでは，雌が産卵時に雄のなわばりを訪問するなわばり訪問型複婚の空間配置を有しながら，安定した雌雄の配偶関係が維持されるハレムとなわばり訪問型の中間型の配偶システムをみせることが報告されている．待ち伏せ捕食を行う採餌習性がその空間配置に影響を与えているものと考えられている（Kadota and Sakai, 2016）．採餌活動に大きな空間を必要とする魚種においては，餌資源の分布状況によって配偶システムの移行変化がみられるかもしれない．

4章－雌性先熟魚類の配偶システム｜113

4-2-3. 体長調和一夫一妻

　枝サンゴに生息するコバンハゼ属3種（ベニサシコバンハゼ，キイロサンゴハゼ，フタイロサンゴハゼ）とダルマハゼ属2種（ダルマハゼ，アカネダルマハゼ）からは，体サイズが近い個体がペアを組む体長調和一夫一妻（size-assortative monogamy）の配偶システムにおいて，雌性先熟を基本とする性表現が確認されている（**表4-2**）．これらのハゼでは，雄はサンゴの枝の表面に産み付けられた卵を保護する役割を担う（Kuwamura et al., 1994a；Nakashima et al., 1996；Munday et al., 1998）．ペアのうちサイズの大きいほうの個体は，ペア形成時に雄として機能する．より大きな個体が雄の性的役割を担うことで孵化に至る卵数が多くなるため，ペアの繁殖成功が最大となる．このサイズに応じた性的役割が雌性先熟型の性表現に有利性をもたらす．これらのハゼ種は体サイズの揃ったペアを形成する傾向にあり，成長の性差（Kuwamura et al., 1994a）や，ペア間の成長制御（Munday et al., 2006b）も体サイズの揃ったペア関係を作り出すメカニズムとなっている．なお，5種のうち4種から，雄が雌に逆方向性転換することが確認されている（**表4-4**を参照）．逆方向性転換についての詳細は次章（5章）で説明する．

　ハタ科の雌性先熟種*Cephalopholis hemistiktos*は，小さなパッチリーフを生息場所とし，一夫一妻の配偶システムを維持することが報告されている（Shipigel and Fishelson, 1991）．しかし，1個体の雄と2個体の雌から成るハレム型のグループ構成の例も観察されており，餌の豊富な生息地ではハレム型一夫多妻社会を形成する可能性も示唆されている（Shipigel and Fishelson, 1991）．当然ながら，一夫多妻を基本の配偶システムとする魚種でも，低い生息密度下では条件的な一夫一妻となることがある（facultative monogamy；Moyer, 1987）．ただし，そのような場合は，真の一夫一妻とみなすことはできない．あるいは，ハゼ類でみられるような雌性先熟型の性表現の有利性をもたらす一夫一妻社会が維持されているのか今後の追究が期待される．

4-2-4. 産卵集合

　産卵集合（spawning aggregation）は，個体が普段生活している生息場所を離れ，産卵に適した沖合地域への移動を経て，産卵場所で集団を形成する習性を指す．26科の少なくとも164種のサンゴ礁魚で産卵集合の形成が報告されている

(Claydon, 2004). 限られた時期に産卵する習性をもつ魚種・個体群において観察される傾向がある (Robertson, 1983；Claydon, 2004). 雌性先熟魚では，ハタ科11種を中心に，さらにベラ科のケサガケベラ，ヤシャベラ，メガネモチノウオ，*Clepticus parrae* の4種，ブダイ科 *S. iseri* の合計16種で記録されている（**表4-2**）.

　産卵集合は，配偶プロセスの一段面にすぎないため，独立した配偶システムとして扱うことはできない. 産卵集合した個体が，その後の産卵において，どのような空間配置と配偶関係をもつのかの確認が配偶システムの理解に必要となる. しかし，産卵集合が発生する沖合海域での野外観察は容易ではなく，配偶行動に関する詳細な個体レベルのデータは限られている.

　ハレム型一夫多妻またはなわばり訪問型複婚の配偶システムの報告のある魚種で，産卵集合の記録も有しているものは5種存在する（ベラ科のヤシャベラとメガネモチノウオ，ブダイ科 *S. iseri*，ハタ科の *Cephalopholis fulva* と *Epinephelus adscensionsis*；**表4-2**）. 産卵集合した場所においても，ハレム型一夫多妻およびなわばり訪問型複婚の空間配置や配偶関係がみられるのかは明らかではない. ハタ科6種（*C. fulva*, *Epinephelus guttatus*, ナミハタ, *Mycteroperca microlepis*, *M. phenax*, およびスジアラ）では，産卵集合後，雌雄ペアによる産卵上昇が観察されている（Erisman et al., 2009；Nanami et al., 2013）. これはハレム型一夫多妻やなわばり訪問型複婚のように，雄のなわばりが産卵場所に形成されている可能性を示唆している. また，ブダイ科 *S. iseri* では，産卵集合後，群れ産卵が観察されている（Colin, 1978）.

4-3. 雄単型と雄二型

　先に述べたように，雌性先熟魚類には，成熟雌の性転換による雄（二次雄）の他に，そのような性転換プロセスを経ない雄（一次雄）の出現する魚種が存在する（Reinboth, 1970）. 雌性先熟魚の個体群に小さな雄が出現する場合，その個体は一次雄の可能性がある. 一次雄の識別判断には，生殖腺組織構造の観察結果が根拠として用いられる. 性転換の際に卵巣を精巣に作り変える混在型タイプの生殖腺をもつ魚種では（5章を参照），二次雄の精巣中に卵巣腔や未熟な卵細胞など卵巣の名残りが確認できることが多い. 一方，一次雄は，機能的な雌を経てい

ないため卵巣型の生殖腺構造・形態を示さず，雌雄異体魚類にみられる精巣と同じような形状をもつ（Reinboth，1970；Sadovy and Shapiro，1987）.

この一次雄と二次雄がともに種内・個体群内に出現する状況を本書では「雄二型（雄二形）」（diandry）と呼ぶ．Diandry は過去には複雄性（中園，1991）とも訳されてきた．また，すべての雄が性転換を経た二次雄である状況を「雄単型（雄単形）」（monandry）と呼ぶ．こちらは単雄性（中園，1991）とも訳されてきた．雄単型と雄二型という用語は，雄に成熟するプロセス（生活史）が1つあるいは2つあるということを意味するものであり，雄の外部形態や行動などのバリエーションを指すものではないことに注意してもらいたい.

次に，雄単型と雄二型がそれぞれどのような配偶システムと対応しているのか見てみよう．配偶システム情報のある雌性先熟魚に限ると，雄単型は89種，雄二型は38種で確認されている（**表4-2**）．これらの中には複数タイプの配偶システムが報告されているものも含まれており，対応関係が見えにくい．そこで，配偶システムがハレム型一夫多妻，なわばり訪問型複婚，体長調和一夫一妻のいずれか1つのみ報告されている魚種に絞ると，雄単型は71種，雄二型33種となる（**表4-3**）．以下，これらの魚種に焦点を当てて傾向をみていく.

雄単型は，安定した配偶関係が維持されるハレム型一夫多妻あるいは体長調和一夫一妻の配偶システムを有する魚種で高い割合で確認されている；ハレム型一夫多妻50種の92%（46種）と体長調和一夫一妻6種すべて（**表4-3**）．これらの配偶システムでは，なわばりの雄と雌のペア産卵が主要な配偶様式である．なわばり雄が隣のグループのペア産卵に飛び込むストリーキングを行うハレム社会の例が存在するものの（Ohnishi et al.，1997；大西，2004），ハレム型一夫多妻や一夫一妻の配偶システムでは，雄のなわばりによる雌のガードが強固なため，スニー

表4-3　雌性先熟魚における雄の出現様式2タイプと配偶システムの関係.

雄の出現タイプ	体長調和一夫一妻 (n = 6)	ハレム型一夫多妻 (n = 50)	なわばり訪問型複婚 (n = 48)
雄単型 (n = 71)	6	46	19
雄二型 (n = 33)	0	4	29

表 4-2 より作成.
2つ以上の配偶システムのタイプの報告のある魚種，産卵集合のみ報告されている魚種，および雄単型と雄二型の両方の報告のあるアミブダイは，集計から除く.

キングやストリーキングなど小型雄に特化した繁殖戦術は成立しにくい．一次雄の強みを活かしにくい状況と考えることができる．

雄二型は，なわばり訪問型複婚の配偶システムと強い関係を有している．雄二型が記録されている33種のうち，88％（29種）がなわばり訪問型複婚の魚種である（**表4-3**）．ベラ科やブダイ科に加えて，沈性卵を産出するサンカクハゼやミスジリュウキュウスズメダイ属からも雄二型が報告されている（Cole，2002；Asoh and Yoshikawa，2003；Asoh，2005b；Tsuboi and Sakai，2016；**表4-2**）．ベラ科やブダイ科における一次雄は，大きな精巣を発達させてスニーキングやグループ産卵における受精をめぐる精子間競争を有利な状況にしているものと考えられている（Warner et al.，1975；Robertson and Warner，1978；Warner and Robertson，1978；Warner，1984，2001；吉川，2001）．一次雄は雌体色を呈することで，スニーキングやストリーキングを行う際に有利となる隠蔽性を確保する．ハレム型一夫多妻や一夫一妻よりもなわばり雄による雌の支配が緩やかななわばり訪問型複婚では，小型雄の繁殖戦術の強みを発揮できる局面が存在する．この小型雄の繁殖戦術の機能性が，雄二型となわばり訪問型複婚の強い関係性の理由である．

また，なわばり訪問型複婚の配偶システムをもつ19種からも雄単型が報告されている（**表4-3**）．ただし，なわばり訪問型複婚社会をもつ魚種では，個体群ごとに一次雄の出現頻度が大きく変動することが多い．例えば，ブルーヘッドラスでは，生息密度に応じて個体群中の一次雄の出現頻度が変わる（Warner，1984）．つまり，一次雄の出現頻度が非常に低かった可能性を疑う必要がある．なわばり訪問型複婚社会をもつ雄単型種については，個体群のおかれた生息環境を勘案しながら，一次雄の出現する可能性を慎重に検討する必要がある．

一次雄か二次雄かの識別は，生殖腺の組織構造中の性転換の証拠を確認することで行うことを説明した．しかし，性転換を経ていない雄と判断することの難しい魚種も少なくない（例えばLiu and Sadovy，2004b）．それは，雌に成熟する前の段階の幼魚が雄に性転換する成熟前性転換（prematurational sex change）が存在するからである．一次雄と成熟前性転換のいずれもが小型雄を出現させる仕組みである．しかし，成熟前性転換を経た小型雄には，未熟な卵巣組織が精巣組織中に存在し，基本的には二次雄と同様の生殖腺構造をもつ．そのため，成熟前性転換は，Reinboth（1970）による性転換プロセスを経ない雄という一次雄の

4章－雌性先熟魚類の配偶システム | 117

定義上，雄二型の範疇にはあてはまらない．

　例えば，ベラ科*Notolabrus celidotus*の場合，未熟な雌の成熟前性転換に由来する小型雄は，なわばり訪問型複婚社会で大きな二次雄と共存する（Jones, 1981）．着底個体が未熟な卵巣を有するコウライトラギスにおいても，一部の幼魚個体が雌として成熟前に両性生殖腺を発達させ，雄として成熟することが確認されている（Nakazono et al., 1995；中園，1991）．性転換を経ない雄というこれらの魚種は定義上，雄単型となる（**表4-2**）．成熟前性転換による小型雄の出現は，他にもベラ科*Bodianus eclancheri*（Warner, 1978b），ブダイ科*Sparisoma cretense*（de Girolamo et al., 1999），ゴンベ科ホシゴンベ（Kadota et al. 2024b），フエフキダイ科ハマフエフキ（Ebisawa, 1990；Marriott et al., 2010），タイ科*Pagrus ehrenbergii*（Alekseev, 1982）からも確認されている．また，ベラ科のイトヒキベラ（Kobayashi and Suzuki, 1990），*Labrus bergylta*（Dipper and Pullin, 1979），*L. mixtus*（Sordi, 1964）の3種，イトヨリダイ科ヒトスジタマガシラ（Akita and Tachihara, 2014），フエフキダイ科イソフエフキ（Ebisawa, 1999），タイ科*Pagrus pagrus*（Alekseev, 1982）からも成熟前性転換の可能性が示唆されている．

　しかし，近年になり一次雄が成熟前性転換と類似する現象である可能性が示唆されている．一次雄は性転換能力をもたない雌雄異体と想定され，雄二型は，雌雄異体と雌雄同体の生活史の共存状態と解釈されてきた（Reinboth, 1970；Warner, 1984；Charnov, 1982）．しかし，ベラ科ホンベラ，キュウセン，ミツボシキュウセンの一次雄において，雌への性転換が可能であること，すなわち雌雄同体であることを示す観察・実験データが報告されている（Kuwamura et al., 2007；Miyake et al., 2008）．またMiyake et al.（2008）は，ホンベラとキュウセンの一次雄に性ホルモン投与する飼育実験により，一次雄が正常な卵巣を発達させることを確認した．Kuwamura et al.（2007）は，ミツボシキュウセンの一次雄が同種個体との水槽同居飼育下で雌に性転換することを確認し，野外個体群でも一次雄による雌への性転換を確認している．

　さらには，Reinboth（1970）において雄二型種として認定されていたブルーヘッドラスを用いた飼育実験からは，一次雄と雌に遺伝的な違いがない可能性が示唆されている．Munday et al.（2006c）は，ブルーヘッドラスの一次雄の出現割合が安定して高い個体群と，出現頻度の低い個体群のそれぞれから，ブルーヘッド

ラスの幼魚を採集し、それらの幼魚を集団生息密度の高い条件（幼魚の集団飼育）と低い条件（単独飼育）において成熟まで飼育する実験を実施した。その結果、幼魚を採集した個体群における一次雄の出現割合の高低に関わらず、高密度飼育の幼魚からは一次雄に成熟する個体と雌に成熟する個体が双方出現し、単独飼育の幼魚のほとんどは雌に成熟した。すなわち、幼魚は、潜在的には一次雄にも雌にも成熟でき、社会的条件（同種個体の密度）に応じて一次雄として成熟する個体が出現するものと考えられる。これらは雌雄異体性を前提とした一次雄の位置付けの再考の必要性を提起する。

　一次雄になるか否かが遺伝的でなく、社会的に決定しているとしても、一次雄として成熟した個体の大半は、雄としての生活史を全うすることから、従来から盛んに議論されてきた一次雄の有利性に関する戦術理論を覆すものではない。機能的な雌としての繁殖経験をもたないという面からは、成熟前性転換も一次雄も相違ない。その意味で、成熟前性転換による小型雄の出現も、雄二型と捉える議論を積極的に進めるべきタイミングかもしれない。その議論を進めるなかで、成熟前性転換による小型雄に、一次雄と同じ繁殖戦術が広くみられるのか、あるいは独自の戦術的有利性をもちあわせているのかが明らかになることを期待したい。なお、ベラ科 *N. celidotus* の成熟前性転換による小型雄には、ストリーキング戦術がみられる（Jones, 1981）。

4-4. 雌性先熟の適応的意義

　雌性先熟は、主にハレム型一夫多妻またはなわばり訪問型複婚の配偶システムをもつ魚種にみられる。そこでは大きな雄が複数の雌との産卵機会を獲得する。この条件は、雌性先熟の適応的意義を説明する体長有利性モデル（1章を参照）の前提と合致する（Warner, 1975, 1984, 1988）。小さな雄は、一般的に、大きななわばり雄の支配する一夫多妻の繁殖グループで繁殖機会を得ることが難しい。対照的に、雌は体サイズに関わらず、繁殖機会を得ることができる。このような状況下では、個体はまず雌として成熟し、成長後に雄に性転換することで、生涯繁殖成功を最大化できると予測される。ハレム型一夫多妻またはなわばり訪問型複婚の配偶システムをもつ雌性先熟魚において、大きななわばり雄が多数の産卵機会を獲得し、高い繁殖成功を得ているデータは様々な魚種で報告されてい

る．したがって，体長有利性モデルによる予測は，一夫多妻的な配偶システムにおける雌性先熟の適応的意義をうまく説明する．

また，Warner（1975）の体長有利性モデルは，大きな雄が繁殖機会を支配する状況下で，雌性先熟性転換に加えて一次雄が出現することも，うまく説明している．例えば，ブルーヘッドラスでは，パッチリーフに住む個体数（個体群サイズ）はリーフの大きさに応じて異なる．大きな個体群の存在する大きなリーフでは，なわばりをもたない多数の小型の一次雄が，雌の好む産卵場所でのなわばり雄のペア産卵を妨害し，そこでグループ産卵を行う（Warner, 1984）．これは，なわばり雄による繁殖機会の独占が困難な状況では，一次雄の出現割合が高くなるという体長有利性モデルの予測と一致する（Warner, 2001）．

また，死亡率や成長率などの生活史特性の性差も，雌性先熟の進化に有利に働く要因となりうることも理論的に検討されている（Charnov, 1982；Warner, 1988；Iwasa, 1991；Munday et al., 2006a）．最初に，より低い死亡率またはより高い成長率の性に成熟し，その後，性転換することによって適応度を最大化できると考えられる．例えば，体サイズと繁殖成功の関係が両性で等しい状況にある体長調和一夫一妻ペア配偶システムをもつダルマハゼでは，その雌性先熟の適応性は，雌が雄よりも速く成長するという成長率の利点によって説明することができる（Kuwamura et al., 1994a）（**表4-4**，5章も参照）．一夫一妻ペアの繁殖成功は，より小さいほうの個体の体サイズによって制限されるため，小さな個体は新しく形成されたペアでは雌となり，成長した雌は新しいペアを形成する際に雄に性転換する（Kuwamura et al., 1994a）．なお，ダルマハゼと同様に枝サンゴに暮らす一夫一妻社会をもつベニサシコバンハゼの場合は，性特異的な成長の違いの性転換への影響は限定的とされている（Munday, 2002；Munday et al., 2006b）．

性転換のサイズやタイミングに種内変異がみられることは，1980年代から注目されてきた（4-6を参照）．体長有利性モデルをベースに，そのような変異を説明する理論モデルも発表されている．雄単型のブダイ科 *S. radians* は，鮮やかな体色（terminal phase：TP）を呈するなわばり雄と，目立ちにくい体色（initial phase：IP）を呈する雌によるペア産卵に加えて，IP体色を呈したなわばりを構えない二次雄が出現し，ペア産卵へのストリーキングとIP雄集団によるグループ産卵を行うことが知られている（Muñoz and Warner, 2003a, 2004）．そこで

表4-4 雄不在状況にした水槽飼育実験あるいは野外操作実験での雌の性転換，あるいは自然状況下で雄消失後の後継性転換の観察された魚種リスト．

目／科／種	和名	配偶システム	雄不在操作下の性転換	後継性転換の野外観察	文献
Gobiiformes ハゼ目					
Gobiidae ハゼ科					
Coryphopterus dicrus			飼育下		Cole and Shapiro,1990
Coryphopterus glaucofraenum		なわばり訪問型複婚	飼育下		Cole and Shapiro,1992
Coryphopterus hyalinus			飼育下		Cole and Shapiro,1990
Coryphopterus lipernes			飼育下		Cole and Shapiro,1990
Coryphopterus personatus			飼育下		Cole and Robertson,1988
Eviota epiphanes			飼育下*		Cole,1990
Fusigobius neophytus	サンカクハゼ	なわばり訪問型複婚		○	Tsuboi and Sakai,2016
Gobiodon histrio	ベニサシコバンハゼ	体長調和一夫一妻	野外*		Munday et al.,1998
Gobiodon okinawae	キイロサンゴハゼ	体長調和一夫一妻	飼育下*		Cole and Hoese,2001
Gobiodon quinquestrigatus	フタイロサンゴハゼ	体長調和一夫一妻	野外,飼育下*		Nakashima et al.,1996
Lythrypnus dalli		なわばり訪問型複婚	野外(人工環境),飼育下*		Reavis and Grober,1999; Black et al.,2005b; Lorenzi et al.,2006
Paragobiodon echinocephalus	ダルマハゼ	体長調和一夫一妻	野外,飼育下*	○*	Kuwamura et al.,1994a; Nakashima et al.,1995; Lassig,1977
Paragobiodon xanthosomus	アカネダルマハゼ	体長調和一夫一妻	野外		Lassig,1977
Rhinogobiops nicholsi			飼育下		Cole,1983
Trimma okinawae	オキナワベニハゼ	ハレムタイプ不明	野外,飼育下*	○*	Sunobe and Nakazono,1990, 1993; Manabe et al.,2007b
Uncertain orders in Ovalentaria オヴァレンタリア亜系(目未確定)					
Pomacentridae スズメダイ科					
Dascyllus aruanus	ミスジリュウキュウスズメダイ	群れ型ハレム	野外*		Kuwamura et al.,2016a; Asoh,2003
Dascyllus reticulatus	フタスジリュウキュウスズメダイ	群れ型ハレム	飼育下	○*	田中,1999; Asoh,2005b; Sakanoue and Sakai,2022
Cichliformes カワスズメ目					
Cichlidae カワスズメ科					
Metriaclima cf. *livingstoni*			飼育下		Stauffer and Ruffing,2008
Cyprinodontiformes カダヤシ目					
Poeciliidae カダヤシ科					
Xiphophorus helleri	ソードテール		飼育下		Lodi,1980b
Trachiniformes ワニギス目					
Pinguipedidae トラギス科					
Parapercis cylindrica	ダンダラトラギス	なわばり型ハレム	野外	○	Stroud,1982
Parapercis snyderi	コウライトラギス	なわばり型ハレム	野外,飼育下	○	Nakazono et al.,1985; Ohnishi,1998
Labriformes ベラ目					
Labridae ベラ科					
Bodianus rufus		行動圏重複型ハレム	野外		Hoffman,1983, 1985; Hoffman et al.,1985

4章－雌性先熟魚類の配偶システム｜121

Choerodon schoenleinii	シロクラベラ		飼育下		Sato et al.,2018
Halichoeres melanurus	カザリキュウセン	ハレムタイプ不明, なわばり訪問型複婚	野外		Sakai et al.,2002
Halichoeres miniatus	ホホワキュウセン	なわばり型ハレム	野外		Munday et al.,2009
Iniistius pentadactylus	ヒラベラ	なわばり型ハレム	野外,飼育下		Nemtzov,1985
Labroides dimidiatus	ホンソメワケベラ	行動圏重複型ハレム	野外*,飼育下*	○	Robertson,1972; Kuwamura et al.,2002,2011; Sakai et al.,2001
Macropharyngodon moyeri	ウスバノドグロベラ	ハレムタイプ不明	野外		Moyer,1991
Parajulis poecilopterus	キュウセン	なわばり訪問型複婚	飼育下		Sakai et al.,2007
Pteragogus aurigarius	オハグロベラ	なわばり訪問型複婚	飼育下		Shimizu et al.,2022
Thalassoma bifasciatum		なわばり訪問型複婚	野外		Warner and Swearer,1991; Hoffman et al.,1985
Thalassoma duperrey		なわばり訪問型複婚	飼育下		Ross et al.,1983
Thalassoma lucasanum		なわばり訪問型複婚	飼育下		Warner,1982
Scaridae ブダイ科					
Sparisoma radians		ハレムタイプ不明, なわばり訪問型複婚	野外		Muñoz and Warner,2003a,2004

Perciformes スズキ目

Serranidae ハタ科

Cephalopholis boenak	ヤミハタ	ハレムタイプ不明	飼育下*		Liu and Sadovy,2004b
Epinephelus adscensionis			飼育下		Kline et al.,2011
Epinephelus akaara	キジハタ		飼育下*		Okumura,2001
Epinephelus coioides	チャイロマルハタ		飼育下*		Quinitio et al.,1997; Chen et al., 2019,2020,2021
Epinephelus rivulatus	シモフリハタ		野外		Mackie,2003
Pseudoanthias pleurotaenia	スミレナガハナダイ		飼育下		日置ら,2001
Pseudoanthias squamipinnis	キンギョハナダイ	群れ型ハレム	野外,飼育下	○	Fishelson,1970; 余吾,1985; Shapiro, 1981; Shapiro and Boulon,1982

Pomacanthidae キンチャクダイ科

Apolemichthys trimaculatus	シテンヤッコ		飼育下		日置・鈴木,1995
Centropyge acanthops		行動圏重複型ハレム	飼育下*		日置・鈴木,1996
Centropyge bicolor	ソメワケヤッコ	行動圏重複型ハレム		○	Aldenhoven,1984,1986
Centropyge ferrugata	アカハラヤッコ	行動圏重複型ハレム	野外*,飼育下*	○	Sakai,1997; Sakai et al.,2003a; Kuwamura et al.,2011
Centropyge fisheri			飼育下*		日置・鈴木,1996
Centropyge heraldi	ヘラルドコガネヤッコ		飼育下		日置,2002
Centropyge interruptus	レンテンヤッコ	行動圏重複型ハレム	野外		Moyer and Nakazono,1978b
Centropyge potteri		行動圏重複型ハレム	野外 (ケージ)		Lutnesky,1994,1996
Centropyge vrolicki	ナメラヤッコ	行動圏重複型ハレム	野外		Sakai et al.,2003b
Genicanthus bellus			飼育下		日置ら,1995
Genicanthus lamarck	タテジマヤッコ	群れ型ハレム	飼育下		鈴木ら,1979
Genicanthus melanospilos	ヤイトヤッコ	群れ型ハレム	飼育下		日置ら,1982

Genicanthus persomatus			飼育下		Carlson,1982
Genicanthus semifasciatus	トサヤッコ	群れ型ハレム	飼育下		鈴木ら,1979
Genicanthus watanabei	ヒレナガヤッコ		飼育下		日置ら,1995
Malacanthidae キツネアマダイ科					
Malacanthus plumieri		なわばり型ハレム	野外		Baird,1988
Cirrhitidae ゴンベ科					
Cirrhitichthys aureus	オキゴンベ		飼育下*		小林・鈴木,1992
Cirrhitichthys falco	サラサゴンベ	なわばり型ハレム		○*	Kadota et al.,2012
Tetraodontiformes フグ目					
Balistidae モンガラカワハギ科					
Sufflamen chrysopterus	ツマジロモンガラ	なわばり型ハレム	野外		Takamoto et al.,2003

○：報告例あり.

* 逆方向性転換の確認もあり.

は大きく成長した雌が性転換をせず，雌のまま産卵を続けることもある．このブ
ダイをモデルに，繁殖集団における精子競争（ストリーキングによる受精卵のな
わばり雄の父性減少）と体サイズと繁殖力の関係（ハレム雌の将来的に期待され
る繁殖成功）を体長有利性モデルに組み込むことにより，高い繁殖力を維持する
大きな雌が性転換しない状況を予測する拡張型体長有利性モデルが発表されてい
る（Muñoz and Warner, 2003b, 2004）．受精をめぐる雄間競争の激化のため，
雄に性転換するよりも，雌として産卵を続けることの利得が大きい状況が存在す
るのである．この拡張型体長有利性モデルは，なわばり訪問型複婚社会にみられ
る性転換のサイズやタイミングの変異を，戦術的視点から説明することに成功し
ている．

　また，性に特異的な成長率と雌の栄養状態が産卵数に及ぼす影響を生活史パラ
メータとして組み込んだESSモデルからも性転換のサイズ・タイミングの変異が
説明されている．そのモデルでは，栄養状態の良い雌は栄養不良の雌よりも大き
なサイズで性転換できるため，より高い繁殖成功を得ることができると予測され
ている（Yamaguchi et al., 2013）．状況によっては，栄養の状態の良い雌は性を
変えない（すなわち生涯雌）戦術を採用する可能性も予測されている．この性転
換のタイミングの種内変異に注目する視点がどのようにして生じたのかについて
は，以後，順を追って説明する．

4-5. 性転換の社会的調節と後継性転換

　雌性先熟魚の雄の体サイズは，繁殖グループ間でかなり異なることが多い（Warner, 1988）．また，繁殖グループ内にはサイズに依存した優劣関係がみられ，雄は最も優位な個体，という体サイズと性の関連性が様々な魚種で確認されてきた（Robertson, 1972；Moyer and Nakazono, 1978b；Kuwamura, 1984；Sakai and Kohda, 1997；Kadota et al., 2011）．これらは，性転換のタイミングが絶対的な体の大きさや年齢で決まるわけではなく，相対的な体サイズの大きさと優劣関係に強く影響される，という現象が雌性先熟魚に広く一般性をもつことを示している．

　雌性先熟魚の性転換における社会的相互作用の重要性を最初に強調した研究は，行動圏重複型ハレム社会をもつホンソメワケベラを材料に，野外雄除去実験を実施したRobertson（1972）である．ハレム雄の除去に伴い，残された雌のうちの最も大きな個体が性転換することを示し，優劣関係が性転換に関わる重要な社会的要因であることを示した．また，グレートバリアリーフにおける同種の2年半にわたる野外観察調査でも，優位雄の消失に伴い性転換が起こることを確認している（Robertson, 1974）．

　個体間の行動干渉が頻繁にみられる行動圏重複型ハレムを有する魚類では，ホンソメワケベラに限らず相対的な体サイズ関係に依存した個体間の優劣順位関係が確認されている（Robertson, 1974；Kuwamura, 1984；Sakai and Kohda, 1997）．優位個体が雄として機能し，それ以外の劣位個体は雌として機能し，個体間の優劣関係の変化が性転換のタイミングに影響している．個体の所属するグループ（社会集団）における社会的地位（優劣関係）が性転換に影響するこの現象は「性転換の社会的調節」と呼ばれている（Robertson, 1972）．

　一夫多妻グループからの雄の除去，または雌個体のみの同性同居は，雌性先熟性転換を確認するために野外操作実験や水槽飼育実験においてよく使用されるデザインである．また，自然状況下での観察調査における性転換の確認においても，優位雄の消失後に残された雌が性転換し，なわばりやグループを引き継ぐ社会変化はよくみられるパターンであり，後継性転換と呼ばれる（Sakai, 1997；坂井, 1997）．これまでに11種で自然状況下の後継性転換が確認されている（**表4-4**）．さらに，野外や水槽飼育下での雄の除去操作（あるいは雌同居操作）を伴う実験

では，57種から優位な立場にある雌が性転換することが確認されている（**表4-4**）．これらを合わせると後継性転換の確認は総計60種に及ぶ（**表4-4**）．これらの雌性先熟魚には「優位であれば雄に，そうでなければ雌に」という性転換の社会的調節が広く採用されていると考えることができる．

　雌性先熟魚の自然状況下での性転換を確認する野外観察研究が1970年代から精力的に進められたことで，性転換の社会的調節の結果としての後継性転換の確認例が増加した．雄消失時に性転換することで，あぶれることもなく，機を逃すこともなく，なわばりや雌グループを引き継ぐことができるわけである．しかし，それとともに，性転換のタイミングやプロセスの種内変異の存在も明らかとなってきた．雌は後継性転換のみをみせるわけではないのである．その性転換がどのような社会条件や環境条件への応答としてみられ，どのような戦術的有利性をもつものかを見ていこう．

4-6. なわばり雄存在下の性転換

　繁殖成功上の有利な性を機能させる地位を獲得するための戦術は，なわばり雄の消失を待つ「後継性転換」のみとは限らない．そのことへの最初の気付きは，「なわばり雄の存命中に性転換する雌」の発見からもたらされた．三宅島のアブラヤッコとレンテンヤッコ（Moyer and Zaiser, 1984），そしてグレートバリアリーフのソメワケヤッコ（Aldenhoven, 1984, 1986）で，ほぼ同時にその性転換現象が報告された．なわばり雄の消失後にみられる後継性転換よりも早いタイミングで性転換が始まるという意味から，「早手回しの性転換」（early sex change）とも呼ばれた（Moyer and Zaiser, 1984 ; Moyer, 1987）．

　性転換の社会的調節（すなわち後継性転換）の確認されている雌性先熟魚60種のうち18種から，なわばり雄の存在下の性転換が確認されている（**表4-5**）．加えて，後継性転換の確認データが欠落しているものの，グループ内にサイズ依存の優劣関係が認められるハレム魚3種（キンチャクダイ科のアブラヤッコと*H. tricolor*，ベラ科*X. martinicensis*；**表4-5**）も，雄の存在下の性転換が確認されている．つまり，雄存在下の性転換は，性転換の社会的調節の認められる魚類における代替的な性転換パターンと考えることができる．

　Moyer and Zaiser（1984）によって問題提起された「早手回しの性転換」は，

4章－雌性先熟魚類の配偶システム｜125

表4-5 雄の存在下で雌性先熟型の性転換が確認された魚種とそのパターン.

	和名	配偶システム	雄消失後の後継性転換	雄存在下の性転換			文献
				独身性転換	ハレム分割性転換	備考	
水槽実験							
Gobiidae ハゼ科							
Rhinogobiops nicholsi			○		区別可能なデータなし	詳細不明	Cole,1983
Labridae ベラ科							
Choerodon schoenleinii	シロクラベラ		○		区別可能なデータなし	雌数の多いハレム(1雄5–6雌)	Sato et al.,2018
Pomacanthidae キンチャクダイ科							
Centropyge potteri		行動重複型ハレム	○		低密度状況下の雌数の多いハレム(1雄15雌)		Lutnesky,1994,1996
野外観察調査							
Gobiidae ハゼ科							
Fusigobius neophytus	サンカクハゼ	なわばり制型複婚	○		区別可能なデータなし		Tsuboi and Sakai,2016
Trimma okinawae	オキナワベニハゼ	ハレムタイプ不明	○	空いたシェルタースペースへ移動		非繁殖期の性転換	Manabe et al.,2007b
Pomacentridae スズメダイ科							
Dascyllus reticulatus	フタスジリュウキュウスズメダイ	群れ社型ハレム	○	雄型の性行動をみせない(隠蔽)	高密度コロニーグループ		田中,1999; Asoh,2005b; Sakanoue and Sakai,2022
Pinguipedidae トラギス科							
Parapercis cylindrica	ダンダラトラギス	なわばり型ハレム	○		雌数の多いハレム		Stroud,1982
Parapercis snyderi	コウライトラギス	なわばり型ハレム	○	繁殖期後期に複数個体が同調的に性転換			Nakazono et al.,1985; Ohnishi et al.,1997; Ohnishi,1998; 大西,2004
Labridae ベラ科							
Labroides dimidiatus	ホンソメワケベラ	行動重複型ハレム	○		雌数の多いハレム		Robertson,1972; Sakai et al.,2001; Kuwamura et al.,2011

種	ハレムの型				文献
Macropharyngodon moyeri ススハダクロベラ	ハレムタイプ不明	○		雌数の多いハレム	Moyer,1991
Notolabrus celidotus	なわばり訪問型婚姻	○	非なわばり独身雄		Jones,1981
Thalassoma bifasciatum	なわばり訪問型婚姻	○	非なわばり独身雄(高い成長)		Warner and Swearer,1991; Hoffman et al.,1985
Xyrichtys martinicensis	なわばり型ハレム, なわばり訪問型婚姻			雌数の多いハレム(35雌)	Victor,1987
Scaridae ブダイ科					
Sparisoma radians	ハレムタイプ不明	○	非なわばり独身雄		Muñoz and Warner,2003a,2003b, 2004
Serranidae ハタ科					
Pseudanthias squamipinnis キンギョハナダイ	群れ型ハレム	○		密度依存性転換による複雄群の出現	Fishelson,1970; 余吾,1985; Shapiro, 1981; Shapiro and Boulon,1982
Pomacanthidae キンチャクダイ科					
Centropyge bicolor ソメワケヤッコ	行動圏重複型ハレム	○	高ハレム密度、雄の高い死亡率	6雄を含む大きなハレム;(幼魚から成長した)孤立雌が近接していたハレム	Aldenhoven,1984,1986
Centropyge ferrugata アカハラヤッコ	行動圏重複型ハレム	○		雌数の多いハレム	Sakai,1997; Kuwamura et al.,2011
Centropyge interruptus レンテンヤッコ	行動圏重複型ハレム	○	低密度状況下での放浪独身雄		Moyer and Nakazono,1978a
Centropyge tibicen アブラヤッコ	行動圏重複型ハレム	○	低密度状況下での放浪独身雄	低密度状況下での低い社会干渉	Moyer and Zaiser,1984
Holacanthus tricolor	行動圏重複型ハレム			雄との社会干渉を避けるサイズの大きな雌の出現	Hourigan and Kelley,1985
Cirrhitidae ゴンベ科					
Cirrhitichthys falco サラサゴンベ	なわばり型ハレム	○		雌数の多いハレム	Kadota et al.,2012

性転換戦術の生じた状況と性転換個体の行動的特徴を記す(本文を参照).
○：報告例あり.

4章－雌性先熟魚類の配偶システム

その後の研究により，「独身性転換」と「ハレム分割性転換」の2つの異なる性転換プロセスとして理解できることが明らかとなっている．さらに性転換のタイミングを早めるための雌としてのふるまいの多様性への気付きにも至っている．以下，雌性先熟魚類にみられる，独身性転換，ハレム分割性転換，および性転換を早める雌の戦術を順に紹介する．

4-6-1. 独身性転換

雄存在下にみられる性転換プロセスの1つ目は，性転換個体が独身雄となるものである（Aldenhoven, 1984, 1986；Moyer and Zaiser, 1984；Hoffman et al., 1985；Moyer, 1987；Warner, 1988）．この性転換パターンは「独身性転換」と呼ばれる（Sakai, 1997；坂井, 1997）．独身性転換は，行動圏重複型ハレム社会をもつソメワケヤッコ，レンテンヤッコ，アブラヤッコの3種でほぼ同時に発見された（Aldenhoven, 1984, 1986；Moyer and Zaiser, 1984）．その後，群れ型ハレムのフタスジリュウキュウスズメダイ，なわばり型ハレムのコウライトラギス，ハレムタイプの詳細が不明なオキナワベニハゼからも独身性転換は報告されている（**表4-5**）．また，なわばり訪問型複婚のベラ科*N. celidotus*，ブルーヘッドラス，ブダイ科*S. radians*からも，独身雄となる性転換個体が確認されている．このように，特定の配偶システムに偏らず，様々な魚種にみられる性転換戦術である（**表4-5**）．

Moyer and Zaiser（1984）は，キンチャクダイ科アブラヤッコ属の独身性転換直後のプロセスとして，雄のなわばりを離れ，なわばりをもたない放浪個体として広範囲を移動し，周囲に存在するいくつかのハレムを訪れることを観察している．この放浪行動により，周囲のグループの状態を査察し，侵入乗っ取りの可能なグループを見つけるのでは，という機能仮説を提示した（Moyer and Zaiser, 1984；Moyer, 1987）．しかし，ハレム社会をもつキンチャクダイ科に出現する独身性転換個体の放浪行動に関する観察例はこれ以後存在しない．

また，なわばり訪問型複婚社会をもつベラ科*N. celidotus*，ブルーヘッドラス，ブダイ科*S. radians*の3種の独身性転換では，性転換を行う雌は，雌としての行動圏を放棄して非なわばり雄になることが報告されている（Jones, 1981；Warner, 1984；Hoffman et al., 1985；Muñoz and Warner, 2003a）．なわばり訪問型複婚では，雄による雌への行動干渉が緩やかなため，雌が行動圏を放棄す

ることは容易である．しかし，なわばり雄との社会関係を断ち，独身期間を経るという意味でハレム魚類の放浪独身雄と類似する．非なわばり雄は，成長の後になわばり雄となることが報告されている．高い繁殖成功を獲得するなわばり雄となるための雄間競争を勝ち抜くための体サイズを得るために，数多くの個体が非なわばり雄への性転換をみせると考えられている．

独身性転換個体は，もし性転換しなければ雌としての繁殖機会が維持できていたはずである（ただし，産卵機会に恵まれない雌の独身雄化も報告されている；詳しく後述）．つまり，独身性転換には繁殖機会を失うというコストが付随する．そのコストはハレムを引き継いだ後の高い繁殖成功によって補うことができると考えられている（Aldenhoven, 1984, 1986；Moyer and Zaiser, 1984；Warner, 1991）．では，独身性転換個体は，どのようなプロセスを経ることで，雌と配偶できる地位を獲得できるのだろうか．

雄存在下で性転換した個体が，ハレム雄となるプロセスについては，以下の3つのパターンが考えられている（Moyer, 1987）；①なわばりの雄が消えるのを待つ（グループ乗っ取り），②新しい雌または幼魚の定着を待つ（個体加入による新グループの創出），③なわばりの雄から一部の雌を奪う（分割乗っ取り）．なお，これらは雄存在下の性転換を「早手回しの性転換」として一括りにして検討していたものであるため，独身性転換とハレム分割性転換のプロセスが混在している．

グレートバリアリーフのソメワケヤッコでは，途中のプロセスは不明ながら，独身性転換個体がなわばり雄の消失したハレムを引き継ぐケースを7例確認している（Aldenhoven, 1984）．このことからも，①のグループ乗っ取りは放浪独身雄にとって最も成功の可能性が高いものと考えられる．ただし，グループ乗っ取りを成功させるためには，独身性転換個体は，なわばり雄の消失後，残された雌の後継性転換を抑えるためにも，速やかにグループに侵入する必要がある．効率よくグループの状況を査察し，なわばり雄の消失に遭遇する可能性を高めることが，なわばりの乗っ取りを成功させるための重要な条件になると予想されている（Aldenhoven, 1984；Moyer and Zaiser, 1984）．

Aldenhoven（1984）によるグレートバリアリーフにおけるソメワケヤッコの4つの個体群の2年半にわたる人口学的調査では，高い死亡と高いハレム密度を示す個体群で独身性転換個体が頻繁に出現することが確認されている．その個体

群における雄の年間死亡率は，後継性転換のみが観察されたその他の個体群よりも2〜13倍も高いものであった（Aldenhoven，1984，1986）．なわばり雄の高い死亡率は，独身雄によるグループ乗っ取りの機会を数多く提供する可能性がある．また，総計19個体の独身性転換個体が出現した個体群では，各ハレムは平均4.1のハレムと近接していた（Aldenhoven，1984）．このようなハレム密度が高い状況は，多くのハレムの状態を簡単に査察できる条件を満たすものと考えられる（Aldenhoven，1984，1986；Warner，1988，1991）．

ハレム密度に関しては，Moyer and Zaiser（1984）とMoyer（1987）は，雄のなわばりから一部の雌を奪う（上記③）ことが可能になる条件として，低密度条件の利点を示唆していた．その後の研究により，密度の低い状況で，雄の存在下の性転換が起こり，性転換個体が雌の一部を獲得する形でグループを分割する社会変化が確認されているが（Lutnesky，1994；Sakai，1997），このプロセスは独身性転換とは異なるものであることが判明している（後述の4-6-2を参照）．また，低密度条件下におかれた独身雄（独身性転換ではなく雌を失った雄）を追跡観察した研究では，独身雄が別の雄個体とペアとなり，雄から雌への逆方向性転換により繁殖機会を再獲得することが確認されている（Kuwamura et al.，2002，2011；Kadota et al.，2012；5章を参照）．また，それらの研究では，上記②のように独身雄が雌の定着により繁殖機会を再獲得したケースも確認されているが，小さな雌や幼魚とのペアリングでは繁殖成功の即時の増加が見込めないため，独身性転換が繁殖成功の損失を取り戻せる状況に容易に到達するとは考えにくい．したがって，低密度条件は独身雄を経る性転換戦術にとって有利性を発揮するものとは考えにくい．

体の大きさは，雌を支配し，雌を他雄から防衛するなわばりを維持するうえで非常に重要な形質である（Warner and Schultz，1992；Kuwamura et al.，2000）．独身性転換個体が高い成長率を有することは，行動圏重複型ハレム社会をもつキンチャクダイ科アブラヤッコ属の事例で示唆されている（Moyer and Zaiser，1984）．なわばり訪問型複婚社会をもつブルーヘッドラスにおいても，非なわばり雄となった性転換個体が，雌よりも1.5倍高い成長を示すことが報告されている（Hoffman et al.，1985；Warner，1984）．また，なわばり型ハレムをもつコウライトラギスでは，繁殖期後期に多くの小型雌がハレムを離れ，独身雄に性転換するが（Nakazono et al.，1985；Ohnishi，1998；大西，2004），非繁殖期に

高い成長を遂げ，次の繁殖期になわばりを構え，なわばり雄として繁殖することが報告されている（Ohnishi, 1998；大西, 2004）．独身性転換個体は，繁殖に使用しないエネルギーを成長に費やすことでなわばり雄となる可能性を高めていると考えられる（Moyer and Zaiser, 1984；Moyer, 1987；Warner, 1988）．

　独身性転換を誘発する社会状況については，個体レベルの野外観察研究が大きく不足しており，依然としてブラックボックスである．洞窟の壁面や岩の裂け目などに生息するオキナワベニハゼの独身性転換に関する観察野外調査では，優位な雄の存在するハレムから移動した雌が，空きスペースで独身雄に性転換するプロセスが報告されている（Manabe et al., 2007b）．独身性転換をしたオキナワベニハゼの個体は，移動前のハレムに自身とほぼ同じ体サイズの雌個体が存在していたことが確認されている．所属グループ内の雌間の社会的関係の変化が独身性転換の引き金となっている可能性がある．また，コウライトラギスの独身性転換をみせた雌個体の体サイズは，なわばり雄の体サイズの86%を超えており，優位な雄と雌の相対的な大きさの閾値が，雄の存在下での雌の同期的な独身性転換の開始に影響を与える可能性があることが示唆されている（相対体長閾値仮説：Ohnishi, 1998；大西, 2004）．

　さらに，枝サンゴを住み家として群れ型ハレムを作るフタスジリュウキュウスズメダイの独身性転換では，グループに同居を続けながら生殖腺の精巣化を進行させることが報告されている．この性転換個体は性行動を一切示さないことから「隠蔽的独身性転換」（cryptic bachelor sex change）と呼ばれる（Sakanoue and Sakai, 2022）．やはり，この独身性転換個体は雌よりも早く成長することが確認されている．隠蔽的独身性転換を行った個体は，産卵機会に恵まれなかった雌であったことが確認されており（Sakanoue and Sakai, 2022），グループ内の繁殖関係が性転換の発動に影響している可能性が示唆されている．独身性転換個体は，成長により他グループへの移動が可能になり，新しいグループで繁殖機会を獲得するものと考えられている．成長後に元のグループを離れ，新しいグループでなわばり雄の地位を獲得した例と，新しいグループで雌として繁殖機会を獲得した例が確認されている（すなわち，雄としての繁殖を経験しない生殖腺の逆方向性転換；5章を参照）．

　キンチャクダイ科アブラヤッコ属においても，産卵頻度の低い雌が独身性転換を行った例が報告されている（Moyer and Zaiser, 1984；Moyer, 1987）．雌の

産卵状況が性転換に影響を与える可能性については，ツマジロモンガラのフィールドデータを基に展開したYamaguchi et al. (2013) の理論モデルによる分析で検討されている．ESSモデルにより，雌の産卵能力（産卵数）に変異がある状況下では，産卵能力の低い雌が性転換することを理論的に予測している．これは栄養状態が産卵能力に影響することを前提としているが，フタスジリュウキュウスズメダイで報告されているような社会関係の結果として産卵機会を失った状況 (Sakanoue and Sakai, 2022) にも適用可能かもしれない．また，Hamaguchi et al. (2002) は，アブラヤッコ属魚類のフィールドデータを用いたESSモデルアプローチにより，社会的および環境的条件に応じて雌が産卵頻度を低下させ，状況によっては，独身性転換と同様に産卵を完全に停止させることを理論的に予測している．

　本項の前半で述べた，独身性転換の「雌としての産卵機会を犠牲にする」という前提は，性転換前の雌としての産卵状況を把握することで覆される可能性がある．雌としてすでに産卵機会を十分に与えられていないことと性転換の関係は，後ほど説明するハレム分割性転換においても確認されている．もし独身性転換が十分な繁殖機会を得ることができない「あぶれ雌」によるものならば，性転換のスイッチを入れてグループを飛び出すことは，繁殖成功の低下する状況を改善するためのアクション，すなわち次善の策と捉えるべきものかもしれない．雌の産卵能力や産卵頻度の実態把握は性転換の開始に影響する要因として注目すべきものだろう．

　独身性転換は雌性先熟魚にみられる代替性転換戦術として注目を浴びてきたトピックであるが，未解明部分が極めて多い．今後も様々な魚種において，独身性転換を誘発する社会状況，有利性となわばり獲得プロセス等の実態究明が求められる．

4-6-2. ハレム分割性転換

　「早手回しの性転換」に含まれていたもう1つの性転換パターンは，雄のなわばり内の雌の一部を獲得し，新たなグループを創出するというものである．これは，ハレム社会をもつ魚種から確認されており，「ハレム分割性転換」と呼ばれる (Sakai, 1997；坂井，1997). 行動圏重複型ハレムをもつホンソメワケベラ，ソメワケヤッコ，アカハラヤッコ，アブラヤッコ，キンチャクダイ科 *C. potteri*, *H. tricolor*

の6種，なわばり型ハレムをもつトラギス科ダンダラトラギス，ベラ科 *X. martinicensis*，サラサゴンベの3種，群れ型ハレムをもつフタスジリュウキュウスズメダイ，キンギョハナダイの2種，および詳しいハレムタイプが不明なウスバノドグロベラの合計12種から確認されている（**表4-5**）。

　行動圏重複型ハレム魚種では，通常よりも大きく雌に性比の偏った状況，または雄が雌と頻繁に相互作用できないほど雄のなわばりが拡大した状況において，ハレム分割性転換が観察されている（Robertson，1974；Aldenhoven，1984；Sakai，1997；坂井，1997）。なわばり型ハレムおよび群れ型ハレムの魚種においても，やはりハレムの空間的なサイズが大きい状況，あるいは雌の個体数が多い状況で観察されている（Shapiro，1981；Stroud，1982；Victor，1987；Moyer，1991；Kadota et al.，2012；Sakanoue and Sakai，2022）。このようなハレムの空間・社会状況は，あるハレムのなわばり雄が消失した後，雌による後継性転換が生じるよりも早く，隣接ハレムの雄がなわばりに侵入し，両方のハレムを合併支配することで生じることが多い。行動圏重複型ハレムの場合は，分割型ハレム（4-2-1を参照）がこのプロセスにより出現する。ハレム合併の結果，雄なわばり内に雌が過度に定住する状況がもたらされる（Robertson，1974；Stroud，1982；Victor，1987；Sakai，1997；坂井，1997）。あるいは，ハレム内の雌の集中するエリア，いわばハレムの重心が偏ってしまい，一部の雌が他のハレムの雌から極端に離れた位置に行動圏を構える状況が生じる（Moyer and Zaiser，1984；Jack T. Moyer 私信）。このような状況下で，雌が性転換を開始し，ハレムを分割する社会変化がみられる。また，ハレムのそばに定着した幼魚（のちに成長して配偶可能な雌となる）を取り込むように性転換個体が新しいなわばりをつくる，いわば出芽のような形のハレム分割性転換例もソメワケヤッコで観察されている（Aldenhoven，1984）。これもハレムの雌数が増加した社会的状況と類似したケースと考えられる。

　ハレム分割性転換における性転換の引き金は，なわばり雄と雌の不十分な社会干渉が要因になっていると考えられている。Lutnesky（1994）は，キンチャクダイ科 *C. potteri* の雄1個体と雌15個体を大きな野外ケージ（3 × 34 × 2 m）に同居収容させ，雄の存在下で雌の性転換が起こることを確認した。タンク内に雌が広く分散している低密度条件のために，雄はすべての雌との頻繁な社会干渉を維持することができなかった。対照的に，小さなケージ（3 × 4 × 2 m）に同じ

個体数を同居収容した高密度条件では，雌の性転換はみられなかった．ベラ科シロクラベラの水槽実験では（8 × 8 × 2 m），雄1個体4個体の同居飼育では性転換が生じず，雌の数が多い雌雄同居条件（雄1個体，雌5〜6個体）では，雄の存在下で雌の性転換が起こることが確認されている（Sato et al., 2018）．シロクラベラにおける社会干渉の詳細は不明ながら，両種の実験結果は，なわばり雄と雌との相互行動干渉の維持を難しくするようなグループ状況が雌の性転換をもたらすことを示唆している．

　また，野外観察調査データからも，雄との社会干渉の不足が性転換を引き起こした可能性が示唆されている．キンチャクダイ科魚類のハレムでは，雄はなわばり内の雌を代わる代わる訪問し，それぞれの雌の産卵準備が整うまで求愛訪問を繰り返す．アカハラヤッコで観察されたハレム分割性転換のケース（Sakai, 1997；坂井，1997）では，隣接する2ハレムの片方の雄の消失後，残りの雄はなわばりを拡大し，新しく取り込んだ雌に対して社会行動や求愛行動を積極的に行った．その結果，元のハレムの最大雌に対する社会行動および求愛行動の頻度が減少し，その最大雌は産卵を停止させ，なわばり雄との闘争を開始してハレムの一部を乗っ取った．同様に，キンチャクダイ科 H. tricolor のハレム分割性転換では，性転換の前に，雌がなわばり雄との社会的接触を避けるためにほとんどの時間隠れていたと報告されている（Hourigan and Kelley, 1985）．このような雄を避ける行動は，雌に性転換のスイッチがすでに入っている状態（雄と闘争関係になる前の状態）と推察されるが，明らかに通常の雌雄の繁殖関係が維持できない状況になっている．キンチャクダイ科魚類においては，毎日の雌の産卵は雌雄の社会関係が維持されていることの指標と考えうる．雄が雌との社会関係を十分に維持できない状況は，後継性転換の生じる雄の消失状況と類似したものと考えることができるだろう．

　群れ型ハレムをもつキンギョハナダイでは，大きなサイズのグループでなわばり雄の存在下で性転換が起こり，その結果，複雄群が形成される．性転換個体は繁殖機会をもつ雄になり，その後，雄単独で支配するハレムに移行するプロセスが確認されている（Shapiro, 1984；余吾，1985）．これはハレム分割性転換と類似する社会変化である．この性転換個体の出現が，雌の数が増加し，ある性比の値を超えたハレム状況で生じる傾向を説明する性比閾値仮説（sex ratio threshold hypothesis）が提案されている（Shapiro and Lubbock, 1980）．しかし，

134

この群れ型ハレムにおける雄存在下の性転換の背景として，どのような社会干渉の変化が生じていたのかは明らかではない．ただし，キンギョハナダイの雌個体の性転換前の状況として，繁殖時間にシェルターに隠れて産卵しない様子があったことが確認されている（余吾，1985）．そのようなふるまいをみせる以前の雌雄の社会的相互作用の詳細は不明であるが，雌が雄との行動干渉を避けることは，キンチャクダイ科のハレム分割性転換のプロセスと類似している．また，フタスジリュウキュウスズメダイの群れ型ハレムでは，雄と産卵できない状況の雌によるハレム分割性転換が報告されている（Sakanoue and Sakai, 2022）．群れ型ハレム魚種においても，雄との社会干渉（求愛・産卵）の変化が性転換に関与している可能性がある．

　ハレム分割性転換は，グループ合併などにより雌雄間の関係性が不安定となったハレムグループが，再び安定したグループへと変化するプロセスと捉えることができる．ハレム分割性転換のメカニズムは，後継性転換の延長線上で理解できるものであり，代替性転換戦術の実態追究を通じて性転換の社会的調節の重要性が再確認されたといえる．このことは，性転換の社会的調節がみられる魚種広くにおいて，雄存在下の性転換が生じる潜在性があることを意味する．

4-6-3. 性転換を早める雌の戦術

　いくつかの雌性先熟魚では，性転換する機会を早期に獲得するためと考えられる雌の戦術的ふるまいが報告されている．一般に，ハレム型一夫多妻社会をもつ魚種では，雌はグループ内の社会的地位を維持しながら，産卵機会を維持することで，将来の性転換機会を確保し，生涯繁殖成功を高めることができると考えられる（Robertson, 1974；Moyer and Nakazono, 1978b；Kuwamura, 1984）．しかし，すべての雌がそのようにふるまうとは限らない．

　ハレムが密接に隣接しているホンソメワケベラの個体群では，雌がハレムを引っ越すことがある．愛媛県宇和海の沿岸における2.5年間の潜水調査では，15個体のホンソメワケベラ雌による合計24回のハレム引っ越しが確認された．具体的には，ハレムグループのなかで相対的な体サイズの小さい劣位雌は，自身の相対順位が上がるハレムへと移動した．また，ハレム内の相対体長が大きく優位な雌も，自身と体サイズの近い雌個体との同居を避けるように別のハレムに移動していた（Sakai et al., 2001）．ハレム引っ越しをみせた雌個体はいずれも元のハレ

ムよりも自身の社会的地位が改善されていたことから，より早く性転換をするための戦術として機能するものと考えられている（Sakai et al., 2001；坂井, 2003）.

　雌によるハレム引っ越し戦術は，オキナワベニハゼからも報告されている．鹿児島県沿岸におけるオキナワベニハゼ個体群においても，雌によるハレム引っ越しが数多く観察され，その引っ越しには体長順位を上げる効果，あるいは同サイズの雌個体から逃げる効果がホンソメワケベラと同様に確認されている（Manabe et al., 2007a）．ハレム社会をもつ雌性先熟魚においても，雌は受動的に性転換の機会（優位個体の消失）を待つだけではなく，自身のおかれた状況を積極的に改善するような行動をみせうると考えるべきである．また，一夫一妻型の配偶をみせる雄性先熟のクマノミ類においても，グループ引っ越しの戦術的機能が示唆されている．カクレクマノミのコロニー間移動に注目した野外研究において，引っ越し個体の体長順位の改善効果は認められなかったが，より大きなパートナーとペア組みできる傾向が認められている（Mitchell, 2005）.

　近年，ホンソメワケベラをモデル生物にした社会的認知能力に関する研究により，鏡像を自己として知覚および認識する能力を有することが確認され（Kohda et al., 2019, 2022, 2023），さらに，個体が観察した情報から論理的に予測する能力をもち合わせていることも報告されている（Hotta et al., 2020）．これらの認知思考に関する能力は，性転換の社会的調節に深く関与するハレム内の個体間の優劣関係の安定的な維持のメカニズムとして機能するだけでなく，引っ越し戦術に不可欠となる近接するグループの社会状況の査察と社会変化の察知を可能にするものと考えられる.

　行動圏重複型ハレムをもつホンソメワケベラやキンチャクダイ科アブラヤッコ属では，体サイズの近い雌個体どうしは互いに排他的ななわばり関係になる（体長差の原則：1-4を参照；図4-1）．その存在は性転換の機会をめぐる競争相手となると考えられ，上述のハレム引っ越し戦術にも関与する．沖縄のサンゴ礁におけるアカハラヤッコでは，体サイズの近い雌が存在する雌の産卵頻度が低い傾向があることが報告されている．この産卵頻度の低い雌には成長が早い傾向が認められ，性転換の可能性を高めるための雌間の成長競争にエネルギーを投資しているものと考えられている（Sakai, 1997；坂井, 1997）.

　性転換に伴う雌の急速な成長は，様々な魚種から報告されている（Ohnishi,

1998；Walker and McCormick, 2004；大西, 2004；Walker and Ryen, 2007；Munday et al., 2009；Sakanoue and Sakai, 2022). 性転換中の雌の急速な成長は，なわばり雄などの優位個体による抑制から解放されることに加えて，産卵を停止させたことよりエネルギーを成長に投資できることが貢献している可能性がある．繁殖なわばりと雌を獲得するためには，性転換個体はより早く大きく成長する必要がある．特に雌間に強い優劣順位関係がみられるハレム社会では，将来の性転換の機会をめぐる雌間の成長競争に注目する必要がある．

4-7. 性転換プロセスにおける性転換個体のふるまい

雌性先熟魚では性転換をスタートさせると，卵巣の機能を停止させて，精巣の機能を発達させる．この生殖腺の性転換を終えるまでの間，性転換個体は配偶子を放出できない．つまり，性転換中は子孫を残せない．これは，性転換プロセスに付随するコストである．

なわばり雄が消失あるいは実験的に除去された後，雌の後継性転換がスタートするが，生殖腺の性転換完了，つまり精巣の機能化には通常数週間を要する（**表4-6**）．浮性卵を産むタイプの魚種では産卵行動が頻繁にみられるものが多いため，受精卵の確認に基づいて生殖腺の性転換の完了までの所要日数が正確に測定されている例もあり（Nakashima et al., 2000；Sakai et al., 2003b；**表4-6**），その多くは1週間から4週間ほどである．一方，サンカクハゼ，ミスジリュウキュウスズメダイ，ツマジロモンガラなどの沈性卵を産卵する種の一部は，生殖腺の性転換に要する期間が2〜3ヶ月とかなり長い（**表4-6**）．これには，沈性卵を産む魚種に広く見られる卵保護習性と，月齢（潮汐）に応じた産卵リズムを有することが関係している．周期的な産卵間隔をもつ魚種においては，雌の産卵準備が整わなければ性行動（求愛）や放精を観察で確認できない．ゆえに，実際にはデータ値よりももっと早いタイミングで生殖腺や行動の性転換が完了していると考えるべきである．沈性卵を産卵するハゼ類の多くは1週間から4週間で生殖腺の性転換を完了させる（**表4-6**）．

性転換個体には，なわばり雄に特有の体色や体型の発達が必要となることもある（Hoffman et al., 1985；Muñoz and Warner, 2003a）．なわばり雄にみられる二次的な体色や体型の変化は性ホルモンの影響を強く受けることが知られてお

4章−雌性先熟魚類の配偶システム｜137

表4-6 飼育実験および野外観察による雄消失後の性転換（後継性転換）に要する時間.

科／種	和名	行動の性転換 求愛行動（雄役）	産卵行動（雄役）	生殖腺の性転換	体色の性転換	文献
沈性卵を産卵するタイプ						
Gobiidae ハゼ科						
Coryphopterus glaucofraenum				10-20日		Cole and Shapiro,1992
Coryphopterus hyalinus				15日		Cole and Shapiro,1990
Coryphopterus lipernes				21日		Cole and Shapiro,1990
Coryphopterus personatus				9-20日		Cole and Robertson,1988
Fusigobius neophytus	サンカクハゼ			<62-70日		Tsuboi and Sakai,2016
Gobiodon histrio	ベニサシコバンハゼ			<28日		Munday et al.,1998
Gobiodon quinquestrigatus	フタイロサンゴハゼ	<1ヶ月	1ヶ月	1ヶ月		Nakashima et al.,1996
Lythrypnus dalli				5.71±1.70日		Reavis and Grober,1999
Paragobiodon echinocephalus	ダルマハゼ			24日		Nakashima et al.,1995
Trimma okinawae	オキナワベニハゼ	7日	12日	6-14日		Sunobe and Nakazono,1993
Pomacentridae スズメダイ科						
Dascyllus aruanus	ミスジリュウキュウスズメダイ			<50-60日		Coates,1982; Kuwamura et al.,2016a
Dascyllus reticulatus	フタスジリュウキュウスズメダイ	<10日	10日	<19日		田中,1999; Sakanoue and Sakai,2022
Balistidae モンガラカワハギ科						
Sufflamen chrysopterus	ツマジロモンガラ	71日		<90-94日	9-19日	Takamoto et al.,2003
浮性卵を産卵するタイプ						
Pinguipedidae トラギス科						
Parapercis cylindrica	ダンダラトラギス	5-11日		20-31日	17-24日	Stroud,1982
Parapercis snyderi	コウライトラギス			23日	10-13日	Nakazono et al.,1985
Labridae ベラ科						
Bodianus rufus			0-10日	7-10日		Hoffman et al.,1985
Halichoeres melanurus	カザリキュウセン	0日	0日	2-3週間		Sakai et al.,2002
Iniistius pentadactylus	ヒラベラ			14日	14日	Nemtzov,1985
Labroides dimidiatus	ホンソメワケベラ	0日	0日	14-18日		Robertson,1972; Nakashima et al.,2000
Macropharyngodon moyeri	ウスバノドグロベラ		<23日	<23日		Moyer,1991
Parajulis poecilopterus	キュウセン	2-11日		2週間	2-6週間	Sakai et al.,2007; Miyake et al.,2012
Thalassoma bifasciatum		0日	0日	8-28日	8-28日	Warner and Swearer,1991
Thalassoma lucasanum				2-6週間	2-6週間	Warner,1982
Scaridae ブダイ科						
Sparisoma radians			7-12日	12-18日	7-11日	Muñoz and Warner,2003a
Serranidae ハタ科						
Epinephelus coioides	チャイロマルハタ			214-298日		Quinitio et al.,1997
Epinephelus rivulatus	シモフリハタ			20-27日		Mackie,2003

Pseudoanthias pleurotaenia	スミレナガハナダイ	4日	9日	18日		日置ら,2001
Pseudoanthias squamipinnis	キンギョハナダイ	2-7日		2-4週間	26-53日	Fishelson,1970; Shapiro,1981
Pomacanthidae キンチャクダイ科						
Apolemichthys trimaculatus	シテンヤッコ		11日	25日		日置・鈴木,1995
Centropyge acanthops		4日	6日	8日		日置・鈴木,1996
Centropyge bicolor	ソメワケヤッコ	3日		<20日		Aldenhoven,1984
Centropyge fisheri		2日	3日	6日		日置・鈴木,1996
Centropyge interruptus	レンテンヤッコ	1-7日		20-39日	12日	Moyer and Nakazono,1978b
Centropyge vroliki	ナメラヤッコ	0日	1-3日	10-16日		Sakai et al.,2003b
Genicanthus bellus		4日	31-38日	31-38日	38日	日置ら,1995
Genicanthus lamarck	タテジマヤッコ	11日	11日	11日	13日	鈴木ら,1979
Genicanthus melanospilos	ヤイトヤッコ	8-19日	19日		12-19日	日置ら,1982
Genicanthus watanabei	ヒレナガヤッコ		15日	25日		日置ら,1995

後継性転換プロセスにおいて，雄型の性行動の発現（行動の性転換），生殖腺の機能開始（生殖腺の性転換），体色変化の完了（体色の性転換）にそれぞれ要した日数および週数を示す.

0日は，雄除去操作実施日あるいは雄消失確認日のうちに変化が完了したことを意味する.

り（Kinoshita，1935；中園，1979），体色の性転換は生殖腺の性転換と同様に数週間を要する（**表4-6**）．では産卵・求愛といった性行動の性転換はどのようなタイミングで進行するのだろうか.

　ホンソメワケベラ，ナメラヤッコなど浮性卵を産むタイプの魚種では，生殖腺の性転換の完了前に雄型の性行動が発動し，雌と産卵行動を始めることが確認されている（**図4-5**，**表4-6**）．つまり，性転換の途中過程において，通常の雌雄のペア産卵と変わらない産卵行動がみられる．しかし，その卵は当然ながら未受精である．雌が産卵するのは，性転換個体のみせる雄型の性行動パターンが通常の雄がみせるものと何ら変わりないからである（Godwin et al.，1996；Nakashima et al.，2000）.

　ホンソメワケベラのケースでは雄除去後，1時間経つか経たないうちに最大雌が雄型の性行動をみせ，他の雌を産卵させる．生殖腺の性転換中ゆえに授精能をもたない状況にも関わらず，行動面の性転換を速やかに完了させることには配偶者獲得の意味があると考えられている（1-4-1を参照）．もし性転換個体が生殖腺の性転換中に他雌に対して雄型の性行動をみせない場合，雌たちは配偶相手となる雄を探すためにグループを離れる可能性がある．ハレム社会においても，先に挙げたように雌がグループを離れて引っ越すことがある（Sakai et al.，2001；

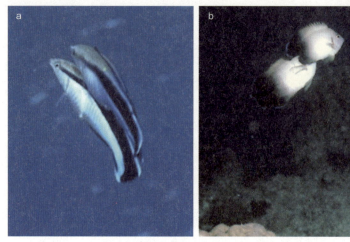

図4-5 ハレム型一夫多妻社会をもつ魚類の後継性転換プロセスにみられる性転換個体と雌のペア産卵．なわばり雄の除去後，最大雌が雄型の求愛行動をみせ，ハレム内の雌とペア産卵する．ホンソメワケベラ(a：産卵ペアの上側が性転換個体)とナメラヤッコ(b：産卵ペアの下側が性転換個体)(写真：桑村哲生)．

Manabe et al., 2007a)．また，もし性転換個体が雄型の性行動をみせない状況が続けば，産卵機会の得られない雌は性転換する可能性もあるだろう (Moyer and Zaiser, 1984；Sakai, 1997；Sakanoue and Sakai, 2022)．性転換完了後の繁殖相手を失ってしまうことは，後継性転換の利益を減じさせることとなる．しかし，性転換個体が雄の性行動をみせれば，その行動干渉を受ける雌たちは産卵相手となる雄がグループ内に存在するという情報を受け取る．行動面の性転換が生殖腺の性転換に先んじて発動することで，雌との社会関係の構築を果たしているのである．(Nakashima et al., 2000；Sakai et al., 2002, 2003b)．

　上述のホンソメワケベラの雄の除去実験は，産卵時刻にあわせて実施されている．つまり，腹部が産卵直前の卵で大きく膨れた雌が，なわばり雄の除去後すぐに雄型の性行動を開始し，雄の役割で雌とペア産卵したわけである (Nakashima et al., 2000；図4-5)．これは，生殖腺の状態に制約を受けることなく，性行動をスタートできる仕組みの存在を示唆している．さらに，性行動発現における生殖腺の影響を切り離した別の実験がある．ブルーヘッドラスの雌個体の生殖腺を体内から完全に切除する外科手術を実施し，その雌個体を元のグループに放流し

た後，グループからなわばり雄を除去すると，生殖腺のない雌が雄型の性行動，つまり行動の性転換を示したことが確認されている（Godwin et al., 1996）．また，Nakashima et al.（2000）は，ホンソメワケベラのなわばり雄の除去後に，雌が雄型の性行動を発現させて，雌を産卵させた後，元のなわばり雄を再びハレムに戻す操作を実施している．すると，性転換個体が，雌型の性行動を直ちに再開し，元のなわばり雄とペア産卵したことが観察されている．性行動は速やかに雌型・雄型それぞれのパターンに切り替え得るのである．生殖腺の状態に制約されず，性行動の雌雄切り替えを速やかに制御するメカニズムには，脳と神経内分泌が重要な役割を果たすものと考えられている（Casas and Saborido-Rey, 2021）．

　魚類の脳が両性の性行動の発現・制御機能を併せもつという見解はキンギョなどの雌雄異体魚の神経生理学的研究において示唆されている（Kobayashi et al., 2000）．雌性先熟魚の性転換プロセスにおける性行動の迅速な双方向変化も，この見解を支持するものといえる．また，通常は雄のみが卵保護をみせるフタスジリュウキュウスズメダイの卵保護雄を産卵床から隔離し，残された雌の行動を観察した操作実験では，雌が孵化まで卵保護しうる潜在能の存在が確認されている（Sakai et al., 2024）．その実験では，雌個体が性転換をスタートさせない状況にコントロールされており，機能的な雌が，性転換の進行とは無関係に，卵保護という雄の性行動を担うことが示された．普段は卵保護を担わない性個体による代理的な保育行動は，雄性先熟のクマノミ（Yanagisawa and Ochi, 1986）や雌雄異体魚種でも確認されており（Asoh and Yoshikawa, 2001；Takegaki, 2005），両性の性行動を発現する仕組みは魚類広くに見られる可能性がある．

　なわばり雄の消失後，性転換個体が直ちになわばり雄の地位を獲得し繁殖機会を確保できるかは，配偶システムと社会・環境条件に依存する．例えば，ホンソメワケベラのようなハレム魚種の場合は，ハレムメンバーが安定した同居関係にあるため，ハレムを引き継ぐことができれば性転換個体が繁殖機会を得る可能性は高い．しかし，なわばり訪問型複婚社会では，雌による選り好み（配偶者選択）に応えうる表現形，すなわち雄としての魅力と繁殖なわばりの質が，雄としての繁殖機会の確保に重要となる．また，なわばりをめぐる雄間の激しい競争も存在する（例えばKuwamura et al., 2000；Warner, 2001）．つまり，雄へ性転換しても，雌と産卵できる保証はないのである．そのような局面では，性転換個体は性行動を必ずしもホンソメワケベラのように迅速にみせるとは限らない．

4章－雌性先熟魚類の配偶システム｜ 141

性転換個体が，繁殖なわばりの獲得・維持，または雌を引き付けるための二次的な雄の形質の発達に時間を費やさなければならない場合，性転換個体の性行動の開始タイミングが大きく遅れることが報告されている．なわばり訪問型複婚のブダイ科 *S. radians* の場合，性転換個体は雄型の体色への変化と同調するタイミングで雄型の行動がスタートすることが報告されている（Muñoz and Warner, 2003a；**表4-6**）．同じくなわばり訪問型複婚のブルーヘッドラスでは，多くの性転換個体は非なわばり雄として平均81日間を過ごし，なわばり雄として繁殖地位を獲得するには32日以上を要する（Hoffman et al., 1985）．しかし，なわばり雄除去による性転換誘発実験下では，除去当日に雄型の性行動のスタートが確認されている（Warner and Swearer, 1991）．この点を鑑みると，性行動をあえて発現させずに生殖腺や体色の性転換を進めていると考えるべきかもしれない．同じくなわばり訪問型複婚を基本とするベラ科カザリキュウセンのなわばり雄除去実験では，性転換個体の体サイズと性行動の有無の関係を考察するデータが獲得されており，性転換する雌個体の体サイズが大きいほど雄型の性行動をみせる傾向にあったことが確認されている（Sakai et al., 2002；狩野, 2004）．これは，性転換個体の社会的地位，すなわち周辺個体との相対的な体サイズ関係が，性転換個体のその後のなわばり獲得の可能性を左右しており，性行動をスタートさせるか否かはその社会状況に影響を受けることを示唆している．

4-8. 今後の研究の方向性

本章では雌性先熟魚類の性転換に関して，個体レベルの視点からの特徴と傾向について紹介してきたが，その礎となっているのが1980年代までの野外観察データである．潜水研究第1世代と呼ぶべき研究者たちの優れた観察技術と粘り強い努力によって獲得されたデータは多くの洞察を提供し，魚類の性転換の実態理解に貢献する議論が進められてきた．採集標本の計測・解剖分析，操作実験を用いた実証研究，数理モデルによる分析予測など，多角的な視点から雌性先熟魚の研究が進められてきたが，自然状況の生き物の生き様をつぶさに観察記録するという姿勢に基づくデータの存在は，魚類の性転換という現象のおもしろさを一層引き立てている．

しかし，それでも独身性転換の実態，群れ型ハレムの社会干渉の実態，産卵集

合する魚の配偶システムの実態など，謎はいまだに数多く残されている．また，配偶システムが明らかになっていない魚種も数多い（**表4-2**）．最先端の技術を活用した観察法や画像解析など，新しい手法を用いて残された課題や謎に挑戦していくのが，これからの時代のアプローチかもしれない．

　また，様々な雌性先熟魚から「逆方向性転換」が確認されていることも注目すべきである．性転換の社会的調節が確認されている雌性先熟魚60種のうち，実に17種において，雄が再び雌に戻りうることが確認されている（**表4-4**）．加えて，イレズミハゼ属2種の生殖腺分析，ミツボシキュウセンとクエの飼育実験から雌性先熟性転換と逆方向性転換が報告されている（合計21種；1章**表1-2**；5章も参照）．雌性先熟と双方向性転換の進化的な関係性や，詳しい性転換の実態の類似性・相違性は，今後明確にされるべき大きなテーマといえるだろう．

コラム3　海産無脊椎動物の雌雄同体

澤田紘太・山口 幸

　雌雄同体現象は魚類だけでなく，無脊椎動物にも幅広く見られる．Jarne and Auld（2006）によれば，全動物門の約7割に当たる24門が雌雄同体種を含み，約65,000種が雌雄同体であると推定されている．これは全動物種の5～6%，昆虫を除く動物種のおよそ3分の1に当たる．各門のなかで雌雄同体種の占める割合は様々である．甲殻類や二枚貝類など性表現の進化的移行が頻繁に起こるグループもあるが，多くの高次分類群では性表現がほぼ，あるいは完全に均一であり，進化的移行は比較的まれであることを示唆している（Leonard, 2013, 2018；2章）．同時的雌雄同体と雌雄異体の共存する雄性両性異体，雌性両性異体（2章）も無脊椎動物の一部にみられるが，植物とは逆に雌性両性異体がまれで，雄性両性異体のほうが多い（Weeks, 2012）．雄から同時的雌雄同体に「性転換」する雄性先熟的同時的雌雄同体もヒゲナガモエビ類などで知られる（Baeza, 2018）．

　無脊椎動物の経時的雌雄同体はほとんどが雄性先熟であり，雌性先熟はごく少数である（Allsop and West, 2004）．魚類では雌性先熟のほうが多くの系統群で見られる（1章）のと対照的である．これは，雌性先熟魚に見られる，大型雄が多数の雌との繁殖を独占するような配偶システム（4章）が無脊椎動物にはまれなためであると考えられる．例えば甲殻類の雌性先熟種はタナイス目と等脚目の一部に限られるが，これらの種ではそのような配偶システムをもつことが示唆されている（Highsmith, 1983；Brook et al., 1994；Kakui and Hiruta, 2022）．このように無脊椎動物における経時的雌雄同体のパターンも，魚類と同じく体長有利性説（1章）によってよく説明できる．双方向性転換を行う無脊椎動物もいるが，魚類では基本的に雌性先熟の種が逆方向性転換を行う（5章）のと異なり，雄性先熟的な種において，環境の変化に伴い逆方向性転換が生じると考えられている（Loya and Sakai, 2008；Yasuoka and Yusa, 2017）．

　無脊椎動物の同時的雌雄同体の説明としてよく指摘されるのは低密度説（2章）である（Avise, 2011）．Epply and Jesson（2008）は多細胞動物全体を綱レベルで比較し，成体の配偶者探索能力が低いと雌雄同体が進化しやすいことを示した．そのほかに受精様式の影響も指摘され，環形動物・棘皮動物・軟体動物を対象に

した比較研究（Jarvis et al., 2022）によれば，雌雄同体は体内受精種に多い．これは，局所配偶子競争によって投資量に対する繁殖成功が収穫逓減になる場合（2章）に同時的雌雄同体が有利になるという理論的予測（Henshaw et al., 2014）と一致する．なおこの研究では経時的雌雄同体も体内受精種に多いと指摘している．これは，放卵放精型の種では雌だけでなく，雄にとっても配偶子の放出数を増やすことが重要である（Parker et al., 2018）ため，サイズと繁殖成功の関係が雌雄で大きく異ならないことで説明できるかもしれない．

ここでは幅広い無脊椎動物にみられる大まかなパターンを議論したが，十分なデータのある分類群は少なく，実際には少数の分類群に強く依存した結果になってしまっている点には注意が必要である．配偶子の取引（2章）や性的対立に関

図1 海産無脊椎動物における雌雄同体種の例
（A）タナイス目（甲殻類）の一種 *Nesotanais* aff. *ryukyuensis* の雌雄．無脊椎動物には数少ない雌性先熟．角井敬知博士（北海道大学）提供．（B）チリメンウミウシ．同時的雌雄同体であり，逆棘のある使い捨てのペニスを用いて先に交尾した個体の精子を掻き出す（Sekizawa et al., 2019）．琉球大学瀬底実験所前リーフ（6章を参照）にて撮影．（C）タラバエビ属の一種 *Pandalus platyceros*．北米における水産重要種であり，ホッコクアカエビなどの同属他種と同じく雄性先熟．バンクーバー水族館にて撮影．（D）メナガオサガニハサミエボシ．メナガオサガニ類に共生するエボシガイの一種（フジツボ類）であり，大型の個体が雌雄同体，それに付着する小型個体が矮雄という雄性両性異体を示す（Sawada et al., 2015）．沖縄県藪地島で採集した個体．

コラム3　海産無脊椎動物の雌雄同体　｜　145

連した様々な配偶行動（Michiels, 1998）をはじめとして，個々の雌雄同体種が示す行動も，魚類に劣らず多様で興味深い．幅広い分類群からの知見の蓄積に基づく比較研究と，個々の種の詳細な研究の両方において，無脊椎動物の雌雄同体性について調べるべきテーマは無数にある．

5章

双方向性転換魚類の配偶システム

門田 立

　これまでの章では，性転換はその方向性と配偶システムに密接な関係があることを説明してきた．しかし，近年になり，体長有利性モデルの予測とは逆方向の性転換が次々と報告されている．この章では，まず，双方向性転換・逆方向性転換の研究史を簡単に紹介したのち，真骨類において，これらの性転換が確認されている種をまとめ，配偶システムや基本的な性表現の関係性を整理する．次に，双方向性転換・逆方向性転換の発見につながった水槽実験の研究事例について紹介し，特に水槽実験を中心に明らかとされてきた性転換の社会的調節や順方向性転換と逆方向性転換に要する時間の違い等を説明する．最後に，野外で確認された例について，配偶システムごとに双方向性転換・逆方向性転換が機能する状況を説明し，その適応的有利性を検討する．

5-1. 双方向性転換・逆方向性転換の発見と新たな展開

　性転換あるいは経時的雌雄同体（隣接的雌雄同体）とは，性が生活史のある時期に逆転する現象で，そのタイプは大きく2つに分けられてきた．雌から雄へ性転換する雌性先熟（protogyny）と，雄から雌へ性転換する雄性先熟（protandry）で，これらの性転換の有利性は体長有利性説により説明されている（Ghiselin, 1969；Warner, 1975；1章，3章，4章を参照）．Warner（1975）が数理モデル

として発展させた体長有利性モデルは，雌性先熟は一夫多妻社会において，雄性先熟はランダム配偶の社会において進化的に有利になると予想している（1章を参照）．1970年代〜1980年代にかけて，この体長有利性モデルを検証するため，多くの魚類で配偶システムと性転換の方向性に関する野外研究が行われた．そして，多くの研究で体長有利性モデルの予測と一致する結果が得られたのである（Warner, 1984；中園・桑村, 1987；Kuwamura et al., 2020, 2023a；3章，4章を参照）．ところが，1990年代に入ると雌から雄へ，雄から雌へと両方向に性転換する「双方向性転換」（bidirectional sex change）が新たに発見された（Kuwamura and Nakashima, 1998）．性転換の方向性は，体長有利性モデルで示された通り，配偶システムと密接に関係するため，性転換はそれまで生涯に一度だけ，一方向に起こると考えられていた．このため，双方向性転換はその常識を覆す大きな発見となった．

双方向性転換研究の発展には，特に日本人の研究者が大きな役割を果たしてきた（中嶋, 1997；Kuwamura and Nakashima, 1998；門田, 2013；Kadota, 2023）．双方向性転換は，田中ほか（1990）によって1990年に飼育中のキジハタで最初に報告された（**図5-1a**）．その後，小林・鈴木（1992）とSunobe and Nakazono（1993）が，同性個体を同居飼育した水槽実験によりオキゴンベ（**図5-1b**）とオキナワベニハゼで双方向性転換を確認した．野外個体群においては，Kuwamura et al.（1994a）が，ダルマハゼで初めて双方向性転換を報告した．ダルマハゼはサンゴの中で生活し，一夫一妻の配偶システムをもつことが明らかとなっている．その後，野外実験により，類似した生活パターンをもつ一夫一妻のハゼでも次々と双方向性転換が確認されている（Nakashima et al., 1996；Munday et al., 1998）．

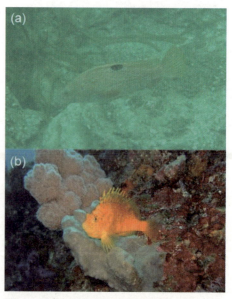

図5-1 最初に双方向性転換が確認されたキジハタ(a)と2番目に確認されたオキゴンベ(b)．

ハレム型一夫多妻魚では，Manabe et al.（2007b）がオキナワベニハゼで双方向性転換を野外で初めて確認した．その後，ホンソメワケベラやアカハラヤッコなど典型的なハレム型一夫多妻魚において野外操作実験により双方向性転換を引き起こすことにも成功している（Kuwamura et al., 2011）．これらのハレム型一夫多妻魚は基本的には雌性先熟魚であることから，性転換の方向性を区別するため，雌から雄への性転換を順方向性転換，雄から雌への性転換を逆方向性転換（reversed sex change）と呼んでいる．さらに，なわばり訪問型複婚の配偶システムをもつミツボシキュウセンでも，雄から雌への性転換が水槽実験と野外調査により確認されている（Kuwamura et al., 2007）．では，双方向性転換魚では体長有利性モデルの予想と異なる方向の性転換がなぜ起こるのであろうか？　この問いは1990年代以降の性転換研究の重要な課題となってきた．

5-2．双方向性転換・逆方向性転換の出現状況

現在まで，双方向性転換・逆方向性転換は7科16属72種で確認され（**表5-1**），機能的雌雄同体が確認されている真骨類499種の14%程度を占めている．双方向性転換・逆方向性転換の確認はハゼ科（54種）が最も多く，次いでキンチャクダイ科（4種）とメギス科（4種）が多い．ただし，科における双方向性転換種の割合にすると，ゴンベ科（6%）が最も高く，次いでキンチャクダイ科（4%），ハゼ科（4%）となる．これら科の総種数に占める割合が数パーセントと低いのは，その多くの種において性様式が十分に調査されていないことによる．このため，研究が進めば，この数値は高くなると予想される．これらの科はいずれもスズキ系Percomorphaに属しており，他の魚類では確認されていない（Kuwamura et al., 2020, 2023a；1章を参照）．

双方向性転換・逆方向性転換が報告されている72種のうち，配偶システムが報告されているのは24種，全体の33%程度である．このうち，9種が体長調和一夫一妻，9種がハレム型一夫多妻，3種がなわばり訪問型複婚であった（**表5-1**；体長調和一夫一妻については5-4を，その他の配偶システムは4章を参照）．これに加え，個体群密度等の生息環境によって，ハレム型一夫多妻からなわばり訪問型複婚もしくは複雄群に変わる種が2種，なわばり訪問型複婚から群れ産卵に変わる種が1種であった．体長調和一夫一妻はハゼ科のみで報告されているのに対し，ハレ

5章−双方向性転換魚類の配偶システム ｜ 149

表5-1 双方向性転換・逆方向性転換が確認されている真骨類のリスト

科／種	和名	大きさ(mm)	性的二形	性転換のタイプ	確認方法	配偶システム	引用	備考
Gobiidae ハゼ科								
Eviota epiphanes		14 SL	N	雌性先熟(1), 双方向(2)	組織学(1, 2), 水槽(1, 2)		(1)Cole,1990;(2)Maxfield and Cole, 2019a	
Gobiodon erythrospilus	シュオビコバンハゼ	54 TL	N	双方向(1–4)	野外(1, 2, 3, 4), 水槽(1)	体長調和一夫一妻(1)	(1)Nakashima et al., 1996;(2)Munday,2002;(3)Munday and Molony, 2002;(4)Kroon et al.,2003	*G. rivulatus rivulatus* (1)
Gobiodon histrio	ベニサシコバンハゼ	35 TL	N	雌性先熟, 双方向(1, 2)	野外(1, 2)	体長調和一夫一妻(1)	(1)Munday et al.,1998;(2)Munday,2002	
Gobiodon micropus	アイコバンハゼ	35 TL	N	双方向	水槽	体長調和一夫一妻	Nakashima et al.,1996	
Gobiodon oculolineatus	クマドリコバンハゼ	35 TL	N	双方向	水槽	体長調和一夫一妻	Nakashima et al.,1996	
Gobiodon quinquestrigatus	フタイロサンゴハゼ	45 SL	N	雌性先熟(1), 双方向*(1)	野外, 水槽*(1), 水槽(1)	体長調和一夫一妻(1, 2)	(1)Nakashima et al., 1996;(2)Thompson et al.,2007	*双方向性転換は水槽でのみ確認
Lubricogobius exiguus	ミジンベニハゼ	40 SL	N	双方向	水槽		Oyama et al.,2023	
Lythrypnus dalli		64 TL	Y(背鰭の長さ)	雌性先熟(1–5, 7, 8), 双方向*(1, 2, 6, 8)	野外(1, 4), 水槽(2, 3, 5, 7, 8), 水槽*(1, 2, 6, 8), 組織学(9)	なわばり訪問型複婚(1)	(1)St. Mary,1994;(2)Reavis and Grober,1999;(3)Black et al.,2004;(4)Black et al.,2005a;(5)Black et al.,2005b;(6)Rodgers et al.,2005;(7)Lorenzi et al.,2006;(8)Rodgers et al.,2007;(9)Maxfield and Cole,2019b	*双方向性転換は水槽でのみ確認
Lythrypnus pulchellus		45 TL	Y(背鰭の長さ)	双方向	水槽, 組織学		Muñoz-Arroyo et al., 2019	
Lythrypnus zebra		57 TL	N	双方向	水槽	なわばり訪問型複婚	St. Mary,1996	
Paragobiodon echinocephalus	ダルマハゼ	40 TL	N	雌性先熟, 双方向(1, 2)	野外(1, 2), 水槽(2)	体長調和一夫一妻(3–5)	(1)Kuwamura et al.,1994a;(2)Nakashima et al.,1995;(3)Lassig,1976;(4)Lassig,1977;(5)Kuwamura et al.,1993	
Priolepis akihitoi	コクテンベンケイハゼ	53 SL	N	双方向(1)	水槽(1)	体長調和一夫一妻(2)	(1)Manabe et al., 2013;(2)Fukuda and Sunobe,2020	
Priolepis borea	ミサキスジハゼ	24 SL	N	双方向	組織学		Manabe et al.,2013	

Priolepis cincta	ベンケイハゼ	70 FL	N	双方向 (1, 2)	水槽(1), 組織学(2)	体長調和 一夫一妻 (1, 2)	(1)Manabe et al., 2013;(2)Sunobe and Nakazono,1999	
Priolepis eugenius		56 SL	N	雌性先熟, 双方向	組織学		Cole,1990	
Priolepis fallacincta	コベンケイハゼ	32 TL	N	双方向	組織学		Manabe et al.,2013	
Priolepis hipoliti		40 TL	N	雌性先熟, 双方向	組織学		Cole,1990	
Priolepis inhaca	アミメベンケイハゼ	40 TL	N	双方向	組織学		Manabe et al.,2013	
Priolepis latifascima	フトスジイレズミハゼ	21 SL	N	双方向	水槽		Manabe et al.,2013	
Priolepis semidoliata	イレズミハゼ	24 SL	N	双方向	水槽	体長調和 一夫一妻	Manabe et al.,2013	
Trimma annosum	ベガススベニハゼ	28 SL	N	双方向	組織学		Sunobe et al.,2017	
Trimma benjamini	メガネベニハゼ	30 SL	N	双方向	組織学		Sunobe et al.,2017	
Trimma caesiura	ベニハゼ	35 SL	N	双方向	組織学, 水槽		Sunobe et al.,2017	
Trimma cana		25 SL	N	双方向	組織学		Sunobe et al.,2017	
Trimma capostriatum		29 SL	N	双方向	組織学		Goldsworthy et al.,2022	
Trimma caudomaculatum	アオギハゼ	27 SL	N	双方向	組織学(1), 水槽(2)	なわばり訪問型複婚(2)	(1)Sunobe et al.,2017; (2)Tomatsu et al.,2018	
Trimma emeryi	ウロコベニハゼ	25 TL	N	双方向	組織学(1)	ハレム(2)	(1)Sunobe et al.,2017;(2)Fukuda and Sunobe,2020	
Trimma fangi		21	N	双方向	組織学		Sunobe et al.,2017	
Trimma flammeum		22 SL	N	双方向	組織学		Sunobe et al.,2017	
Trimma flavatrum	ヒメアオギハゼ	23 SL	N	双方向	組織学		Sunobe et al.,2017	
Trimma fucatum		20 SL	N	双方向	組織学		Sunobe et al.,2017	
Trimma gigantum		30 SL	N	双方向	組織学		Sunobe et al.,2017	
Trimma grammistes	イチモンジハゼ	30 SL	N	双方向	水槽(1), 野外(2)	ハレム(2)	(1)塩原,2000; (2)Fukuda et al.,2017	
Trimma hayashii	エリホシベニハゼ	30 TL	N	双方向	組織学(1)	ハレム(2)	(1)Sunobe et al.,2017;(2)Fukuda and Sunobe,2020	
Trimma kudoi	ナガシメベニハゼ	25 SL	N	双方向	水槽		Manabe et al.,2008	*Trimma* sp.
Trimma lantana		29 SL	N	双方向	組織学		Sunobe et al.,2017	
Trimma macrophthalma	オオメハゼ	25 TL	N	双方向	組織学		Sunobe et al. 2017	
Trimma maiandros	アオベニハゼ	27 SL	N	双方向	組織学, 水槽		Sunobe et al. 2017	
Trimma marinae	カスリモヨウベニハゼ	20 SL	N	双方向	組織学		Sunobe et al. 2017	
Trimma milta	ホシクズベニハゼ	30 TL	N	双方向	組織学		Sunobe et al.,2017	
Trimma nasa		23 SL	N	双方向	組織学		Sunobe et al.,2017	
Trimma naudei	チゴベニハゼ	35 SL	N	双方向	組織学, 水槽		Sunobe et al.,2017	
Trimma necopinum		40 TL	N	双方向	組織学		Sunobe et al.,2017	

Trimma okinawae	オキナワベニハゼ	35 SL	N	雌性先熟(1−5), 双方向(2−4)	野外(1, 4, 5), 水槽(2, 3)	ハレム(1)	(1)Sunobe and Nakazono, 1990;(2)Sunobe and Nakazono, 1993;(3)Sunobe et al.,2005; (4)Manabe et al.,2007a; (5)Manabe et al.,2007b	
Trimma preclarum		20 SL	N	双方向	組織学		Sunobe et al.,2017	
Trimma rubromaculatum		35 SL	N	双方向	組織学		Sunobe et al.,2017	
Trimma sheppardi	ニンギョウベニハゼ	19 SL	N	双方向	組織学		Sunobe et al.,2017	
Trimma stobbsi		25 TL	N	双方向	組織学		Sunobe et al.,2017	
Trimma striatum		30 TL	N	双方向	組織学		Sunobe et al.,2017	
Trimma tauroculum		19 SL	N	双方向	組織学		Sunobe et al.,2017	
Trimma taylori	オヨギベニハゼ	35 SL	N	双方向	組織学(1, 2)		(1)Sunobe et al.,2017; (2)Oyama et al.,2022	水槽内では一夫一妻(2)
Trimma unisquamis		26	N	双方向	組織学		Cole,1990	
Trimma yanagitai	オニベニハゼ	37 SL	N	双方向	水槽		Sakurai et al.,2009	
Trimma yanoi	ホテイベニハゼ	22 SL	N	双方向	組織学		Goldsworthy et al.,2022	
Pomacentridae スズメダイ科								
Dascyllus aruanus	ミスジリュウキュウスズメダイ	100 TL	N	雌性先熟(1, 2*, 3, 4), 双方向(7)	組織学(1, 3−5), 野外(2*, 7)	ハレム, 複婚群(1−7)	(1)Fricke and Holzberg,1974; (2)Coates,1982;(3)Shpigel and Fishelson,1986;(4)Cole, 2002;(5)Asoh,2003;(6)Wong et al.,2012;(7)Kuwamura et al.,2016a	*証拠が弱い
Dascyllus reticulatus	フタスジリュウキュウスズメダイ	90 TL	N	雌性先熟(1, 4), 双方向(4)	組織学(1, 2), 野外(4)	ハレム, なわばり訪問型複婚(2, 3, 5)	(1)Schwarz and Smith,1990; (2)Asoh,2005b;(3)Sakanoue and Sakai,2019;(4)Sakanoue and Sakai,2022 (5)4章を参照	
Pseudochromidae メギス科								
Pseudochromis aldabraensis		100 TL	N	双方向	組織学, 水槽		Wittenrich and Munday, 2005	
Pseudochromis cyanotaenia	リュウキュウニセスズメ	62 TL	Y (体色)	双方向	組織学, 水槽		Wittenrich and Munday, 2005	
Pseudochromis flavivertex		72 TL	N	双方向	組織学, 水槽		Wittenrich and Munday, 2005	
Pictichromis porphyrea	クレナイニセスズメ	60 TL	N	双方向	野外		Kuwamura et al.,2015	
Labridae ベラ科								
Halichoeres trimaculatus	ミツボシキュウセン	270 TL	Y (体色)	雌性先熟, 双方向(1)	野外, 水槽(1)	なわばり訪問型複婚, グループ産卵(2, 3)	(1)Kuwamura et al. 2007;(2)Suzuki et al. 2008;(3)Suzuki et al. 2010	

Labroides dimidiatus	ホンソメワケベラ	140 TL	N	雌性先熟(1), 双方向(2-4)	野外(1,3,4), 水槽(2)	ハレム(1-4)	(1)Robertson,1972; (2)Kuwamura et al.,2002; (3)Kuwamura et al.,2011; (4)Kuwamura et al.,2014	

Serranidae（Epinephelinae）ハタ科（ハタ亜科）

Cephalopholis boenak	ヤミハタ	300 TL	N	雌性先熟(1), 双方向(2)	組織学(1), 水槽(2)	ハレム(3)	(1)Liu and Sadovy,2004a; (2)Liu and Sadovy,2004b; (3)Liu and Sadovy,2005	
Epinephelus akaara	キジハタ	580 TL	N	雌性先熟, 双方向(1,2)	組織学, 水槽(1,2)		(1)田中ほか,1990; (2)Okumura,2001	
Epinephelus bruneus	クエ	1360TL	N	雌性先熟, 双方向	水槽		Oh et al.,2013	
Epinephelus coioides	チャイロマルハタ	1200TL	N	雌性先熟(1,2,4,5), 双方向(3)	組織学(1), 水槽(2-5)		(1)Liu and Sadovy de Mitcheson,2011; (2)Quinitio et al.,1997; (3)Chen et al.,2019; (4)Chen et al.,2020; (5)Chen et al.,2021	

Pomacanthidae キンチャクダイ科

Centropyge acanthops		80 TL	N	雌性先熟, 双方向	水槽		日置・鈴木,1996	
Centropyge ferrugata	アカハラヤッコ	100 TL	Y (体色)	雌性先熟(1), 双方向(2,3)	野外(1,3), 水槽(2)	ハレム(4)	(1)Sakai,1997; (2)Sakai et al.,2003a; (3)Kuwamura et al.,2011; (4)Sakai and Kohda,1997	
Centropyge fisheri	チャイロヤッコ	84 TL	N	雌性先熟, 双方向	水槽, 組織学		日置・鈴木,1996	
Centropyge flavissimus	コガネヤッコ	140 TL	N	双方向(1)	水槽(1)	ハレム(2)	(1)日置・鈴木,1996; (2)Thresher,1982	

Cirrhitidae ゴンベ科

Cirrhitichthys aureus	オキゴンベ	140 TL	N	雌性先熟, 双方向	水槽, 組織学		小林・鈴木,1992	
Cirrhitichthys falco	サラサゴンベ	70 TL	N	雌性先熟(1-3), 双方向(3)	組織学(1,2)*, 野外(3)	ハレム(4,5)	(1)Sadovy and Donaldson,1995; (2)小林・鈴木,1992; (3)Kadota et al.,2012; (4)Donaldson,1987; (5)Kadota et al.,2011	*サンプル数が少ない

科の順番はNelson et al.(2016)に従い, 各科内の属および各属内の種はアルファベット順に従い並べた. 大きさはFishBase(https://www.fishbase.in)に基づく. 機能的な性転換の確認方法について証拠が不十分な場合は, その理由を備考に記載した.

SL：体長, TL：全長, N：報告なし, Y：報告あり

ム型一夫多妻となわばり訪問型複婚は様々な科（ハレム型一夫多妻：ハゼ科，ス
ズメダイ科，ベラ科，ハタ科，キンチャクダイ科，ゴンベ科；なわばり訪問型複婚：
ハゼ科，スズメダイ科，ベラ科）で報告されている．環境によってハレム型一夫
多妻からなわばり訪問型複婚もしくは複雄群に配偶システムが変化する2種は，ハ
レム型一夫多妻の時もしくはハレム型一夫多妻に移動した時に逆方向性転換が起
きたことから，この2種をハレム型一夫多妻とすると，ハレム型一夫多妻になる種
が11種と最も多くなり，全体（24種）の46%となる．また，基本的な性表現パター
ンが確認されている19種は，すべて雌性先熟魚であった．つまり，これまでのと
ころ，雄性先熟魚において逆方向性転換は確認されていない（1章を参照）．

　魚類では他の動物と同じように雌雄によって色彩や形態が異なる種が少なくな
い（狩野，1996）．このような性的二型がある種では性転換に伴う形態の変化が
大きくなるため，双方向性転換が進化しにくいと考えられる．双方向性転換・逆
方向性転換が確認できた72種のうち，65種では性的二型は確認されていない（**表
5-1**）．一方で，アカハラヤッコやリュウキュウニセスズメなど雌雄で色彩が異
なる3種で，ハゼ科の*Lythrypnus pulchellus*など形態が異なる2種で，双方向性転
換・逆方向性転換が確認されている（**表5-1**）．アカハラヤッコでは背鰭の後端
付近の色彩が雌雄でわずかに異なる程度であるが，リュウキュウニセスズメでは
雌雄の体色が大きく異なる．また，*L. pulchellus*では雄の背鰭の棘の一部が長い
ことが報告されている．これらの研究から，少なくとも体色や鰭の伸長などの性
的二型については双方向性転換・逆方向性転換の進化を抑制する決定的な要因に
はならないと考えられる．また，双方向性転換は移動が制限されやすい小型種で
起こりやすいことが予想される（5-4を参照）．確かに，双方向性転換・逆方向性
転換が確認されている種はハゼ科やメギス科などの最大全長10 cm以下の小型種
が多いが，全長1 mを超えるクエやチャイロマルハタでも双方向性転換・逆方向
性転換が確認されはじめている（**表5-1**）．近年，双方向性転換の確認事例は増
加しており，今後も，その確認事例は性的二型の有無や大きさに関わらずスズキ
系に属する雌性先熟魚で増加すると予想される．

5-3. 水槽における双方向性転換

　1990年代から2000年代の双方向性転換・逆方向性転換に関する研究においては，

水槽実験が大きな役割を果たしてきた．これらの実験では，複数の同性個体を1つの水槽で飼育し，繁殖行動や生殖腺の変化を観察している．このような水槽実験により，これまでに36種で双方向性転換・逆方向性転換の能力を確認している（**表5-1**）．

水槽実験では，双方向性転換・逆方向性転換能力の有無の確認に加え，これらの性転換能力が社会的な要因によってコントロールされていることも明らかにしてきた．例えば，Sunobe and Nakazono（1993）はオキナワベニハゼの複数の雌を1つの水槽で飼育し，そのなかで雄に性転換した個体を大きな雄が飼育されている別の水槽に移すという実験を行った．その結果，最初の水槽では最も大きな個体が雄へと性転換し，その個体を自分よりも大きな雄が飼育されている水槽に移すと雌へと逆方向性転換することを明らかにした．また，Kuwamura et al.（2002）は，ホンソメワケベラにおいて雌のほうが大きいペアを1つの水槽で飼育すると，6日後に小さな個体（元雄）が雌としての求愛行動を始め，73日後には卵を産み出すことを確認している．これらの研究では，小さな雄個体が雌へと性転換したことから，双方向性転換・逆方向性転換における性決定は，順方向性転換と同じように（4章を参照），体サイズに基づく個体間の優劣関係で決まると考えられている．このような性決定と体サイズの関係は，少なくとも28種で確認されている（**表5-2**）．

ただし，このルールに従わない種も存在する．ナガシメベニハゼでは，雌2個体で飼育すると小さな個体が，雌3個体で飼育すると中間の個体が雄へと性転換した（Manabe et al.，2008）．さらに，雄2個体で飼育すると大きな個体が雌へと性転換した．体長有利性モデルの新バージョン（拡張型体長有利性モデル：4-4；Muñoz and Warner，2003a，2004）では，成長とともに雌の産卵数が飛躍的に増加し，性転換後に期待される雄としての繁殖成功が精子間競争（スニーキング等）によって制限される条件では，最大雌の繁殖成功がその他の雌の繁殖成功の合計（最大雌が性転換後に得られる繁殖成功）よりも高くなる場合があり，最大雌は必ずしも性転換しないことを予想している（4章を参照）．ナガシメベニハゼでは，標本採集により，野外では性比が雌に偏り，雄のほうが大きいことから一夫多妻の雌性先熟であることが示唆されている．そして，個体群密度が高く（オキナワベニハゼの12倍），雌雄の体サイズの分布も重複することから，小型雄はスニーキング等の代替戦術によって繁殖の機会を得ている可能性がある．ナ

表5-2 双方向性転換魚・逆方向性転換魚の生殖腺のタイプ，性転換個体と非性転換個体の相対的な体サイズ，性転換に要する時間．

科／種	和名	生殖腺のタイプ	雌 → 雄 体サイズ[a]	雌 → 雄 平均時間[b]	雄 → 雌 体サイズ[a]	雄 → 雌 平均時間[b]	平均時間の割合[c]	引用文献
Gobiidae ハゼ科								
Eviota epiphanes	シュオビゴンハゼ	混在型	-	7*	-	5*	0.7	Maxfield and Cole.2019a
Gobiodon erythrospilus	ベニサンゴハゼ	混在型	大	-	小	-	-	Nakashima et al..1996
Gobiodon histrio[d]	ベニゴンハゼ	混在型	大	-	小	-	-	Munday.2002
Gobiodon micropus	ケマドリコバンハゼ	-	大	-	大	-	-	Nakashima et al..1996
Gobiodon oculolineatus		-	大	-	小	-	-	Nakashima et al..1996
Gobiodon quinquestrigatus	フタイロサンゴハゼ	混在型	大	-	小	-	-	Nakashima et al..1996
Lubricogobius exiguus		分離型	大	46.3	小	38.3	0.8	Oyama et al..2023
Lythrypnus dalli		分離型	大	16.5	小	17.2	1.0	Rodgers et al..2007
Lythrypnus pulchellus		分離型	大	11.3	小	12.0	1.1	Muñoz-Arroyo et al..2019
Paragobiodon echinocephalus	ダルマハゼ	混在型	大	-	小	-	-	Nakashima et al..1995
Priolepis akihitoi	コクテンベニハゼ	分離型	大	25	小	27.5	1.1	Manabe et al..2013
Priolepis cincta	ベンケイハゼ	分離型	大	10	小	-	-	Manabe et al..2013
Priolepis latifascima	フタスジイレズミハゼ	分離型	大	35	小	48	1.4	Manabe et al..2013
Priolepis semidoliata	イレズミハゼ	分離型	大	21	小	-	-	Manabe et al..2013
Trimma caesiura	ベニハゼ	分離型	大	6	小	21	3.5	Sunobe et al..2017
Trimma caudomaculatum	アカギハゼ	分離型	大	14	小	67	4.8	Tomatsu et al..2018
Trimma grammistes	イチモンジハゼ	分離型	雌ペア:小 雌3個体:中	11.5	小	15.5	1.3	塩原.2000
Trimma kudoi	ナガシメベニハゼ	分離型	大	雌ペア:22.3 雌3個体:16.6	大	15.9	0.7	Manabe et al..2008
Trimma maiandros	アオベニハゼ	分離型	大	3	小	8	2.7	Sunobe et al..2017
Trimma naudei	チゴベニハゼ	分離型	大	3	小	19	6.3	Sunobe et al..2017
Trimma okinawae	オキナワベニハゼ	分離型	大	9.8	小	8.5	0.9	Sunobe and Nakazono.1993
Trimma yanagitai	オニベニハゼ	分離型	大	21.5	小	23.5	1.1	Sakurai et al..2009

Pseudochromidae メギス科

Pseudochromis aldabraensis	混在型	大	18*	小	64*	3.6	Wittenrich and Munday.2005
Pseudochromis flavivertex	混在型	大	28*	小	52*	1.9	Wittenrich and Munday.2005
Pseudochromis cyanotaenia リュウキュウニセスズメ	混在型	大	23*	小	67*	2.9	Wittenrich and Munday.2005

Labridae ベラ科

Labroides dimidiatus ホンソメワケベラ	混在型	大	17	小	64	3.8	Nakashima et al.2000; Kuwamura et al.2002

Serranidae ハタ科

Cephalopholis boenak ヤミハタ	混在型	大	–	小	–	–	Liu and Sadovy.2004b

Pomacanthidae キンチャクダイ科

Centropyge acanthops	混在型	大	8	小	–	–	日置・鈴木.1996
Centropyge ferrugata アカハラヤッコ	混在型	大	15*	小	47*	3.1	Sakai et al.2003a
Centropyge fisheri チャイロヤッコ	混在型	大	6	小	–	–	日置・鈴木.1996
Centropyge flavissimus コガネヤッコ	混在型?	–	–	小	81	–	日置・鈴木.1996

Cirrhitidae ゴンベ科

Cirrhitichthys aureus[e] オキゴンベ	混在型?	大	231	大	55	0.2	小林・鈴木.1992
Cirrhitichthys falco サラサゴンベ	混在型?	大	–	小	–	–	Kadota et al.2013

[a] 性転換個体と非性転換個体の相対的な体サイズ: 大:大きい個体, 中:中間の個体, 小:小さい個体.

[b] 各方向の性転換に要した時間 (日). 平均時間が算出できない場合 (アスタリスク) は最小時間を示す.

[c] 平均時間 (日) = 雌から雄の性転換に要する平均時間／雄から雌の性転換に要する平均時間.

[d] G. histrio のデータには G. erythrospilus が含まれている.

[e] 非繁殖期を含んだ期間にわたる実験であるため Ts の解析からは除外した.

ガシメベニハゼでは雌の産卵数と体サイズの関係性は不明であるが，体長有利性モデルの新バージョン（拡張型体長有利性モデル）が予測する状況と類似する可能性が考えられている（Manabe et al., 2008）．今後，ナガシメベニハゼの野外研究が進み，配偶システムと性転換が起こる社会条件等が明らかとなれば，順方向性転換だけでなく逆方向性転換においても体長有利性モデルの新バージョンで説明できる可能性がある．

　さらに，水槽実験により，多くの種で順方向性転換および逆方向性転換にかかる時間（Ts：time required for sex change）が明らかとなっている．Tsは種によって異なるが，逆方向性転換のTs（中央値25.5日，範囲5-81日，n = 22）は順方向性転換のTs（中央値15.0日，範囲3.0-46.3日，n = 23）に比べ長い傾向がある（Mann-Whitney U 検定，$P < 0.05$：表5-2）．水槽実験および野外調査の研究を含めると順方向性転換と逆方向性転換の両方のTsは22種で明らかとなっており，そのうち，15種で逆方向性転換のTsが長いことが確認されている．一方，グループごとに見てみると，ハゼ科ベニハゼ属 $Trimma$，イレズミハゼ属 $Priolepis$，$Lythrypnus$ 属では，順方向性転換のTs（中央値14.0日，範囲3.0-35.0日，n = 15）はその他の種（中央値16.0日，範囲6.0-28.0日，n = 8）と大きな差は認められないが（Mann-Whitney U 検定，$P > 0.05$），逆方向性転換のTs（中央値19.0日，範囲8.0-67.0日，n = 15）はその他の種（中央値64.0日，範囲5.0-81.0日，n = 7）に比べて短い傾向があった（Mann-Whitney U 検定，$P < 0.05$）．このTsの違いは生殖腺の構造の違いを反映しているのではないかと考えられている（Munday et al., 2010）．ベニハゼ属やイレズミハゼ属等は生殖腺内が卵巣部分と精巣部分に分かれた生殖腺（分離型 delimited type）を有し，他の魚類は卵巣部分と精巣部分が明瞭に分かれていない生殖腺（混在型 non-delimited type）をもつ．この分離型では，性機能の変化により卵巣もしくは精巣部分が増えたり，退縮したりするが，退縮した部分は保持されている．一方，混在型では性転換直後は退縮した部分が残るが，その後，減少し，分離型のように退縮する部分が保持されることはない（**図5-2**）．この生殖腺の構造の違いに加え，体の大きさ，すなわち代謝の違いがTsに影響する可能性も考えられている（Tokunaga et al., 2022）．ただし，Tsが報告されている種では生殖腺の構造と体の大きさが多重共線性を示すため（分離型の多くは体が小さく，混在型の多くは体が大きいため），生殖腺の構造と代謝のどちらがTsに強く影響しているのかはわかっていない．この問題を解決す

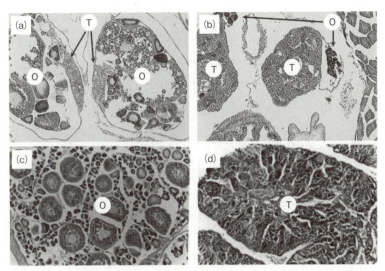

図5-2 分離型と混在型の生殖腺．分離型の生殖腺をもつニンギョウベニハゼの雌(a)と雄(b)，混在型の生殖腺をもつアカハラヤッコの雌(c)と雄(d)．Oは卵巣，Tは精巣を示す(Sakai et al., 2003a；Sunobe et al., 2017を改変)．

るためには，分離型をもつ大型種と混在型をもつ小型種の水槽実験が必要である．

　水槽実験により，性転換能力の有無や性転換の社会的調節，性転換にかかる時間等が解明されてきた．一方，水槽実験では自然状況下での逆方向性転換の発生頻度やプロセスを再現できているとは限らず，逆方向性転換の適応的意義を十分に検討することは難しい．例えば，水槽実験では劣位雄は優位雄の社会干渉から逃げることができないため，性転換せざるを得ない状況にあると考えられるが，自然状況下ではそのような制約は小さく，劣位個体は性転換以外の戦術を選択することも可能である．それゆえ，逆方向性転換の適応的意義を解明するためには，野外における逆方向性転換の確認が必要となる．

5-4. 一夫一妻魚の双方向性転換

5-4-1. 一夫一妻魚の双方向性転換が起こる社会的な条件と有利性

　自然状況下における一夫一妻魚の双方向性転換はダルマハゼでその詳細が明らかとなっている（**図1-6C**を参照；Kuwamura et al., 1994a；中嶋，1997）．ダルマハゼは枝状のハナヤサイサンゴ科ショウガサンゴにのみ住む，小型のハゼであ

る．1つのショウガサンゴに3個体以上のダルマハゼが生息していることはあるものの，そのなかで成熟しているのは雌雄各1個体のみである．成熟個体の全長は2–4 cmと幅があるが，1組のペアの雌雄の体サイズはほぼ同じである．つまり，大きな雌は大きな雄と，小さな雌は小さな雄とペアになるという，体長調和配偶の一夫一妻である．ペアは昼過ぎに産卵し，その5日後（海水温が25°C程度の時）の日暮れころに卵が孵化する．この間，雄は単独で卵保護を行い，サンゴガニ等から卵を守っていると考えられている（Kuwamura et al., 1993）．

Kuwamura et al. (1994a) は沖縄県の瀬底島で約3年にわたりダルマハゼの野外調査（マーク個体の追跡）を行い，48例の雌から雄への性転換と10例の雄から雌への性転換を確認した．このうち，雌から雄への性転換24例と雄から雌への性転換8例でその社会状況が明らかにされている．雌から雄への性転換は，配偶相手が消失し，サンゴ間の移動により雌どうしのペアが新たに形成された時，もしくは，雌と未成熟個体のペアが新たに形成された時に起こった．その際，大きいほうの雌が雄へと性転換する傾向がみられた．一方，雄から雌への性転換も，配偶相手が消失し，個体間の移動により，雄どうしのペアが形成された時に起こった．その際，体サイズの小さい個体が雌へと性転換することが多かった．ダルマハゼでは，雄の卵保護能力と雌の産卵数が同じように体サイズとともに増加するため，ペアの繁殖成功は性に関係なく小さいほうの個体によって制限される．また，非繁殖期の成長率は雌のほうが高い．そのため，ダルマハゼでは，ペアの繁殖成功を高めるため小さな個体は成長率の高い性（雌）になるほうが良く，雌ペアでは体サイズの大きな個体が雄へ，雄ペアでは体サイズの小さな個体が雌へと性転換すると考えられている（成長有利性仮説：Kuwamura et al., 1994a）．他の体長調和一夫一妻のコバンハゼ属においても，野外実験により同様の社会条件で双方向性転換が確認されている（Nakashima et al., 1996；Munday et al., 1998）．

Nakashima et al. (1995) は，双方向性転換の適応的意義をさらに検討するため，ダルマハゼの野外操作実験を行った（**図5-3**）．この実験ではペアのうち雌雄いずれかを除去し，独身雄ばかりがいる区域と独身雌ばかりがいる区域を作り（この章では繁殖機会がない状態を「独身」と呼ぶ），各独身個体がどのようにペア形成するのかを追跡した．その結果，9個体の独身雌のうち5個体が，9個体の独身雄のうち4個体が性転換した．独身化した雌雄は，元いたサンゴから遠く離れ

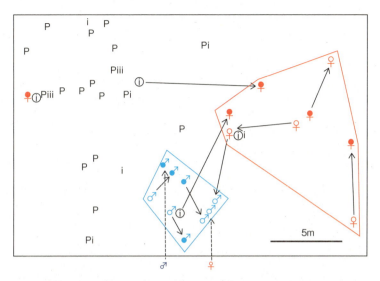

図5-3 野外実験におけるダルマハゼの移動と性転換．雄と雌の大きなシンボルマークはつがい相手を除去した個体を，小さなシンボルマークは調査区外から移動してきた個体を示す．実線の矢印は調査区内の移動を，点線の矢印は調査区外からの移動を示す．塗りつぶしているシンボルマークは新たなペア形成後に性転換したことを示す．Pは操作していないペア，iは未成魚，丸で囲ったiは成熟し，つがい相手を除去した個体と繁殖した個体を示す．青の区画は実験的に独身雄ばかりにした区画，赤の区画は実験的に独身雌ばかりにした区画を示す（Nakashima et al., 1995を改変）．

た異性がいるサンゴまで移動することは少なく，近くの同性とペア形成する傾向が確認された．ダルマハゼ等の小型種は移動に高い捕食のリスクが伴うとされる．また，自然条件下では生息に適したサンゴの多くはすでに繁殖ペアによって占有され，独身個体は非常に限られている（Kuwamura et al., 1994b）．それゆえ，双方向性転換能力をもつことで，配偶者が消失した時に相手の性に関わらず近くの個体とペアを形成することができる．それにより，配偶相手の探索に伴う捕食リスクを軽減させ，個体の繁殖価（reproductive value，その時点以降に期待される，成長や死亡の影響も考慮に入れた繁殖成功：Munday et al., 2006a）を高めていると考えられている（Nakashima et al., 1995）．その後，ダルマハゼと同じく枝状サンゴに住む一夫一妻のベニサシコバンハゼでも，双方向性転換の有利性として移動に伴うリスクの低減が野外操作実験により示されている（Munday et al., 1998）．また，近年，岩礁に住む一夫一妻のコクテンベンケイハゼでも，双方向性転換が確認され，同様の有利性をもつ可能性が考えられている（Manabe et al., 2013；Fukuda and Sunobe, 2020).

5-4-2. 成長の有利性 vs 移動のリスク

　では，成長の有利性と移動のリスク，どちらの要因のほうが双方向性転換に影響しているのだろうか？　この問いを解決するための野外実験がベニサシコバンハゼで行われている（Munday, 2002).　この実験では，以下の4つの状況を人為的に作り出し，その後の性の変化を調査した．①雌と雌のペア；②雄と雄のペア；③大きな雄と小さな雌のペア；④小さな雄と大きな雌のペア．もし，成長の有利性が双方向性転換をもたらす第一の要因であるとすれば，①では大きな雌が，②では小さな雄が性転換し，③ではどちらの個体も性転換しない，④では両方の個体が性転換すると予測される．実験の結果，①，②，③は予測通りになったが，④では性転換が起こらなかった．さらに，ダルマハゼの野外研究においても，同様の傾向は認められており，大きな雌と小さな雄が新たなペアを形成した場合や雌が雄よりも大きく成長した場合でも，そのほとんどのペアで双方向性転換は確認されていない（Kuwamura et al., 1994a).　これらの研究は，つがい相手が見つける可能性が低い環境に生息しているダルマハゼやコバンハゼ類においては，成長の有利性よりもつがい相手を見つけるための移動のリスクのほうが重要であることを示唆している．つまり，移動リスク仮説はダルマハゼやコバンハゼ類でなぜ双方向性転換が起こるのかを説明し，成長有利性仮説は同性ペアが形成された時どちらの個体が性転換するかを説明する．

5-5.　ハレム型一夫多妻魚の逆方向性転換

5-5-1. ハレム型一夫多妻魚の逆方向性転換が起こる社会条件と有利性

　ハレム型一夫多妻における自然状況下での逆方向性転換はオキナワベニハゼで確認され（Manabe et al., 2007b；**図5-4a**），その後，サラサゴンベ（**図5-4b**）やイチモンジハゼなどで確認された（Kadota et al., 2012；Fukuda et al., 2017).　サラサゴンベはこれらのハゼよりも体サイズが大きいため，野外での行動観察が容易である．さらに，これらのハゼは岩盤に空いた穴などの巣穴で産卵するが，サラサゴンベは水中に浮性卵をばらまくため，社会状況の変化や性転換の機能性についてより詳細に明らかとなっている．ここでは，まず，サラサゴン

べを例にハレム型一夫多妻の逆方向性転換について説明する（門田，2013）．

　サラサゴンベは全長9 cmのゴンベ科魚類で，雌間がなわばり関係にあるなわばり型ハレムをもつ（4章を参照）．日中は海底の基質をつついて，甲殻類などを摂餌し，日没前後になると岩盤やサンゴの上で求愛を行い，海底から水中に数十センチ上昇して，浮性卵を産む(Donaldson, 1987; Kadota et al., 2011)．Kadota et al. (2012) は，鹿児島県の口永良部島で3年にわたるサラサゴンベの行動観察を行い，2例の逆方向性転換を確認している（図5-5）．いずれも繁殖グループ内の雌が消失し，隣接した雄が行動圏を拡げていた．逆方向性転換個体の求愛・産卵行動を観察すると，どちらの個体も侵入してきた隣接雄の求愛を受けて，産卵上昇に至った．卵の産出を確認するため，プランクトンネットやビニール袋で採卵を試みると，

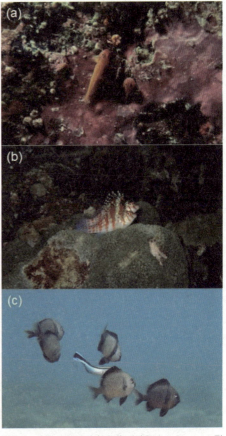

図5-4　野外で逆方向性転換が確認されたハレム型一夫多妻魚；オキナワベニハゼ(a)（須之部友基撮影），サラサゴンベ(b)，フタスジリュウキュウスズメダイ(c)．

いずれの個体も産卵上昇後に卵を産み出していた．また，逆方向性転換個体は5-6月にかけてほぼ毎日産卵し，その産卵頻度は同時期の他の雌と同程度であった．
　このような社会条件下の逆方向性転換の適応的意義は体長有利性モデルの解釈を拡大させることで上手く説明できると考えられている（Manabe et al., 2007b; Munday et al., 2010）．体長有利性モデルは，他方の性の繁殖価が現在の性の繁殖価を超える時に，性転換が起こると予測する．そのため，雌雄の繁殖価の相対的な大きさが生涯において2回以上変わる時，双方向性転換が進化的に有利にな

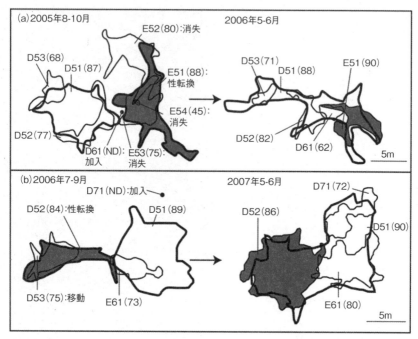

図5-5　サラサゴンベにおける逆方向性転換．太線，細線，点線は雄のなわばり，雌のなわばり，未成魚の行動圏を示す．塗りつぶしは性転換個体を示している．各個体の全長は括弧内に示す．NDは計測していないことを意味する．ハレム雄（E51）の逆方向性転換（a）．雌E52と雌E53は2005年10月と2005年11月〜2006年4月の間にそれぞれ消失した．未成魚E54は2005年11月に全長計測の際に死亡した．（b）ペア雄（D52）の逆方向性転換．雌D53は2006年11月〜2007年4月の間に他のグループに移動した（Kadota et al., 2012を改変）．

ると考えられている（**図5-6**；Nakashima et al., 1995；中嶋，1997）．一夫多妻の場合，通常，雄の繁殖成功は雌よりも高い（**図5-6**のグループ1）．しかし，雄は繁殖グループ内の雌が消失したり，自分よりも大きな雄からの社会的な干渉を受けたりすると繁殖機会を消失してしまう．そこでは，雄よりも雌としての繁殖成功のほうが高くなると考えられる（**図5-6**のグループ2）．それゆえ，ハレム型一夫多妻では，逆方向性転換は繁殖機会を消失した雄が繁殖成功を改善するための戦術と考えられている．これまでに，野外における逆方向性転換はサラサゴンベの2例に加え，オキナワベニハゼで3例（Manabe et al., 2007b），イチモンジハゼで3例（Fukuda et al., 2017），フタスジリュウキュウスズメダイ（**図5-4c**）で1例確認されている（Sakanoue and Sakai, 2022）．このうち，サラサゴンベの2例，

オキナワベニハゼの1例，イチモンジハゼの3例では，繁殖グループ内の雌の消失や大きな雄の侵入，大きな個体が存在する繁殖グループへの移動等の社会条件下（雄としての繁殖機会の消失が想定される条件下）で逆方向性転換が起こっている．

双方向性転換の有利性として，ハレム型一夫多妻魚でも，一夫一妻魚と同様に移動に伴うリスクの低減があると考えられている．サラサゴンベでは，逆方向性転換個体の性転換前のなわばりと性転換後のなわばりが大きく重なっていたことが確認されている（**図5-7**；Kadota et al., 2012）．このことは，逆方向性転換することにより，移動することなく繁殖機会を得ていることを意味する．また，イチモンジハゼにおいても観察された3例すべてで移動はしていない（Fukuda et al., 2017）．さらに，

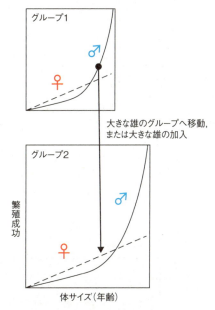

図5-6　一夫多妻魚の逆方向性転換に関する体長有利性モデルによる説明．グループ1は移動前の体サイズ（年齢）と繁殖成功の関係を，グループ2には移動後の体サイズ（年齢）と雌雄の繁殖成功の関係を示す．雄であった個体は，より大きな雄がいるグループへ移動したり，より大きな雄が今いるグループに加入してくると，雄としての繁殖機会を失い，雌としての繁殖成功のほうが大きくなる（Nakashima et al., 1995を改変）．

Kuwamura et al.（2011）は雌と未成熟個体を除去する野外実験をホンソメワケベラとアカハラヤッコで行い，雄間のペア形成過程を明らかにしている（**図5-8**）．この実験では，ホンソメワケベラで4例の雄どうしのペアを，アカハラヤッコで2例の雄どうしのペアを確認した．ホンソメワケベラ，アカハラヤッコのいずれのペアも，最も近い雄もしくは2番目に近い雄間で形成されることがわかった．これらの研究は，ハレム型一夫多妻魚でも，逆方向性転換の有利性として配偶者の探索コスト（移動のリスク）を減らしていることを強く示唆している．

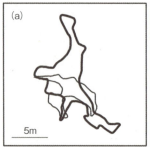 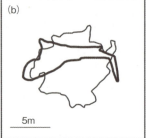

図5-7 サラサゴンベの逆方向性転換前後のなわばりの位置関係．(a)と(b)は図5-6 aと図5-6 bに対応する．太線は性転換前(雄の時)，細線は性転換後(雌の時)のなわばりを示す(Kadota et al., 2012を改変)．

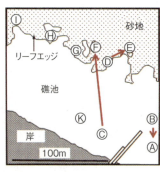 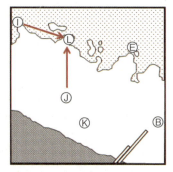

 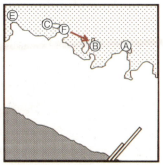

図5-8 全雌除去実験における独身雄の移動．元々いた場所は大文字で，移動は矢印で示した．ホンソメワケベラの2009年(a)，2010年(b)に実施した実験，アカハラヤッコの2009年(c)，2010年(d)に実施した実験(Kuwamura et al., 2011を改変)．

166

5-5-2. ハレム型一夫多妻魚の逆方向性転換に関する低密度仮説

　ハレム型一夫多妻魚では少なくとも11種で逆方向性転換（もしくは，双方向性転換）が確認されている．しかし，自然環境下で逆方向性転換が確認されている種は，オキナワベニハゼ（Manabe et al., 2007b），サラサゴンベ（Kadota et al., 2012），イチモンジハゼ（Fukuda et al., 2017），フタスジリュウキュウスズメダイ（Sakanoue and Sakai, 2022）のわずか4種にすぎない．残りの種は，生殖腺の組織構造，水槽実験や野外実験等により逆方向性転換を確認している．これまでの性転換研究では数多くの雌性先熟のハレム型一夫多妻魚で野外調査が行われてきたことを考えると（4章を参照），野外での逆方向性転換の確認事例は非常に少ないように思われる．実際に，実験等により逆方向性転換が確認されている種のなかには，長期的な野外調査が行われてきた種が含まれているにもかかわらず，逆方向性転換が観察されてこなかった．例えば，ホンソメワケベラではオーストラリアのヘロン島で約2年（Robertson, 1972），和歌山県の白浜で約5年（Kuwamura, 1984），愛媛県の船越で約2年（Sakai et al., 2001），野外調査が実施されたが，その間，逆方向性転換は観察されていない．

　逆方向性転換が確認できなかった理由としては，調査個体群の密度に理由があるのではないかという仮説が提唱されている（Kuwamura et al., 2002）．つまり，これまで観察が行われてきた個体群というのは，密度がある程度高く，繁殖グループ内の雌数も多かったため，独身雄の発生頻度が低く，逆方向性転換が確認できなかったのではないかということである．一方，一夫多妻魚でも低密度環境下では一時的な一夫一妻（facultative monogamy, 4-2-3を参照）になることがある（Moyer et al., 1983；Barlow, 1984；Petersen, 2006）．それゆえ，密度の低い個体群では繁殖グループ内の雌数が少ないため，独身雄の発生頻度も高く，逆方向性転換が起こるのではないかと予測されている．この仮説は逆方向性転換に関する低密度仮説（low-density hypothesis for reversed sex change）と呼ばれている（Kuwamura et al., 2002, 2011, 2014）．さらに，数理モデルにより，密度に加え，雄の繁殖成功に影響する繁殖グループの雌数が逆方向性転換を決める行動の意思決定に影響することが示されている（Sawada et al., 2017）．

　自然状況下で逆方向性転換が確認された4種のうち，少なくともサラサゴンベの研究例は低密度仮説を支持していると考えられる（Kadota et al., 2012）．この調査が行われた口永良部島はサラサゴンベの分布の北限に近い場所に位置する．

5章－双方向性転換魚類の配偶システム ｜ 167

この調査地は3年間の調査でも幼魚を含む小型個体の加入が比較的少なかった．さらに，ハレム内の雌数が増えるとハレム分割型の性転換が起こることから（4章を参照），ハレム内の平均雌数は2.2個体前後（1.3–3.0個体）で維持されている．太平洋の広域（三宅島，グアム，リザード島など）の本種の配偶システムの調査では，ハレム内の雌数が平均2.9個体であったことが報告されている（Donaldson，1987）．それゆえ，口永良部島のハレム内の雌数は他の海域のものに比べて少ないと考えられる．また，長期野外観察された他の雌性先熟のハレム型一夫多妻魚と比べても，口永良部島のサラサゴンベのハレム内の雌数は少ない傾向にあった．例えば，ホンソメワケベラが平均2.5–6.0個体（Robertson，1974；Kuwamura，1984；Sakai et al., 2001），アカハラヤッコなどのキンチャクダイ科アブラヤッコ属が平均2.3–3.0個体である（Moyer and Nakazono，1978b；Aldenhoven，1986；Sakai and Kohda，1997）．

　また，低密度仮説は以下のプロセスを経て逆方向性転換が起こることを予測している：（予測①）一夫一妻のペアから雌が時々消失し，独身雄が生じる．（予測②）独身雄のなわばりに加入がなければ，独身雄は加入を待つか，繁殖相手を探すため移動する．一方加入があれば，独身雄は移動しない．（予測③）移動した雄は，移動のリスクのため相手の性に関わらず最も近い個体を新たな繁殖相手にする．（予測④）雄どうしがペアになった時，社会的調節により小さな個体が雌になる．Kuwamura et al.（2014）は，この予測を検証するため，調査区内のハレムの一部の雌もしくはすべての雌の除去を繰り返し，計48組の一夫一妻と56個体の独身雄を作り出し，疑似的な低密度環境下を再現した（**図5-9**）．その結果，一夫一妻の雌雄では消失率に雌雄差がなく，一夫一妻から独身雄が出現することを確認した（予測①）．また，55個体の雄を継続観察し，そのうち，36個体の独身雄のなわばりに他個体が加入し，これらの独身雄は移動することはなかった．一方，加入がなかった19個体のうち，6個体が近隣の独身雄もしくは一夫一妻のいる場所に移動もしくはなわばりを拡大させた（予測②，③）．そして，雄間のペアが形成された場合，小型個体が雌へと性転換することがわかった（予測④）．この実験で確認された逆方向性転換のプロセスは，低密度仮説の予測を支持するものとなった．ただし，この実験で作り出した低密度環境は，雌や未成魚の調査区外からの移動はコントロールできていないことから，実際の低密度環境では移動の相対的な発生頻度はこの実験よりも高いと考えられる．低密度環境下を再現

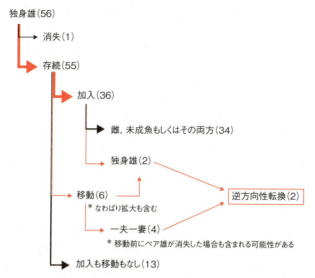

図5-9 ホンソメワケベラにおける低密度条件を再現した雌除去実験．括弧の数字は観察数を示す（Kuwamura et al., 2014に基づき作成）．赤線は逆方向性転換が起こった過程を示す．

した野外操作実験により，アカハラヤッコやミスジリュウキュウスズメダイでも逆方向性転換を確認することに成功している（Kuwamura et al., 2011, 2016a）．また，詳細な配偶システムは明らかになっていないが一夫多妻と推定されているクレナイニセスズメにおいても，同様の操作実験で逆方向性転換が確認されている（Kuwamura et al., 2015）．

さらに，これらの野外実験では，逆方向性転換が独身雄の最善の戦術ではないことも示唆している．ホンソメワケベラの野外実験の事例では（Kuwamura et al., 2014），55個体の独身雄を作り出し，その多くの独身雄（34個体）は，なわばり内に雌もしくは未成熟個体の加入が起こり，移動することはなかった（**図5-9**）．さらに，13個体の独身雄は雌および未成熟個体の加入がなかったにも関わらず，移動していない．移動もしくはなわばり拡大をした個体はわずか6個体である．このうち，雌としての行動が確認されたのは3例，性転換が完了したのは2例にすぎない．また，サラサゴンベの研究事例では（Kadota et al., 2012），上述の例の他に繁殖機会を消失した雄を2例観察している．1例は隣接する雄と闘争を行った結果，1個体の雌を獲得した．もう1つの例では，他のハレムの雌

5章－双方向性転換魚類の配偶システム ｜ 169

が独身雄のなわばり内に移動し，この独身雄は繁殖機会を確保した．いずれの例でも独身雄の逆方向性転換は起こっていない．これらのことは，雌の加入や雌の略奪等による繁殖機会の再獲得が困難な場合に，繁殖機会を得るための最終手段，伝家の宝刀として逆方向性転換を行うことを示している．このような逆方向性転換の位置づけがこれまで野外観察で逆方向性転換を確認しにくかった要因の一つになっていると考えられる．

5-5-3. 繁殖機会消失以外の逆方向性転換が起こる社会条件と有利性

　繁殖機会消失時以外の逆方向性転換が起こる社会条件としては，オキナワベニハゼで報告されている（Manabe et al., 2007b）．オキナワベニハゼは橙色をした全長3 cmほどの小型のハゼ科魚類で（**図5-4a**），鹿児島県から琉球列島に分布している．通常は崖の斜面や洞窟の天井などに背腹逆位の姿勢で定位し，目の前に流れてくる動物プランクトンにすばやくとびついて捕食する．配偶システムは雄のなわばり内に複数の雌が同居するハレムであるが，生息環境により繁殖時以外の雌の行動圏は雄の行動圏の外側に位置する場合がある（Sunobe and Nakazono, 1990）．オキナワベニハゼの調査は鹿児島県で2年間にわたり実施され，3例の逆方向性転換が確認されている．オキナワベニハゼは産卵行動の確認が難しいため，この3例は生殖突起の変化に基づき性判別を行っている．このうち，少なくとも1例が雄の繁殖機会の消失以外の条件で起こった（本章で紹介していない1例は独身化前の社会状況が明らかとなっていない）．この事例では（**図5-10**），雌が繁殖グループから他個体のいない空地へ移動して，雄へ性転換し，独身状態になった．しかし，この独身雄は再び元の繁殖グループに戻り，雌へ性転換した．つまり，独身性転換（bachelor sex change；4章を参照）した個体が再び雌に戻ったことになる．独身性転換が有利な条件として，ハレム内の雌数が多く，密度が高い環境などがいくつかの研究により示唆されており，逆方向性転換が有利となる環境と対照的である．このオキナワベニハゼの研究例では密度に関する情報は示されていないが，もし，密度が急激に減少したならば，この独身性転換した個体の逆方向性転換の有利性が説明できる可能性がある．

　近年になり，逆方向性転換の新しいパターンがフタスジリュウキュウスズメダイでも報告された（**図5-4c**；Sakanoue and Sakai, 2022）．フタスジリュウキュウスズメダイは全長9 cmのスズメダイ科魚類で隠れ家となるサンゴ等の周りで

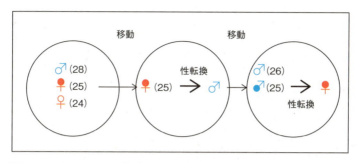

図5-10 オキナワベニハゼで確認された独身雄の逆方向性転換．塗りつぶしは性転換個体を，円は各個体が住んでいる岩穴やテーブルサンゴを示し，体長（mm）を括弧内に示した（Manabe et al., 2007bを改変）．

群れを作り，プランクトンを摂餌している．逆方向性転換が確認された口永良部島では，群れ型ハレムの配偶システムをみせるが，性比がサンゴの形状により異なり，枝が短いサンゴでは複雄群となり，枝が長いサンゴでは1個体の雄がグループを支配するハレムになる（Sakanoue and Sakai, 2019；4-2-1を参照）．そして，雌の産卵頻度は枝が長いサンゴのほうが短いサンゴより高く，およそ3倍に達する．さらに，生存率にも違いが見られ，枝が長いサンゴのほうが短いサンゴよりも高い．このため，このスズメダイでは枝の短いサンゴから枝の長いサンゴへ移動することが特に重要な生活史戦略になると考えられている．この事例では，枝の短いサンゴで5個体の雌の隠蔽的独身性転換（cryptic bachelor sex change：行動変化の伴わない性転換．性転換後に繁殖機会を得ることはないが，雄に性を変えることで成長率が高まる；4章を参照）を確認し，その後，2個体について繁殖機会を得るまでの観察に成功している．そのうち，1個体は，性転換後，枝の長いサンゴへ移動して，逆方向性転換を行い，繁殖成功の高い雌のポジションを得た．なお，もう1個体は性転換後しばらくして元の繁殖グループで雄として繁殖の機会を得ていた（Sakanoue and Sakai, 2022）．

これらの逆方向性転換は，低密度仮説で予測されていたこれまでの逆方向性転換とは「雄としての繁殖を経験していない」雄の性転換という点で大きく異なる．通常の逆方向性転換では，雄として繁殖していた個体が配偶者を失い，新たな雌の加入等がないときに，移動のリスクを最小限に抑えつつ，自分より大きな雄と出会ったら，できるだけ早く繁殖機会を得るための戦術であった．一方，上記の

オキナワベニハゼやフタスジリュウキュウスズメダイで観察された逆方向性転換は，雌として繁殖していた個体が自ら繁殖機会を放棄して一時的に独身雄になったのちに再び性転換を行った．独身性転換および隠蔽的独身性転換は，現在の繁殖機会を犠牲にするが成長等の有利性を得ることで，将来の繁殖成功を増やす戦術だと考えられている（坂井，1997；4章を参照）．この戦術の成否が逆方向性転換の発現を決めると推察される．つまり，①生殖腺の性転換後に雌が獲得できれば雄として繁殖を開始し（独身性転換の完了），②雌が獲得できなければ，雄としての繁殖を経験することなく，生殖腺を卵巣に戻して大型雌として繁殖を再開する．もし，フタスジリュウキュウスズメダイのように生息場所を変えることによって個体の繁殖成功が大きく増加する場合は，②の戦術の有利性は比較的高まると考えられる．それゆえ，これらの逆方向性転換は「独身化成長戦術」の一部と捉えることもできる．

5-5-4. ハレム型一夫多妻における双方向性転換（逆方向性転換）の 異なる進化経路

低密度仮説では，まずその分布の中心で雌から雄への性転換が進化し，その後，分布周辺の低密度環境下で逆方向性転換が進化したと考えられている．ホンソメワケベラ，アカハラヤッコ，サラサゴンベ，ミスジリュウキュウスズメダイ等の逆方向性転換が確認されている多くの種で低密度仮説とよく一致していることから，上記のような経路で逆方向性転換が進化したと考えられる（Kuwamura et al., 2020）．一方，ベニハゼ属等では種の多様性が高く，多様な性表現パターンと配偶システムが見られることから，そのメリットを生かし，分子系統樹に基づき，双方向性転換の進化が検討されている．Sunobe et al. (2017) は，ベニハゼ属31種，近縁のイレズミハゼ属8種，シマイソハゼ属2種の分子系統樹を作成し，先行研究の成果も踏まえ，配偶システムと性転換のパターンをまとめた（**図 5-11**）．そして，シマイソハゼ属は雌雄異体，イレズミハゼ属は一夫一妻の双方向性転換種であること，ベニハゼ属は一夫多妻の双方向性転換種が多いことなどが明らかとなった．そして，これらの結果から，ベニハゼ属，イレズミハゼ属，シマイソハゼ属の共通の祖先は雌雄異体であり，ベニハゼ属とイレズミハゼ属ともに分離型の生殖腺をもつことからその共通祖先において雌雄異体から双方向性転換が直接進化したと推察されている．また，その背景にはダルマハゼのような

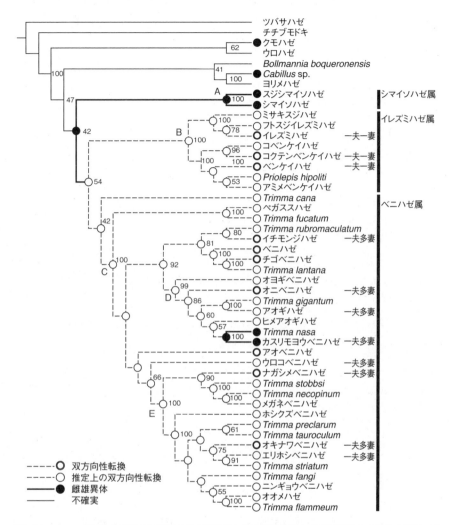

図5-11 ベニハゼ属およびその近縁種の分子系統樹と双方向性転換および雌雄異体の進化の復元．ブランチの隣の数値は1,000回の繰り返しに基づく40％以上ブートストラップ確率を示す（Sunobe et al., 2017を改変）．

一夫一妻の配偶システムがあった可能性が議論されている．そして，一夫多妻の進化はその共通の祖先からベニハゼ属への種分化の過程で生じたが，雄から雌への性転換の特性は消失しなかったと考えられている．さらに，ベニハゼ属のカスリモヨウベニハゼと *Trimma nasa* の共通の祖先では双方向性転換から雌雄異体が

進化したことも推定されている．ベニハゼ属では，配偶システムに関するデータが一部の種に限られており，双方向性転換の進化には議論の余地が残されているが，低密度仮説に基づくものと異なる仮説が提示されている．ベニハゼ属等の小型種では死亡率が極めて高いことが知られており（Goldworthy et al., 2022），ホンソメワケベラやサラサゴンベなどと比べると，時間的な個体数の変動が高いと考えられる．つまり，ベニハゼ属やイレズミハゼ属では同じ場所でも極端に個体数が高くなったり，低くなったりする可能性があり，他の雌性先熟魚とは異なる進化的な背景があるのかもしれない．

5-6.　なわばり訪問型複婚の双方向性転換

なわばり訪問型複婚の双方向性転換はミツボシキュウセンにおいて観察されている（Kuwamura et al., 2007）．ミツボシキュウセンは全長15 cm程度のベラ科魚類で，サイズにより体色が異なり，小型の個体は地味な体色（initial phase：IP；**図5-12a**），大型の個体は派手な体色（terminal phase：TP；**図5-12b**）を呈している．なわばり訪問型複婚のベラ科魚類では2つのタイプの雄（雄二形），つまり，生まれつきの雄（一次雄）と雌の性転換に由来する雄（二次雄）が出現することが知られている（4章を参照）．雌と同じ体色のIP雄（すべて一次雄）はグループ産卵（**図5-12c**）やスニーキングを行い，派手な体色のTP雄（一次雄と二次雄）はなわばりを形成し，ペア産卵を行う．ミツボシキュウセンも雄二形性種であり，IP雄は同様の代替戦術を行うことが確認されている（Suzuki et al., 2008, 2010）．

Kuwamura et al.（2007）は沖縄県瀬底島でミツボシキュウセンの18ヶ月にわたる追跡調査を行い，IP雄が雌に戻る事例を1例確認した．実験開始時（2002年夏），この個体はIP雄としてグループ産卵，スニーキング，ストリーキングを行った．ところが，翌年の6月には，TP雄とペア産卵した．この産卵上昇時に配偶子放出の白濁が確認されていることから，この個体はIP雄から雌へと性転換したと考えられている．さらに，水槽実験により，5例のIP雄の性転換と1例の二次雄のTP雄の性転換も確認している．この野外調査と水槽実験は，雄二形性種では雄から雌への性転換と雌から雄への性転換が混在するだけでなく，逆方向性転換も起こることを示している．

図5-12 なわばり訪問型複婚の双方向性転換魚ミツボシキュウセン．体サイズの増加に伴い体色が地味なIP(a)から派手なTP(b)に変化する．代替戦術の一つとして群れ産卵(c)を行う(桑村哲生撮影)．

　IP雄の性転換は個体密度と密接に関係している可能性が指摘されている(Kuwamura et al., 2007)．一般に，密度が高くなる大きなリーフの産卵場所では，TP雄は次々に侵入してくるIP雄をなわばりから排除することが難しく，産卵場所をなわばりとして維持することができない．このため，IP雄とTP雄を含めたグループ産卵が行われることになり，IP雄の繁殖成功は比較的高くなる．一方，密度が低くなる小さなリーフの産卵場所では，TP雄が産卵場所からIP雄を排除できるため，IP雄に繁殖の機会は比較的少ない．そのため，雄二形性のベラ科

魚類では一次雄の割合とグループ産卵の頻度は密度やリーフのサイズともに増加することが報告されている（Warner and Hoffman, 1980；Suzuki et al., 2010；4章を参照）．Kuwamura et al.（2007）はIP雄の性転換観察前の死亡率が高かったことから，調査地の密度が低下したと推定している．このIP雄は産卵場所の密度低下により繁殖機会を消失したため，雌へと性転換したと考えられる．なわばり訪問型複婚では，逆方向性転換は密度変化による代替戦術の繁殖成功の変化に応じた戦術の可能性がある．

5-7. 今後の課題

　逆方向性転換は体長調和一夫一妻，ハレム型一夫多妻およびなわばり訪問型複婚で確認されている．これらの配偶システムでは，体長有利性モデルもしくはそれを補足する成長有利性モデルにより雌性先熟が有利になることが示されている（4章を参照）．このうち，ダルマハゼ属やコバンハゼ属などの体長調和一夫一妻と，ベラ科やゴンベ科などのハレム型一夫多妻では，繁殖機会を消失した雄が，繁殖機会を再獲得するために雌へと性転換した（Kuwamura et al., 1994a；Manabe et al., 2007b；Kadota et al., 2012）．この際，性を柔軟に変えることによって，配偶者探索のための移動のリスクを小さくし，繁殖価を高めていると考えられた（Nakashima et al., 1995；Munday, 2002；Kuwamura et al., 2011；Kadota et al., 2012）．これらの点は体長調和一夫一妻とハレム型一夫多妻で共通する部分である．一方で，ハレム型一夫多妻では可能な限り逆方向性転換を避ける傾向（雌の略奪や加入により繁殖機会を確保できない時の最終手段）が確認できた（Kadota et al., 2012；Kuwamura et al., 2014）．さらに，ハレム型一夫多妻では独身性転換した個体や隠蔽的独身性転換した個体が逆方向性転換する事例が観察された（Manabe et al., 2007b；Sakanoue and Sakai, 2022）．これらの点は体長調和一夫一妻とハレム型一夫多妻で異なる部分と考えられる．ハレム型一夫多妻は体長調和一夫一妻に比べ，雌雄の潜在的繁殖成功の差が非常に大きくなる．さらにハレム型一夫多妻はハレム内の雌の数が変化するため，一夫一妻に比べ，雄の繁殖成功にバリエーションが生じやすい．この雄の潜在的繁殖成功の高さとそのバリエーションがハレム型一夫多妻における逆方向性転換の起こりにくさとバリエーションに影響している可能性が考えられる．ハレム型一夫多妻で見られた新しいタイ

プの逆方向性転換については確認事例がまだ少ないことから，今後，その全貌が明らかとなることを期待したい．

　なわばり訪問型複婚ではグループ産卵やスニーキングを行った一次雄が雌へと性転換した（Kuwamura et al., 2007）．この一次雄は，個体群密度が低下したことにより，一次雄の代替戦術の有利性が減少し，雌に性転換したと推察されている．ハレム型一夫多妻でも，繁殖機会を失った雄が逆方向性転換するだけでなく，独身性転換した雄が雌へ性転換した．数理モデルにより，独身性転換は個体密度が高くハレム内の雌が多い環境で有利となり（Aldenhoven, 1986），逆方向性転換は個体密度が低くハレム内の雌が少ない環境で有利になると考えられている（Sawada et al., 2017）．これらの社会では，1つの個体群でも密度変化により，最適な戦術が変化すれば，それに応じて性が柔軟に変化する可能性を示している．近年になり，体サイズが小さな種だけでなく，ハタ科などの大きな種でも逆方向性転換が確認されている（Oh et al., 2013；Chen et al., 2019）．これらの大型種では捕食圧が低く，移動リスク仮説は適用しにくいように思われる．このような種では特に密度変化に伴う代替戦術の有利性の変化が重要な条件になると考えられる．現時点ではなわばり訪問型複婚の逆方向性転換の確認事例は非常に限られており，さらなる研究が必要である．

　一夫一妻，ハレム型一夫多妻およびなわばり訪問型複婚の共通の特徴として，低密度環境に適応した戦術として逆方向性転換が機能していることが挙げられる．一夫一妻のサンゴに生息するハゼでは，生息に適したサンゴの多くはすでに繁殖ペアによって占有され，独身個体は非常に限られており，独身個体の繁殖の機会の再獲得といった観点からは低密度環境下とみなすことができると考えられている（Munday et al., 2010）．ハレム型一夫多妻では，ハレム内の雌数が少なく，雌や未成魚の加入も少ない低密度環境下で逆方向性転換が起こりやすいと考えられていた（Kuwamura et al., 2002, 2014；Kadota et al., 2012）．なわばり訪問型複婚では，密度低下に伴う小型雄の代替戦術の繁殖成功の低下がその逆方向性転換に関与していると考えられている（Kuwamura et al., 2007）．繁殖機会が制限される低密度環境は同時的雌雄同体の進化要因とされているが（2章を参照），経時的雌雄同体（隣接的雌雄同体）においてもその性の柔軟性に大きく関わっていると考えられる．逆方向性転換の確認種数は水槽実験やフィールド実験により年々増加しているが，自然環境下での確認は4種に留まっている（Manabe et al.,

2007b；Kadota et al.，2012；Fukuda et al.，2017；Sakanoue and Sakai，2022）．近年，低密度環境下で生息していると考えられているミジンベニハゼにおいて，水槽実験により双方向性転換が確認され，雌のなかには通常の雌に加え，発達した精巣ももつ個体（同時的雌雄同体）が多くいることが報告されている（Oyama et al.，2023）．今後，低密度下における野外研究が経時的雌雄同体（隣接的雌雄同体）の性の柔軟性，そして，同時的雌雄同体とのミッシング・リンクの解明につながる可能性がある．

コラム4　植物の性転換

西沢 徹

　生活史の過程で個体の性表現を変化させる植物として古くから知られているものに，マムシグサの仲間がある（e.g., Schaffner, 1922；Maekawa, 1924, 1927；Kinoshita, 1986, 1987；Takasu, 1987）．マムシグサの仲間はサトイモ科テンナンショウ属（*Arisaema*）の多年生草本で，性表現が年によって変化する性転換の現象は，古くは19世紀に報告がある．これらにみられる性転換は，個体のサイズに依存して性表現が変化することが特徴の一つである．テンナンショウ属植物は地下に球茎を形成して同化産物を蓄えており，成長とともに球茎が肥大していく（**図1**）．性型はこの球茎の大きさと深い関係がある（**図2**）．この図からは，サイズが大きくなるにつれて，無性から雄性，雄性から雌性へと性型が変化することのほかに，性型の転換がサイズクラスのごく狭い範囲で急激に起こることがわかる．また，マムシグサの仲間では，性型の転換が双方向に起こる点も大きな特徴である．特定の個体を毎年継続して観察していると，例えばある年に雌であった個体が翌年には雄になり，さらにその翌年には再び雌に戻ることがある．栄養成長を行っている時期には，葉を展開して得た同化産物によって受精した子房を成長させるとともに，一部の同化産物を球茎にまわして蓄えている．しかし，盛んに成長を行う夏季に，落下枝の下敷きになって偽茎が折れたり，地上部が刈り取られたりすると，地下の球茎重，すなわちサイズが減少することがある．このサイズの減少に伴って，性型が雌から雄へ，あるいは雄から無性へと変化する．地上部を大きく損傷するようなストレスが大きい場合には，雌から無性へ転換したり，地上部を形成せずに休眠したりする場合もある．翌年以降に，球茎に同化産物を蓄えて再びサイズが増加すると，それに応じて性型も再び変化する．

　多年生草本であるマムシグサの仲間は，秋になると地上部は枯れて，冬季は土中にある球茎で越冬する．翌年の春になるとこの球茎から新たな地上部を形成して，その年の栄養成長と繁殖を行う．動物の性転換では，一度の転換であっても，分化した器官をつくりかえることに多大なエネルギーを要する．このため，何度も性転換を繰り返す双方向の転換はハードルが高いといえる．一方，マムシグサ

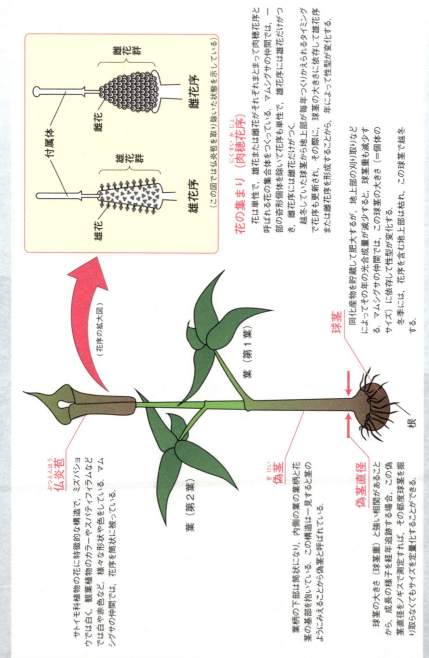

図1 テンナンショウ属植物のからだのつくり

仏炎苞
サトイモ科植物の花に特徴的な構造で、ミズバショウでは白く、観葉植物のカラーやスパティフィラムなどでは白や赤色など、様々な形状や色をしている。マムシグサの仲間では、花序を筒状に抱っている。

偽茎
葉柄の下部は筒状になり、内側の葉の葉柄と花柄の基部を抱いている。この構造は一見すると茎のようにみえることから偽茎と呼ばれている。

偽茎直径
球茎の大きさ（球茎重）と強い相関があることから、成長の様子を経年追跡する場合、この偽茎直径をノギスで測定すれば、その都度球茎を掘り取らなくてもサイズを定量化することができる。

花の集まり（肉穂花序）
花は単性で、雌花または雄花がそれぞれまとまって肉穂花序と呼ばれる花の集合体をつくっている。マムシグサの仲間では、一部の両性個体を除いて花序も単性で、雌花序には雌花だけが、雄花序には雄花だけがつく。越冬していた球茎から地上部へくりかえられるタイミングで花らも更新され、その際に、球茎の大きさに依存して雌花序または雄花序を形成することから、年によって性型が変化する。

球茎
同化産物を貯蔵して肥大するが、地上部の刈り取りなどによってその年の光合成量が減少すると、球茎重も減少する。マムシグサの仲間では、この球茎の大きさ（＝個体のサイズ）に依存して性型が変化する。
冬季には、花序を含め地上部は枯れ、この球茎で越冬する。

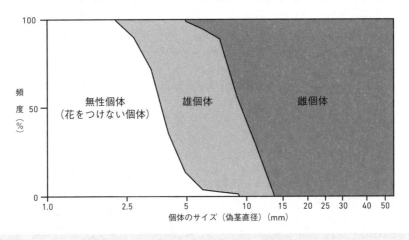

図2 個体のサイズ(偽茎直径)と性型の関係(Kinoshita, 1987より作成)
テンナンショウ属植物の生活史研究では，個体のサイズを表す指標として，球茎重のほかに偽茎直径を用いることが多い．球茎重と根元の偽茎直径の間には強い相関があり，その都度球茎を掘り起こして重さを測定する必要がないことから，個体群動態研究のように，毎年個体追跡を行う場面では都合が良いからである(Kinoshita, 1987を改変)．

の仲間では，地上部を毎年更新するタイミングで花序をつくりかえることによって，生活史の過程で何回も性転換を可能にしている．

　マムシグサの仲間にみられる性転換の現象や生活史の特徴は，サイズ有利性仮説(動物などでは，体長有利性説とも呼ばれている)の予想とよく一致している．サイズ有利性仮説では，個体のサイズと生涯繁殖成功度の関係が雌雄で異なる場合に，適応度を最大にするサイズで性転換が起こると説明される．さらに，サイズに伴う雌雄の繁殖成功度の関係が，何らかの要因によって変化した場合には，性転換するサイズも異なると考えられる(**図3**)．長野県安曇野市と石川県金沢市のマムシグサ(カントウマムシグサ *A. serratum*)の集団で複数年にわたって個体追跡を行い，雄から雌への性転換が起こる性転換サイズを実測してその平均値を集団間で比較すると，金沢市の集団の方が安曇野市の集団よりも大きいサイズで性転換することがわかった．2つの集団間で結実率を比較すると，金沢市の集団の方が安曇野市の集団よりも有意に大きい．これは，キノコバエなどの花粉媒介者の数や行動様式が集団間で異なっており，安曇野市の集団では強い花粉媒介者制約(pollinator-limitation)が結実率の低下をもたらしていると考えている．その結果，サイズに伴う雄の繁殖成功度の関係がこの2つの集団間では異なって

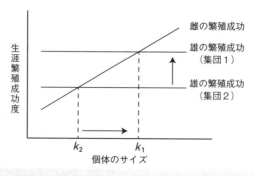

図3 性転換サイズの集団間変異を説明する仮説
花粉媒介者制約の程度や訪花昆虫相の違いなどは，2つの集団の間で雄の繁殖成功度に違いをもたらすと考えられる．集団1では集団2よりも雄の繁殖成功が大きく，その結果，集団1の性転換サイズ (k_1) は，集団2の性転換サイズ (k_2) に比べて大きくなると考えられる．ここでは，雌の繁殖成功度はサイズとともに増加し，雄の繁殖成功度はサイズによらず一定としている (西沢，2005を改変).

おり，性転換サイズが異なると解釈できる．同種集団間で性転換サイズが異なる事実はサイズ有利性仮説による説明とよく一致している．

被子植物の性型の割合をみると，両性花個体が圧倒的に多く，同じ個体上に雄花と雌花をつける雌雄同株を含めると75％あまりが同時的雌雄同体と見積もられている (Richards, 1997)．植物は基本的に固着生活を行い，交配相手を自ら探し歩くことができないことから，自殖を可能とする点で両性花は都合が良い．また，花柄，萼，花弁，花蜜などは，雄花と雌花に共通する花器官であり，わざわざ別個の花をつくるよりも両性花をつくる方が繁殖コストを節約することができる．同時的雌雄同体は，固着生活という生活様式を採る植物にとって，近交弱勢の問題はあるが，繁殖に都合が良い性型といえるだろう．植物図鑑の中には，マムシグサの仲間の性型を雌雄異株と記載しているものもある．開花期の集団には雄花をつける株と雌花をつける株がそれぞれ混在していることから，"集団レベル"の性型は確かに雌雄異株となる．しかし，"個体レベル"でみた場合には，同じ球茎が年によって雄花をつけたり，雌花をつけたりすることから，生活史の過程でその性型を切り替える経時的雌雄同体（隣接的雌雄同体）といえる．同じ個体が雄花と雌花を同時につけることは基本的にはないことから自殖は不可能であるが（ごくまれに，花序内に雄花と雌花が同時につく奇形個体はある），集団レベルで雌雄異株という性型を維持することによって，雌雄同体でありながら積極的な他殖を可能にしている．

6章
雌雄同体魚類の潜水調査：
フィールドと研究方法

桑村哲生[*1]・門田 立[*2]・坂井陽一[*2, 4]・小出佑紀[*2]・
須之部友基[*3, 5]・出羽慎一[*3]・大西信弘[*4]・奥田 昇[*4]

　この章では『魚類の性転換』（中園・桑村編）が出版された1987年以降に，日本沿岸において実施された雌雄同体魚類に関する野外研究の主なフィールドの特徴と調査方法を紹介する．南から北へ，沖縄県瀬底島（執筆担当：桑村哲生），鹿児島県口永良部島（門田 立・坂井陽一・小出佑紀），鹿児島県桜島（須之部友基・出羽慎一），愛媛県宇和海（坂井・大西信弘・奥田 昇），千葉県館山（須之部）の順に紹介していく（**図6-1**）．

6-1. 瀬底島（沖縄県）

6-1-1. 琉球大学瀬底研究施設と調査地の環境

　瀬底島は沖縄本島の北西部に位置し（**図6-1**），瀬底大橋（1985年開通）で本部半島とつながっている．島の西側には瀬底ビーチと大きなリゾートホテルがあり，観光客で賑わっている．その反対側，島の南東部に琉球大学熱帯生物圏研究センター瀬底研究施設がある（**図6-2**）．その前身は1971年に設立された琉球大学理工学部附属臨海実験所で，何度かの組織再編・名称変更を経て施設が拡大・更新され，2010年には熱帯生物圏研究センターが国立大学共同利用・共同研究拠点に認定された．瀬底研究施設はサンゴを中心にサンゴ礁に生息する生物の生

[*1] 6-1節，[*2] 6-2節，[*3] 6-3節，[*4] 6-4節，[*5] 6-5節

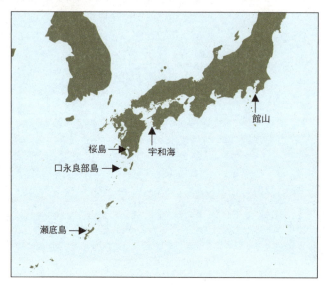

図6-1 この章で紹介する日本沿岸の主な調査地点.

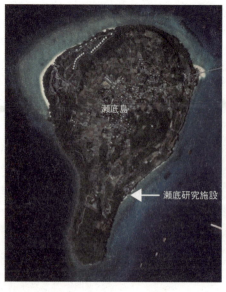

図6-2 瀬底島と瀬底研究施設の位置. 島の周囲に裾礁(サンゴ礁)が発達しているのがわかる. 北西部の瀬底ビーチはモートが広く, リーフエッジは岸から300 mほど沖にあるが, 南東部の瀬底研究施設前では約100 m沖と近い(Googleマップをもとに作成, Data SIO, NOAA, U.S. Navy, NGA, GEBCO TerraMetrics ©2023 Google).

命機能を生理・生態面から研究する共同利用施設として，全国的・国際的な活動拠点となってきた（瀬底研究施設のホームページを参照）．

　瀬底島の周りには裾礁と呼ばれるサンゴ礁が形成されており（**図6-2**），研究施設のすぐ前では，岸から約100 m沖にリーフエッジ（礁縁）があり，その内側は満潮でも水深3 m未満の浅いモート（礁池）で，外側は水深5 m前後に落ち込み，砂地が沖に向かってなだらかに深くなっている（**図6-3**）．1998年夏に高水温によるサンゴの大規模白化・死亡が起こり，その後もオニヒトデによる食害でサンゴの回復が遅れた時期もあったが，現在はオニヒトデがほとんどおらず，各種イシサンゴ類が大規模白化前よりも増えて成長している（**図6-4**）．サンゴの復活とともに魚類相も豊かになり，水深が浅く透明度も比較的よいので，シュノーケリングで様々な魚類の観察・調査ができる．スキューバ潜水に関しても，研究施設の艇庫にスキューバ用のタンクと空気を充填するコンプレッサーが設置されており，タンクを担いで海まで歩いて1分ほど（約50 m）でエントリーできるという，非常に恵まれた立地条件になっている（**図6-5A**）．夏は表面水温が30℃を超え，台風が来ないと高水温が続いてサンゴの白化が起こる．台風が接近するとうねりと濁りで数日間潜れないこともあるが，水温を下げてサンゴの白化を防いでくれるというメリットもある．北西風が強い冬場でも島自体が風除けになって研究施設前の海が荒れることは少なく，水温が20℃を切ることはめったにない（Singh et al., 2022）．研究施設前のサンゴ礁は標本採集禁止区域として保全されているので，自然状態の長期モニタリングや個体識別した魚の長期追跡が可能である．

図6-3　瀬底研究施設前の海．黒っぽくみえるのがサンゴ礁で，沖合の白っぽい色（砂地）に変わる手前がリーフエッジ（2023年7月撮影）．

6章－雌雄同体魚類の潜水調査：フィールドと研究方法 ｜ 185

図6-4 瀬底研究施設前のサンゴ．(A)リーフエッジ．(B)モート内(2023年7月撮影)．

図6-5 瀬底研究施設の艇庫と屋外水槽．(A)海からみた桟橋と艇庫．船を降ろすスロープから海にエントリーできる．(B)屋外水槽(2023年7月撮影)．

186

6-1-2. 双方向性転換するダルマハゼの調査方法

筆者（桑村）は1982年から瀬底島をメインフィールドにして，魚類行動生態学に関する潜水調査を毎年実施してきており，20近くの大学・研究機関の学生・研究者と共同研究してきた．これまで扱ってきた魚種とテーマの概略は，われわれのチーム以外の研究者が瀬底島で実施した魚類行動生態学のテーマとともに，Kuwamura（2022）にまとめたが，ここでは魚類の性転換に関して瀬底島で実施した調査の方法を紹介する．これまでの章でも紹介してきたように，多数の個体を採集して生殖腺（卵巣・両性生殖腺・精巣）と体長との関係から性転換の有無を判定することも可能だが，筆者らはマークした個体を追跡することによって性転換を確認してきたので，その方法について具体例をあげて述べる．

瀬底島で性転換に関して最初に取り組んだ対象魚はダルマハゼだった．きっかけは『魚類の性転換』（中園・桑村，1987）を編集した際に，本種に関するオーストラリアのサンゴ礁からの報告が理論的に納得できなかったからである．ダルマハゼの研究成果については1章と5章で紹介されている通りで，魚類が野外で双方向に性転換することを初めて確認できた．調査方法については中嶋（1997）と桑村（2004）が詳しく紹介しているが，大きく分けて3つの方法を併用した．すなわち，野外マーク個体の追跡，野外配偶者除去実験，および屋外水槽を用いた同性個体同居実験である．

ダルマハゼはショウガサンゴという枝状サンゴの枝の間に生息しており，摂餌も繁殖もその中で行う．大きなサンゴほど多くのハゼが生息していたが，個体追跡の際の性判定の方法を確立するために，まず，3個体以上のハゼが入っているサンゴで繁殖行動を観察し，1つのサンゴでは最大の2個体（1ペア）しか繁殖できない，一夫一妻であることを確認した．さらに，採集した個体を解剖して，生殖腺のタイプ（卵巣か，精巣か）と卵・精子が放出される生殖突起の形状（太短いか，先細か）が対応していることを確認した（Kuwamura et al., 1993）．

ショウガサンゴに入っているダルマハゼは海中では簡単に追い出せない．そこで，サンゴごとポリ袋に入れて回収し，陸上で海水からサンゴを空気中に取り出し，苦しくなったハゼがすべてバケツに落ちるのを待った．個体追跡用のハゼは，海水に魚類用の麻酔薬フェノキシエタノールかオイゲノール（クローブオイル）を溶かして麻酔してから，全長を計測し，実体顕微鏡のもとで生殖突起の形状を観察して性判定し，個体識別用のマーキングを施した．このときは，アルシアン

ブルーという色素を体側の2ヶ所に皮下注射し，個体ごとに2ヶ所の位置の組み合わせを変えて個体識別ができるようにした．また，入っていたショウガサンゴの枝の根元にダルマハゼの卵が産み付けられているかどうかをチェックし，卵があれば，最大サイズの2個体のうち太短い生殖突起をもつほうを機能的な（繁殖中の）雌，先細の生殖突起をもつほうを機能的な雄と判定した（1章の**図1-2**を参照）．その後，すべてのハゼを元のサンゴに戻してポリ袋に入れて運び，野外の元の場所に釘と紐で固定した．毎回約30個のサンゴを回収し，ハゼを全長計測・性判定・マークし，元に戻すという作業を約2ヶ月おきに3年間継続した．その結果，マークした360個体のうち，雌から雄への性転換が48例，雄から雌への性転換が10例確認できた（Kuwamura et al., 1994a）．

　野外配偶者除去実験では，3年間マーク個体の追跡をした20 m × 20 mの調査区のうち半分で繁殖中のペアから雄を除去して雌を独身にし，残り半分では雌を除去して雄を独身にした．7週間後に回収して移動先と性を確認してみると，雌雄とも遠くまで異性を探しに行くことはなく，近くのサンゴで出会った同性個体とペアを組み，どちらかが性転換していた（Nakashima et al., 1995）．なお，調査区は岸近くの水深2 m前後の浅い場所に設定したが，サンゴの回収・再設置作業を海底で行うにはスキューバが必要であった．艇庫から徒歩でエントリーでき，次に述べる屋外水槽も艇庫の隣にあったため（**図6-5B**），最短距離の移動で調査を効率的に実施することができた．

　瀬底研究施設にはリーフエッジ沖の海水をパイプで引き込んだ流水を利用できる水槽設備（屋外および屋内）があり，当時は屋外にプール型のコンクリート水槽があったので，それを同性同居実験に使用させてもらった．最初はサンゴの飼育がうまくいかなかったが，試行錯誤した結果，台所用のウレタンマットに直径30 cmほどの穴を4つ開けて，そこにザルを嵌め込んでコンクリート水槽に浮かせる方法でうまく飼育できるようになった．それぞれのザルにはショウガサンゴ1つと繁殖確認済みのダルマハゼの雌2個体または雄2個体を入れた．ザルを水面に浮かせたことにより，水槽の水位が変化してもサンゴが水面から露出することなく，直射日光が当たってサンゴに共生する藻類の光合成にとっても都合がよいことがわかった．サンゴが元気であれば，その中のハゼの餌（小型甲殻類やサンゴが出す粘液）が十分供給され，特に給餌することなく1〜2ヶ月放置しておいてもハゼは成長し，性転換して産卵した．その結果，雄どうしのペアでは小さい

188

ほうが雌に，雌どうしのペアでは大きいほうが雄に性転換する傾向があることをそれぞれ約20例で確認できた（Nakashima et al., 1995）.

6-1-3. 他の双方向性転換魚類と調査方法の補足

　ダルマハゼの双方向性転換は野外からの初めての報告だったので，それ以外の種でも双方向性転換が起こることを確認するため，まずダルマハゼと似て，枝状のサンゴ（ミドリイシ類）に生息するコバンハゼ類の4種で同様の調査を実施し，一夫一妻で双方向性転換することを確認した．続けて，一夫多妻で雌性先熟の性転換をすることが知られていたホンソメワケベラ，アカハラヤッコ，ミスジリュウキュウスズメダイなどでも野外配偶者除去実験と水槽同性個体同居実験を実施し，逆方向の性転換が起こることを確かめた（桑村，2004；Kuwamura, 2022；5章）．雄性先熟のクマノミ類でも同様の実験を繰り返し試みたが，雌から雄に逆方向性転換することはなかった（理由については1章を参照）．これら様々な魚種を扱ってきた経験を踏まえて，マーキングと性判定に関して少し補足しておきたい.

　個体識別用のマーキングに用いる色素については色々試した結果，イラストマー蛍光タグ（田中三次郎商店，2023）が扱いやすく，見えやすく，長持ちすることがわかってきた（Kuwamura et al., 2007）．また，ツマジロモンガラのように体表が硬く，皮下注射しても色素がみえない場合は，タグガン（例えば，バノック，日本バノック）を用いて体側の異なる位置に異なる色のプラスチックタグを貫通させて個体識別した（Takamoto et al., 2003）.

　性判定に関しては，生殖突起の形状にハゼのような顕著な性差がない場合でも，麻酔した魚の腹を軽く押して卵または白濁した精液が出てくれば確実に判定できる．また，ホンソメワケベラなど浮性卵を産む魚では，産卵行動を観察して雄役をしたか雌役をしたかを確認するとともに，産卵上昇して放卵放精した直後に白濁した海水をプランクトンネットあるいはポリ袋で掬い取り（Sakai et al., 2002；**図6-6**），実験室に持ち帰って発生中の受精卵があることを実体顕微鏡で確認すれば，機能的な性が確実に判定できる．性転換の過程では生殖腺の変化が完了する前でも擬似産卵行動をするので，受精卵が採集できればいつ性転換を完了したかが正確にわかる（4章を参照）．ハゼやクマノミのように付着卵を産卵床に産みつける場合は，卵を採集しなくても，卵の色（発生段階）から受精してい

図6-6 ポリ袋を用いた卵採集. すばやく開閉できるように入口に細長いプラスチックの板を2枚つけ, 底には卵を集めるためのポリビンをつけた. ポリビンの底にはプランクトンネットの生地を張り, 袋の海水を抜いてポリビンに溜めたあと蓋をして取り外せるようになっている.

るか否かを容易に判別できる.

　ここで紹介した瀬底研究施設の強みは，国内でサンゴ礁魚類の調査ができる拠点として最も設備が整っており，フィールド調査と水槽実験の両方ができる点である．また，共同利用施設なので国内外の研究者・学生が頻繁に訪れており，宿泊室（学生は相部屋）や自炊可能な食堂で交流する機会も多く，新たな研究ネットワークを形成したいと思っている人には最適である．利用方法については瀬底研究施設のホームページをみていただきたい．

6-2. 口永良部島（鹿児島県）

6-2-1. 口永良部島の魅力

　口永良部島をご存知だろうか？　鹿児島県南端付近の島を想像する方も多いのではないか？　しかし，それは沖永良部島．口永良部島は屋久島の西方約12 kmに位置するひょうたん型の火山島である（**図6-1，6-7**）．口永良部島へは，鹿児島から屋久島へ移動し，屋久島からフェリーに乗って向かう．フェリーが口永良部島に近づくと，緑に囲まれた火山が眼前に広がり，豊かな自然が残っているこ

図6-7 口永良部島と調査点の位置地図（地理院タイルをもとに作成）．噴火などの影響を受けて，研究所の場所は50年間で本村地区と前田地区で点々と変わっている（現在は本村地区）．

とがすぐに実感できる．手つかずの自然が残ることから，口永良部島全域が「屋久島国立公園」に指定され，2016年に「生物圏保存地域（ユネスコエコパーク）」に認定されている．漁業と畜産業が主要な産業である．

この島では，1970年から広島大学の水圏資源生物学研究室（旧水産資源学研究室）が魚類の生態に関する調査・研究を続けている．しかし，この研究の拠点となる施設は，瀬底研究施設（6-1）や館山ステーション（6-5）のような公的なものではなく，島民の方からのご厚意によりお借りしている一軒家である（**図6-8**）．このため，周辺の草刈りや家・車の修理等の維持管理は利用者である広島大学の学生が行わなくてはならない．また，調査や生活に必要なものが出てきてもすぐに購入することも難しい（島には小さな商店がある）．そして，地縁的な繋がりがとても大切なので地域での奉仕作業や行事などにも顔を出す必要がある．このように純粋に「研究環境」だけを考えると困難な部分が多いにも関わらず，この島を舞台に50年以上もの間，魚類生態研究が進められてきた．

口永良部島には，上述の困難部分を差し引いても余りある3つの大きな魅力がある．1つ目は，豊かな自然が残されていることである．口永良部島は面積が38 km^{2}と比較的広いが，人口が100人程度と少なく，自然への人間活動の影響が少ない島といえる．また，口永良部島の生物地理的な位置が温帯と亜熱帯の境界線付近にあり，温帯と亜熱帯両方の魚類が混在する海域である．海に潜ると，ニザ

図6-8　口永良部島の広島大学の研究施設.

ダイ類やブダイ類などの植食魚やヤガラ類やハタ類などの大型の肉食魚の魚影の濃さに驚かされる．これまでに少なくとも106科576魚種が口永良部島から確認されている（木村ほか，2017）．

　2つ目は，多様な環境での調査が可能なことである．多くの研究は造礁サンゴが生育する火山性の岩礁（本村湾と西浦湾）で行われてきたが，広大なタイドプール（西浦湾の東側の先端の岬，折崎），港周辺の人工物の造り出す沿岸環境（本村湾）でも調査が行われてきた．島の人々との50年にわたる信頼関係が構築されているため，多様な環境での自由度の高い研究が可能となっている．

　3つ目は，島の人々が学生を応援してくれている点である．学生たちはこの島に年に数ヶ月滞在し，調査を進めていく．この島に来ると，最初はどのように生活すれば良いのかわからないことが多い．しかし，困っていると必ず島人が声をかけてくれる．例えば，筆者の門田が学生だった頃，台風等で研究所の屋根が傷んだ際には，20人近くの島人が手助けに来てくれた．また，運動会やお祭りなどの島の行事や夕食会に参加することで，とても濃密な人間関係が築かれる．島を訪れた1年目は学生の誰しもが大変だと感じるが，卒業する頃にはこの島を第2の故郷と感じる学生は少なくない．島の一員として迎えてもらえることは研究に付随する大きな魅力となる．島の人々が学生の島での生活を支え，応援してくれているからこそ，この島での研究活動が成立している．

広島大学水圏資源生物学研究室の教員であった具島健二が1970年にこの島で研究を開始し，島の方々と信頼関係を構築し，2006年3月の定年退職まで研究所を維持してきた．2001年に広島大学に着任した坂井も共同で維持し，2006年以後も現在まで研究所を維持している．また，同研究室教員の角田俊平，橋本博明，冨山 毅も様々な面でサポートしてきた．公的ではない研究所がこれだけの期間同じ水域での調査を継続している例は世界的にも珍しく，生物や環境に関するデータの蓄積によって，魚類群集の変化など長期間の比較などの研究も可能になっている．これまでに（2024年9月時点），この島での研究成果が55編の論文等として発表され，新しい成果の発表が続いている．なお，口永良部島の研究成果については，広島大学水圏資源生物学研究室のホームページ（https://sakai41.wixsite.com/fshres）で随時更新されているので，興味がある方はぜひ参考にしていただきたい．

6-2-2. 口永良部島の調査フィールドの特徴

南に開口する本村湾と北に開口する西浦湾が，主な研究フィールドとして利用されている（**図6-7**）．本村湾は屋久島と口永良部島を結ぶフェリー発着港となっており，口永良部島の玄関口である．湾奥側には

図6-9　本村湾．a：湾奥から本村湾を撮影．b：ヨダレカケのメインフィールドとなった港．右上の写真は消波ブロックの上にいるヨダレカケ（清水則雄撮影）．c：港の外側にある転石帯の海中景観．

6章－雌雄同体魚類の潜水調査：フィールドと研究方法 | 193

大きな防波堤があり，その内側には火山性の黒い砂浜が，その外側には転石帯が拡がる（**図6-9**）．1970年代はホンダワラ類の藻場が繁茂していたが（**図6-10**），現在は藻場が消失し，サンゴやソフトコーラルの点在する光景が広がる．かつては，ブダイなどの温帯性魚類とナガニザやスジブダイなどの亜熱帯性魚類が優占していたが，2000年代の調査では温帯性の，特に植食魚が減少し，熱帯性の肉食魚が増加したことが報告されている（Kadota et al., 2024a）．この本村湾では，港周辺の人工物でも調査が行われており，ヨダレカケが潮間帯の最上部（大半の時間が水上にある場所）で産卵・卵

図6-10 1970年代の口永良部島の海中の様子．上の写真は1972年8月，下の写真は1971年8月に本村湾で撮影（具島健二撮影）．

保護することなどが明らかにされている（Shimizu et al., 2006）

　西浦湾は，現在のメインフィールドである（**図6-7，6-11**）．北風の強い冬季は海が荒れるが，その時期以外は海況が比較的安定している．多くの学生は，多くの魚種が繁殖期を迎える春から秋にかけて潜水調査を行う．西浦湾の水温は，6月が23℃ほどで，5 mmのツーピースのウェットスーツを着用しても寒さを感じる．7月には28℃まで上昇し，8月は水温30℃に到達，9月からは27℃，10月は25℃ほどとなる（2009年データ）．湾奥部に小さな港があり，港から小さな水路が東側の岸に沿って200 mほど沖に向かって伸びている．港の中と水路は砂地であるが，その周りは死サンゴ岩盤や岩礁で大きなハマサンゴの群落もある（**図6-11b**）．水路の終わりあたりから，枝サンゴやテーブルサンゴの群落が拡がるフラットな地形となる（**図6-11c**）．

　西浦湾では，カノコベラ（Shibuno et al., 1993a, 1993b），サラサゴンベ（Kadota et al., 2011, 2012），ホシゴンベ（Kadota and Sakai, 2016；Kadota et al.,

図6-11　西浦湾．a：湾奥の西側にある西の湯温泉から臨む西浦湾．b：岩礁帯の海中景観（清水則雄撮影）．c：サンゴが発達した場所の水中景観．

2024b），サンカクハゼ（Tsuboi and Sakai, 2016），フタスジリュウキュウスズメダイ（Sakanoue and Sakai, 2019, 2022）等の配偶システムと性転換の研究が行われてきた．これらの研究成果は4章と5章で紹介している．

最後に，具体的な研究事例として，筆者（小出）が西浦湾で実施したスケール感のある潜水観察調査を少し詳しく紹介する．

6-2-3．行動圏が広い魚種の配偶システム調査〜クロハコフグを例に〜

クロハコフグは亜熱帯から熱帯の浅いサンゴ礁域に生息するが，沖縄などでシュノーケリングしても1時間に1〜2個体しか出会えない．ところが，西浦湾ではエントリーしてすぐの浅場に10個体近くもいて，これはここでしか研究できないだろうという直感が湧いた．ハコフグ科魚類ではハレム型一夫多妻の配偶システムが報告されており（Moyer, 1979, 1984b），クロハコフグは体サイズや体色に性的二型があることから雌性先熟が示唆されていた（Pyle, 1989）．そこでツマジロモンガラ（Takamoto et al., 2003）に続く，フグ目で2例目の性転換を明らかにすることを目的として研究を開始した．

まずは海底地図づくりから始めた．ハコフグ科魚類は全身を硬い骨盤で覆われており，泳ぎはあまり得意ではないと考えられてきた．まず，クロハコフグが多

くみられた水深3〜5 mの岩礁帯を中心に120 × 50 mの範囲を決め，ロープでコドラートを作り，サンゴや海底地形を書き込んだ地図を作成した．この程度の調査区域は，よくあるレベルの広さである．並行して，体側部の斑点や頭部の模様で個体識別も行った（**図6-12**）．特定のシェルターに依存する小型魚種でない場合，一度捕獲すると人間を警戒して観察がしにくくなるほか，社会行動への影響も懸念されるため，個体識別の方法も慎重に検討する必要がある．そこで，体長は観察中に個体が静止していた位置の構造物を計測することで推定した（調査終了時には採集して計測）．性判別は産卵行動（後述）や腹部の膨らみの観察により行った．

完成した海底地図と個体リストを携え，行動圏の配置関係を調べ始めたところ，午前中から昼までは採餌を行ってばかりで，一向に産卵する気配がなかった．ところが，昼過ぎになると予想外の行動がみられた．観察していた雄が昼間の行動圏を出て，作成した海底地図の範囲外まで飛び出し，さらに沖へ向かって移動を始めた．サンゴ群落を越え，海底は砂地が混じるようになり，海の色も青暗く変わる水深10 mを超えたあたりで，一旦移動を停止した（移動距離：約400 m）．その後は，水深10 m前後の一定の範囲を行ったり来たりするようになった．し

図6-12　クロハコフグの体側部斑点の個体差．a, b：雌．c, d：雄．

196

ばらくすると，どこからともなく雌が現れ，ペアで産卵上昇を行い放卵・放精した．

　このような長距離産卵移動はハコフグ科での報告がなく，ハレム型一夫多妻とは異なる配偶システムをもつ可能性が浮上してきた．移動距離は最長900 mにも及び，ロープを使ってこのスケールの海底地図を作成することは不可能であった．そこで，登山などで使われるハンディタイプのGPS受信機を防水ケースに入れた状態でフロートに取り付け，それを引っ張りながら観察することで，行動軌跡のデータを取ることにした．GPSデータは，地図ソフトウェアを使って地図上にプロットして行動圏を描き出すことができる．

　沖へたどり着いた雄は広大ななわばり（560～5,460 km²）を形成し，他の雄を攻撃していた．雌は1日に1回産卵を行い，採餌場所から産卵場所まで毎回決まったルートで移動し，同じ雄と産卵する傾向があったが，一部の雌は産卵相手を変えていた．雄のなかには1日に複数の雌と産卵する個体がいた．これらから，ハコフグ科魚類でこれまで報告のない，産卵移動を伴うなわばり訪問型複婚の配偶システムをもつことが明らかとなった（Koide and Sakai，2022）．この産卵移動習性の背景には，藻類と共生するホヤを専食する採餌生態が関与していた（Koide and Sakai，2021）．「浅場で採餌，沖合で産卵」の長距離遊泳をクロハコフグがみせていたのである．

　研究のきっかけであった性転換だが，残念ながら2017年6月から2019年11月までの調査期間中，個体識別をした31個体のうち性転換したものはいなかった．また，「雌体色」は，成熟雌と未成熟個体が呈していたが，それに加えて小型の成熟雄にも雌体色をもつものが確認された．つまり，「派手な雄体色」は，なわばり雄のみが呈するものであることがわかった．クロハコフグが性転換しない理由は，なわばり雄の繁殖成功の低さ（1日あたりの平均配偶雌数1.1個体）にあり，雌の産卵場所が特定のスポットに密集せずに広い範囲に分散しているため，産卵の独占が難しいと考えられる．

　この調査では，産卵移動が始まる14時頃からすべての産卵が終わる日没まで，毎日6時間近く休みなく泳ぎ続けなければならなかった．午前中の採餌行動の観察を含めれば，昼休憩を除いて丸一日海にいることになる．この調査を継続するために，どれだけ疲れていても食事と睡眠はしっかり取り，オフシーズンはジョギングで体力づくりに励むなど，アスリートのような生活を送っていた．そこま

でしても，1日1個体分のデータしか取れない効率の悪い研究である．しかし，だからこそ，そこにはこれまでの定説を覆すようなまだ見ぬ発見が眠っているのではないだろうか．GPS受信機を用いて追跡する行動圏調査法は，近年，遊泳力の高い大型のベラやフエダイ類などでも用いられている（Nanami and Yamada, 2008；Muñoz et al., 2014）．直接魚体に発信器を取り付けないことから魚体へのダメージがなく，得られるデータは移動ルートだけでなく，なわばり内の移動パターン，泳ぐスピードなど，本来海底地図を作成しなければ手に入らない情報が手に入る．GPSの利用によって，これまで調査を断念してきた行動圏が広い魚の研究の可能性が広がることを期待したい．

6-3. 桜島（鹿児島県）

6-3-1. 調査地の環境

桜島（図6-13）は鹿児島湾（錦江湾）の真ん中くらいに位置する周囲約55 kmの火山島である．沿岸部は溶岩に覆われ，海中は溶岩が複雑な地形を作り出しており，多様な海洋生物を育む生息基盤となっている．鹿児島湾の特徴は水深200 m以上の深い内湾で，桜島の周囲も急に深くなっている．この斜面に沿って様々な海洋生物が生息しており，出羽（2006）が

図6-13　桜島と鹿児島湾．

その生態を紹介している．桜島の対岸は人口約60万人の鹿児島市であるが，大都市のすぐそばにこのような豊かな自然が残っていることは奇跡的である．

6-3-2. アカオビハナダイの性転換・配偶システムの調査方法

潜水すると最もよく目にするのがハタ科アカオビハナダイ（図6-14）である．サイズは尾叉長で約11 cmに達する．小型個体は雌で8 cmくらいになると雄に性転換する（Hayasaka et al., 2019）．本種は他のハナダイ亜科魚類と同様に多く

の雌と少数の雄から成る群れを形成する．Kuwamura et al.（2020・2023a）は生息密度によって配偶システムと性様式が変化することを予測した．すなわち，密度が高いと群れ産卵をして雌雄異体に，低いと一夫多妻で雌性先熟になると思われる．そこで個体数が異なる群れの配偶システムと性様式を比較し，この予測が当てはまるかどうか検討することにした．この研究は鹿児島大学水産学部と筆者（須之部）との共同研究によって実施した．

　繁殖生態を詳しく観察するため第5避難港付近（**図6-13**）に調査区を設定した．観察場所の水深は10 mから30 mほどで，群れの大きさが10,000個体を超す大型群と，100個体程度の中型群が出現した（観察区外には個体数が10個体程度の小型群がいた）．野外調査は2018年10月から2022年10月にかけて合計821時間実施した．産卵期は春から秋であるが，非産卵期の冬も潜水観察した．繁殖の時間を確認するため様々な時刻に潜水したところ，主に早朝の5時から7時に産卵するこ

図6-14
アカオビハナダイの雌（A）と雄（B）（出羽慎一撮影）．

とがわかった（Moritoshi, 2023）．調査に行くときはスキューバタンクを鹿児島大学水産学部で車に積み，桜島フェリーを使って島に渡り現場に向かった．筆者の一人出羽が運営するダイビングショップが所有するボートで行くこともあった．

　一連の繁殖行動は動画で撮影し求愛行動から産卵に至るまでのプロセスを詳しく解析した．産卵行動は大型群でも中型群でもともにペア産卵で，群れ産卵はなかった．しかし，大型群では中型群に比べ小さな雄が出現した．

　配偶システムの観察と並行して月例採集も行った．これによって繁殖期，年齢査定，性転換するサイズと年齢を明らかにすることができた．館山におけるオハグロベラの研究でもいえることだが，研究対象種の個体数が多い場合には月例採集（標本サンプリング）をすることを勧める．これによって対象種の生活史の概要を把握できるので，より研究を深めることができる．

6-3-3. その他の雌雄同体魚類の生息場所

　他の雌雄同体種で個体数が多いのはベラ科オトメベラで，上げ潮時に群れ産卵とペア産卵の双方が観察できる．また，オハグロベラは福岡，三宅島，館山での研究があるが（中園，1979；Moyer, 1991；Shimizu et al., 2016），鹿児島湾は分布の南限ともいえる．桜島の南に沖小島という無人島がある（**図6-13**）．オハグロベラは沖小島の浅い岩礁部分に生息しているが生息密度が非常に低い．ここ桜島周辺部のオハグロベラも他の海域とは異なる生態を見せてくれるかもしれない．イラはNakazono and Kusen（1991）がすでに雌性先熟であることを報告しているが，一次雄は出現しないようなので雄単型（雄単形）と思われる．本種は桜島周辺の水深5 mから20 mくらいの岩礁域に生息している．夕方になると大きな岩が岬のように飛び出した突端に雌が集合し雄が求愛して産卵する（**図6-15**）．

　沖小島にはサンゴイソギンチャクの群落が広がっている．その規模は25 m × 50 mに及び日本でも有数の大群落といえるだろう．当然のことながら多数のクマノミが生息しており，不思議な行動が観察されている．クマノミは強固ななわばりを構え侵入者を寄せ付けないが，夏の夕方になるとなわばりを離れて群れを形成し，しばらくするとイソギンチャクに戻る．このような現象の報告はなく，これからの研究課題といえるだろう．

　先に述べたように桜島の周辺はドロップオフとなっており，そのまま100 m以

図6-15　イラ（出羽慎一撮影）．

上の深みに達している．斜面には大小の洞窟があり，そこには未記載種が潜んでいる可能性が高い．ハゼ科ベニハゼ属は水深20 m以上の洞窟に生息する種が多く，サイズも小さくて目につきにくいので，新種が発見されやすい分類群となっている．実際，この場所から採集されたオニベニハゼとナガシメベニハゼ（本書カバー掲載）が新種として記載された（Suzuki and Senou, 2007, 2008）．オニベニハゼは水深30 mから出現し，水中ドローンの映像から130 mまで生息しているのが確認され，ナガシメベニハゼの生息水深は20から50 mである．この2種の野外観察は不可能なので，採集して水槽で観察した．2種とも他の多くのベニハゼ属魚類と同様に双方向性転換をすることが明らかとなった（5章を参照）．オニベニハゼは雄が雌よりも大きく一夫多妻と思われ，最大個体が雄となるように性転換した（Sakurai et al., 2009）．しかし，ナガシメベニハゼは雌雄のサイズ分布が大きく重なり，必ずしも最大個体が雄にはならない．野外ではナガシメベニハゼの生息密度は高く小型雄でも繁殖が可能かもしれない（Manabe et al., 2008）．

　桜島およびその周辺海域における研究テーマは上記以外にもまだまだたくさんある．調査する場合，必ず地元漁協の了承を得ることが必要だ．第5避難港を含む桜島南部および東部は東桜島漁協，その反対側は鹿児島市漁協の管轄となっている．また，桜島ではスキューバタンクのチャージができず，長期間滞在できるような施設もない．調査をする前に現地の事情に詳しいダイビングショップに相談のうえ，下見をすることを勧める．

6-4. 宇和海（愛媛県）

6-4-1. 海洋研究所UWA

宇和海における魚類生態研究の拠点「海洋研究所UWA」は，南宇和郡愛南町（当時は御荘町）室手海岸（**図6-16，6-17**）に面する研究施設である．愛媛大学理学部生態学研究室の教員であった水野信彦，柳澤康信，大森浩二により1979年から2019年まで40年間維持された．UWAとは宇和海の「うわ」であるが，水中研究の仲間たち（Under Water Associates）という意味ももたせている．1980年代の海洋研究所UWAは，室手海岸から少し離れた場所にある古民家を活動拠点としていたが，1991年に海岸に近い場所に宿舎が新設され，以後，学生が多数集う研究拠点としての存在感を発揮した．愛媛大学の管理施設ではなく，地元住民のご厚意と，教員と学生の熱意により維持されてきた研究室アウトリーチ型の潜水研究拠点である．目の前に広がる室手海岸をフィールドに数多くの研究が進められてきた．

愛媛大学理学部に助手として着任した柳澤が，幾多もの候補地を探索し，室手海岸に研究拠点を定めたのが1979年のこと．転石帯にホンダワラ類が生い茂り，沖合にはダテハゼやネジリンボウなどの共生ハゼの生息する砂地が広がる（**図6-18**）．湾の左右には山の地形がそのまま落ち込んで岩場を作り出し，岩場と砂地の間には造礁サンゴ類の群生する

図6-16 室手海岸の位置

図6-17 愛媛県南宇和郡御荘町（現愛南町）菊川に位置する宇和海室手海岸（奥田 昇撮影）．

ゾーンがパッチ状に存在する（**図 6-19**）．サンゴ礁魚類と温帯性魚類が群れ遊ぶ暖温帯水域である（高木ほか，2010）．

海洋研究所UWAは愛媛大学の学生のみならず，他大学にも開かれた拠点であった．山岡耕作率いる高知大学の研究グループや，幸田正典率いる大阪市立大学（現大阪公立大学）

図6-18　宇和海室手海岸の砂底に住むハゼ科ネジリンボウ（大西信弘撮影）．

図6-19　宇和海室手海岸の転石帯（上：奥田 昇撮影）と造礁サンゴ帯（下：大西信弘撮影）の水中景観．

の研究グループを中心に，広島大学や奈良女子大学，京都大学などの学生たちが，愛媛大学の学生と肩をならべて生態研究を進め，総計100名を超える大学生・大学院生が海洋研究所UWAでの研究漬けの青春を過ごした．また，水中写真家の平田智法・しおり夫妻や，魚類分類学者の平松 亘も室手海岸に通い詰め，多様なナチュラリストがカジュアルなコミュニケーションを取る風通しの良さが大きな特徴であった．

6-4-2. 調査方法と研究テーマ

　海洋研究所UWAには，飼育実験のための特別な水槽設備などはない．そのため，スキューバを使用した野外観察調査，野外での操作実験，そして解剖分析のための標本採集が基本的な方法論となる．室手海岸は遠浅の海水浴場であることから水深3–8 mの水底で潜水観察を実施した研究例が多い．「とことん魚に向き合う」が海洋研究所UWAスタイルである．そのための装備がスキューバ用の14リッター空気ボンベである．背負うととても重く，室手海岸のエントリー地点まで急峻な坂道を上り下りするのはたいへんだが，ボリュームがある分，たっぷり水中観察できる．8月後半には28℃ほどあった水温は，冬の3月には14℃ほどまで下がる．春と秋はフードベストで凌ぎ，冬には8ミリ厚のウェットスーツが必携である．

　室手海岸の水の透明度はサンゴ礁ほどではないため，航空写真や衛星画像で水底地形を把握することは難しい．そのため，研究調査のための水底地形図を，研究者それぞれが研究対象に応じてフィールドで作成することとなる．その手順はおおよそ以下の通りである．まず，コンパスと巻き尺を活用しながら調査地の砂底に鉄杭を打ち込み，クレモナ糸を杭に結びつけ，調査区域の外周の四角形を作るように糸を張る．その中をさらに細かく等区画に分けるように杭と糸を張る．調査区域と区画のサイズは研究対象の行動スケールによって変わってくる．この糸張りが完了すれば地図描画となる．各区画の上方に浮かびながら特徴的な水底地形をスケッチし，それらをつなぎ合わせて調査地図が完成する．この地図作りは個体の空間配置をデータ化するためには不可欠である．サイズにもよるが，およそ調査地図の完成まで1ヶ月ほどを要する．観察にはやる気持ちを抑えての忍耐作業である．

　海洋研究所UWAの魚類生態研究は，調査個体群における個体それぞれの成長や，個体の加入・消失，社会変化を丁寧に捉えながら，それぞれの魚種のみせる興味

深いトピックに迫る，というスタイルが主流であった．あらかじめ広めの調査区域を設定し，個体識別した個体の体長計測と生存状況の調査を定期的に実施するとともに，各個体の行動圏配置を継続的に把握したうえで，焦点を絞った行動観察を実施する．そして，空間配置と配偶システム，繁殖戦略・戦術を捉える研究が展開された．そのような調査を進めるうえで鍵となるのが色素の皮下注射やタグ付けによる個体識別マーキングである．基本的には捕獲した現場でマーキング作業を実施する．穏やかな水底でのこれらの作業はさほど難しいものではない．

これまでに海洋研究所UWAから発表された研究論文は128篇を数える（2024年9月時点）．甲殻類の生態研究や，魚類分類・系統学に貢献する研究，安定同位体比から沿岸生物群集の食物網や魚類の栄養位置を解析する研究，魚類相や魚種の生息分布に関する生物地理学的研究など，様々な業績がある．それらのうち，海産魚の行動や生態に関するフィールド研究論文はおよそ半分の62本を占め，海洋研究所UWAでの魚類生態研究を通じて博士号を取得した学生は総計15名を数える．

6-4-3. 研究対象魚種

室手海岸からは579魚種の出現が記録されている（高木ほか，2010）．しかし，論文発表されたものは総計17魚種と意外にも多くない（**図6-20**）．これは，生息個体数が多く且つ観察が比較的容易な魚種を選んできた工夫の結果である．このうち性転換に関連する研究は，クマノミ（Yanagisawa and Ochi，1986；越智，1987；Hattori and Yanagisawa，1991など），コウライトラギス（大西，2004），ホンソメワケベラ（坂井，2003）の3種である．『魚類の性転換』（中園・桑村，1987）にも登場した室手海岸のクマノミ個体群は生息密度が高く，イソギンチャクコロニー間の個体の移動が頻繁にみられ，性転換の機会が制約される（3章を参照）．それゆえに，クマノミの繁殖戦略の柔軟性に光を照らすデータが獲得されている．コウライトラギスとホンソメワケベラもやはり生息密度の高さが大きな特徴であった．いずれも性転換戦術の議論に関わる社会行動，社会変化を捉えた成果が得られている（4章を参照）．また，雌性先熟魚イトヒキベラの配偶システムについての研究も実施された（Kohda et al.，2005）．

雌雄異体魚の配偶システムの研究例も海洋研究所UWAのスタイルを象徴するものとして少し紹介しておきたい．奥田 昇はテンジクダイ科オオスジイシモチ

図6-20 宇和海室手海岸における代表的な研究対象魚類．オオスジイシモチ（a），カサゴ（b），コウライトラギス（c）（大西信弘撮影），クロホシイシモチとホンソメワケベラ（d）（奥田 昇撮影）．

の卵保護雄による卵食（フィリアルカニバリズム）の発生機構を実効性比と保護雄のコンディションの季節的推移を行動観察と標本採集を併用する手法により明らかにした．シリンジを口内に突っ込んで胃の中に飲み込まれた卵塊を確認する手法が実態解明の大きな突破口となった．また，松本浩司と曽我部 篤のヨウジウオ科イシヨウジの一夫一妻社会の成立因を追究した研究も，粘り強い観察調査と多角的なアプローチを展開させた海洋研究所UWAを代表する成果として存在感を発揮している．これらの詳しい研究内容については，奥田（2001）と曽我部（2013）をご覧いただきたい．

　2019年に海洋研究所UWAの40周年記念式典とお別れ会が同時開催され，愛媛大学が海洋研究所UWAの運営に区切りをつける大きな転換点となった．現在は，海洋研究所UWAの利用経験がある大阪公立大学の安房田智司が施設の管理と潜水調査の伝統を引き継ぎ，認知科学を取り入れた魚類研究の新たな地平を拓きつつある．

6-5. 館山（千葉県）

6-5-1. 東京海洋大学館山ステーション

東京海洋大学水圏科学フィールド教育研究センター館山ステーションは房総半島の先端に近い東京湾の湾口部の館山市坂田に位置する（**図6-21**）．海岸線は岩礁地帯と砂浜から成り，気候も温暖で水温は夏期には27℃に達し，冬期でも12℃以上あり多様な温帯性海洋生物種が育まれている．館山ステーションの歴史は長く，東京海洋大学の前身である水産講習所，東京水産大学の時代から続くもので，1909年に千葉県館山市高島に設立された後に1932年には千葉県小湊に

図6-21　東京海洋大学館山ステーションの位置．

図6-22　東京海洋大学館山ステーション全景．

6章－雌雄同体魚類の潜水調査：フィールドと研究方法 | 207

図6-23 A:スキューバタンク倉庫内, B:調査船 SAGITTA VII(左)およびSAGITTA VI(右), C:飼育棟内のFRP水槽.

移転, さらに1984年に館山市坂田に再移転し現在に至っている. 敷地内には様々な研究施設があり (図6-22), この海域における魚類をはじめとする海洋生物研究の拠点として機能し, また水産有用魚種の増殖や育種に関する研究を進めている (須之部, 2021).

館山ステーションはスキューバタンク30本およびコンプレッサーを備え潜水調査の設備が充実している (図6-23A). また2隻の調査船を所有し, 沖合での調査も可能である (図6-23B). 飼育棟では大小様々な水槽を用いて天然海水をかけ流しで飼育できる (図6-23C). 性様式の研究には生殖腺の組織学的観察が欠かせないが, 組織切片の作成ができる設備も整っている.

ウェットスーツに着替えタンクを背負って100 mほど歩くと海岸に出る. そこは岩礁地帯で, 干潮時に大小のタイドプールができる (図6-24A). 潮下帯は海岸からなだらかに傾斜した岩盤が広がっており, 岩盤上にはマクサやホンダワラ類 などの海藻類が生えている (図6-24B). さらに200 mほど沖に進むと岩盤は途切れ, それ以降は砂地が広がっている (図6-24C).

このように館山ステーションは魚類の生態・性様式・生活史について研究するうえで恵まれた環境といえる. 筆者 (須之部) は2006年から2023年まで館山ステーションの教員として在籍したが, その間にこのフィールドとその周辺部に出現する魚類について所属した学生とともに片端から研究してきた. 館山ステーションの学生は敷地内の寮で生活するので日の出から日没までいつでも海に出ることができる. 常に研究対象となる魚と接することができるのは大きなアドバンテージである.

6-5-2. 雌性先熟のオハグロベラの調査方法

ではどんな研究をしてきたのか，ベラ科を例に紹介しよう．先に述べた岩礁地帯と砂地の境界線は満潮時になると水深が8 mほどで，岩が50〜1 mくらい盛り上がった丘がベラ科の産卵場となっている（図6-24C）．夏になるとオハグロベラ，ホンベラ，カミナリベラ，ニシキベラの産卵が観察できる．なかでも最も観察しやすかったのがオハグロベラであった．本種の雄は5〜6個体がなわばりを構えている．日没前1時間くらいになるとたくさんの雌が集まり，雄のなわばりを訪問し産卵する．繁殖成功の高い雄は30分で10個体以上の雌に産卵させた．なわばりの範囲を記録するため雄は個体識別した．その方法だが，網で捕獲してイラストマーでマークを入れるが，図6-25が示すようにマークの場所と番号を決めておくと便利である．これによって研究当事者以外のダイバーがマークを付けた個体をたまたま見つけた場合でも，番号を読み取り出現場所を記録しておけば位置情報のデータを増やすことができる．

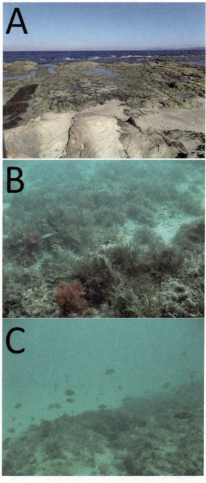

図6-24 A：潮間帯，B：岩礁域の風景．海藻が繁茂し，ヒメジ類が群れている，C：岩礁域と砂地の境目にある産卵場．オハグロベラ雄の群がり（清水庄太撮影）．

オハグロベラの配偶システムについては，館山で研究する以前は中園（1979）が福岡県津屋崎で，Moyer（1991）が三宅島で実施していた．中園（1979）は本種がハレム型一夫多妻であることを示唆している．一方，三宅島では雄は産卵期間中になわばりを構え，そこに雌が訪れて産卵するなわばり訪問型複婚である．

図6-25 イラストマーを皮下注射したオハグロベラの体側．注射する場所を決め，そこに割り当てた数字の合計が個体識別番号となる（清水庄太撮影）．

それ以外にも産卵上昇中に他の雄が割り込んで放精するストリーキング，他の雄のなわばりにこっそり侵入して雌とペア産卵するスニーキングが観察された(Moyer, 1991)．このように場所によって本種の配偶システムが異なるようだ．では館山ではどうなっているのだろうか？ 2007年から2009年にかけて詳細に観察した．

観察場所は産卵場で，まずアクリル板に耐水紙を張り付け地形図を作成した．次に先に述べた方法でそこに出現した雄を個体識別した．本種の産卵時刻である日没1～2時間前に潜水した．安全対策のため館山ステーションでは必ず2人以上で潜水するようにしている．そのためバディにもデータを取ってもらうことができる．

観察結果であるが2007年は産卵場に雄がなわばりを構え，雌がそこを訪問するというなわばり訪問型複婚でストリーキングもわずかながら見られた．ところが2008年になると様相が一変した．2007年は雄のサイズが全長120～178 mmで出現個体数も5～6個体であったが，2008年になると全長91～175 mmと小型雄が出現し，個体数も18～76個体になった．すると産卵場ではなわばりを作らず群がりを形成するようになり，1個体の雌に複数の雄が追尾して産卵する群れ産卵が出現した．一方で産卵場周辺になわばりが形成され，そこではなわばり訪問型複婚が見られた(Shimizu et al., 2016)．このように生息密度が変化すると配偶システムにも変化が現れる．

配偶システムや性様式を理解するためには，月例採集により研究対象種の繁殖

期, サイズ・年齢構成などを把握しておくと何かと便利である. ただし, ハレム型一夫多妻の種は密度が低く, なかには観察場所から消失してしまう恐れがあるので注意が必要だ. 幸い館山ではオハグロベラは個体数が多く月例採集が可能であったので, 2011年6月から2012年5月にかけて手網や釣りで採集した. 採集個体数は平均して各月20個体程度であった. 採集個体は研究室に持ち帰り全長を測定後, 生殖腺を摘出し重量を測定した. 生殖腺重量を測定後, 生殖腺重量指数 (GSI: gonad somatic index = 生殖腺重量／体重) あるいは生殖腺熟度指数 (GI: gonad index = 生殖腺重量／体長^3) などによって生殖腺の成熟度を示すことができる. また, 生殖腺はブワン液 (酢酸:フォルマリン:ピクリン酸飽和溶液 = 1:5:15) によって12時間〜24時間 (生殖腺の大きさによって異なる) 固定し70%エタノール溶液で保存する. その後, 組織切片を作成し卵巣あるいは精巣の発達の様子を観察したり, 両性生殖腺の出現時期によっていつ性転換が起きるか確認できる. 次に年齢査定であるが, 左側の耳石 (扁平石) を用いた. 摘出した耳石をグラインダーで耳石の中心部が現れるまで研磨し顕微鏡下で輪紋数を数え, 縁辺成長率を求めた. 組織切片の作成方法や耳石の処理方法についてはそれぞれの専門書を参考にしてほしい.

月例採集の結果, 繁殖期は予想どおり6月から9月, 4歳まで生きることがわかった. また雌雄同体個体の出現は産卵期が終了した9月以降であったが, 特に興味深いのは外見は雌だが生殖腺は性転換が完了し精巣になっている「外見雌中身雄」個体が出現した. こういった個体は性転換直後と思われ, 9月から翌年の3月に出現したことから産卵期が過ぎてから性転換が起きるようだ.

ではどのような条件で性転換するのだろうか? オハグロベラの雌は行動範囲が広く, 野外でマークした個体が性転換する過程を長期にわたって追跡するのは困難である. そこで, 性転換する時期の9月から翌年の3月に飼育してどんな条件で性転換するのか確認した. 60 cmの水槽に雌2個体, 雌雄のペア, 雌単独個体, そして2個体の水槽は中央をメッシュで仕切った水槽と区切らない場合にした. 結果は区切りの有無にかかわらず雌は自分より大きな個体がいなければ性転換し, 大きな個体がいると性転換しなかった. また, ハワイ産のベラ科 *Thallasoma duperry* の雌は単独だと性転換しないのに対し (Ross et al., 1983), 本種では雌単独で性転換したことは新たな発見であった (Shimizu et al., 2022).

6章ー雌雄同体魚類の潜水調査:フィールドと研究方法 | 211

6-5-3. 他のベラ科魚類の配偶システムと性様式

　他のベラ科の配偶システムはどうだろうか．ニシキベラ，ホンベラ，カミナリベラもこの産卵場で産卵する（**図6-26**）．3種は産卵時刻が重なることがあり，同時に産卵する光景はなかなか壮観であった．ニシキベラは小潮から大潮に移っていく時期の午前中に産卵した．そのほとんどが群れ産卵であったが，ごく一部の雄は産卵場を避けて泳ぎ回り，雌を見つけると求愛してペア産卵した．採集した個体は雄112個体，雌111個体で性比は1：1，生殖腺を組織学的に観察したが，ペア産卵雄も含めすべて一次雄であった．つまり雌が性転換した二次雄はいなかった．雌50個体を直径7 m，深さ2 mの円形水槽で約3ヶ月飼育してみたが性転換の兆候は見られなかった．Meyer（1977）は本種が性転換することを示唆しているが館山の個体群は雌雄異体である可能性が高い．

　カミナリベラやホンベラの性様式は雄二型（雄二形）でサイズが小さいと雌雄ともに地味な色のinitial phase（IP），大きくなると雌は雄に性転換し派手な色のterminal phase（TP）になり，生まれながらの雄である一次雄もTPに変化する．しかし，館山においては大型雌やIPの大型雄が出現した．このように館山では雌雄異体の傾向が強い．産卵行動もIP雄が群れ産卵，TP雄がなわばりを構えペア産卵をすることはこれまでの研究と同じだが，なわばりを維持するはずのTP

図6-26　産卵場に来遊したホンベラの群れ．

雄がなわばりをもたず群れ産卵に加わることもあった．産卵期は5月から9月であったが，産卵期の前半は主に群れ産卵で，後半になるとペア産卵が増えた．しかし，群れ産卵の頻度はペア産卵よりもずっと高かった．雌雄異体個体が出現するのは生息密度が高く群れ産卵の頻度が高いためと思われる．

このように，ニシキベラ，カミナリベラ，ホンベラは性転換をしない傾向が強かった．これと対照的なのがキュウセンである．本種は北部九州や瀬戸内海の個体群は高密度で雄二型（雄二形）であるのに対し，館山は密度が低く雄単形（雄単型）である．一次雄が出現せず，産卵場では群れ産卵が見られなかった．雄はすべてTP二次雄でなわばりを構えそこを訪れる雌とペア産卵するなわばり訪問型複婚であった（**図6-27**）．

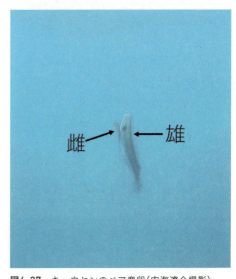

図6-27　キュウセンのペア産卵（内海遼介撮影）．

以上のように館山のベラ科魚類は他地域と生息密度が異なることから，性様式と配偶システムに変化が起きる様子を観察することができた．これからの課題であるが，個体群の変動とともに配偶システムや性様式も変動することが予想できる．そこで実験所という地の利を生かして長期的なモニタリングにより明らかにできるだろう．その他の魚種についても多くの課題が残されており館山は魚類行動生態学の拠点の一つとなるだろう．

館山ステーションの利用については東京海洋大学水圏科学フィールド教育研究センターのホームページを参照してほしい．ただしスキューバタンクの利用については安全管理の立場から許可を出しにくいという事情を理解していただきたい．また，調査をするには千葉県への採捕申請が必要になるので利用希望者はなるべく早い時期（できれば調査を予定する前の年度の1月まで）に館山ステーションに問い合わせてほしい．思う存分館山で研究することを希望する若い方は館山ステーションの大学院生になることが早道であることはいうまでもないことである．

引用文献

Abou-Seedo, F., J.M. Wright and D.A. Clayton. 1990. Aspects of the biology of *Diplodus sargus kotschyi* (Sparidae) from Kuwait Bay. Cybium, 14 : 217-223.

Abu-Hakima, R. 1984. Some aspects of the reproductive biology of *Acanthopagrus* spp. (Family: Sparidae). J. Fish Biol., 25 : 515-526.

Adams, S. 2003. Morphological ontogeny of the gonad of three plectropomid species through sex differentiation and transition. J. Fish Biol., 63 : 22-36.

Adreani, M.S. and L.G. Allen. 2008. Mating system and reproductive biology of a temperate wrasse, *Halichoeres semicinctus*. Copeia, 2008 : 467-475.

Adreani, M.S., B.E. Erisman and R.R. Warner. 2004. Courtship and spawning behavior in the California sheephead, *Semicossyphus pulcher* (Pisces: Labridae). Environ. Biol. Fish., 71 : 13-19.

赤崎正人. 1962. タイ型魚類の研究—形態・系統・分類・および生態—. 京都大学みさき臨海研究所特別報告, 1 : 1-368.

Akita, Y. and K. Tachihara. 2014. Age, growth, maturity, and sex changes of monogrammed monocle bream *Scolops monogramma* in the waters around Okinawa-jima Island, Japan. Fish. Sci., 80 : 679-685.

Akita, T. and K. Tachihara. 2019. Age, growth, and maturity of the Indian flathead *Platycephalus indicus* in the waters around Okinawa-jima Island, Japan. Ichthyol. Res., 66 : 330-339.

Aldenhoven, J.M. 1984. Social organization and sex change in an angelfish, *Centropyge bicolor* on the Great Barrier Reef. PhD dissertation. Macquarie University, North Ryde. 220 pp.

Aldenhoven, J.M. 1986. Different reproductive strategies in a sex changing coral reef fish *Centropyge bicolor* (Pomacanthidae). Aust. J. Mar. Freshw. Res., 37 : 353-360.

Alekseev, F.E. 1982. Hermaphroditism in sparid fishes (Perciformes, Sparidae). I. Protogyny in porgies, *Pagrus pagrus*, *P. orphus*, *P. ehrenbergi* and *P. auriga*, from West Africa. J. Ichthyol., 22 : 85-94.

Allen, G.R. 1972. The anemonefishes: their classification and biology. TFH Publications, Neptune City, New Jersey. 352 pp.

Anam, R.O., C.N. Munga and J.R. Gonda. 2019. The biology of goldsilk sea bream (family: Sparidae) from the inshore waters of north coast Kenya. WIO J. Mar. Sci., 18 : 77-86.

Anastasopoulou, A., C. Yiannopoulos, P. Megalofonou et al. 2006. Distribution and population structure of the *Chlorophthalmus agassizi* (Bonaparte, 1840) on an unexploited fishing ground in the Greek Ionian Sea. J. Appl. Ichthyol., 22 : 521-529.

Andrew, T.G., C.D. Buxton and T. Hecht. 1996. Aspects of the reproductive biology of the concha wrasse, *Nelabrichthys ornatus*, at Tristan da Cunha. Environ. Biol. Fish., 46 : 139-149.

青山恒雄・北島忠広・水江一弘. 1963. イネゴチ *Cociella crocodila* (Tilesius)の性転換. 西海区水産研究所研究報告, 29 : 11-33.

Aronov, A. and M. Goren. 2008. Ecology of the mottled grouper (*Mycteroperca rubra*) in the eastern Mediterranean. Elec. J. Ichthyol., 2 : 43-55.

214

Ashman, T.L, D. Bachtrog, H. Blackmon et al. 2014. Tree of sex: a database of sexual systems. Sci. Data, 1:140015.

Asoh, K. 2003. Gonadal development and infrequent sex change in a population of the humbug damselfish, *Dascyllus aruanus*, in continuous coral-cover habitat. Mar. Biol., 142:1207-1218.

Asoh, K. 2004. Gonadal development in the coral reef damselfish *Dascyllus flavicaudus* from Moorea, French Polynesia. Mar. Biol., 146:167-179.

Asoh, K. 2005 a. Frequency of functional sex change in two populations of *Dascyllus melanurus* conforms to a prediction from sex allocation theory. Copeia, 2005:732-744.

Asoh, K. 2005 b. Gonadal development and diandric protogyny in two populations of *Dascyllus reticulatus* from Madang, Papua New Guinea. J. Fish Biol., 66:1127-1148.

Asoh, K and T. Yoshikawa. 2001. Female nest defence in a coral-reef fish, *Dascyllus albisella*, with uniparental male care. Behav. Ecol. Sociobiol., 51:8-16.

Asoh, K. and T. Yoshikawa. 2003. Gonadal development and an indication of functional protogyny in the Indian damselfish (*Dascyllus carneus*). J. Zool. Lond., 260:23-39.

Atz, J.W. 1964. Intersexuality in fishes. Pages 145-232 in C.N. Armstrong, and A.J. Marshall, eds. Intersexuality in vertebrates including man. Academic Press, London.

Avise, J. 2011. Hermaphroditism: a primer on the biology, ecology, and evolution of dual sexuality. Columbia University Press, New York. xiv + 256 pp.

Avise, J.C. and A. Tatarenkov. 2012. Allard's argument versus Baker's contention for the adaptive significance of selfing in a hermaphroditic fish. Proc. Natl. Acad. Sci. U. S. A., 109:18862-18867.

Badcock, J. 1986. Aspects of the reproductive biology of *Gonostoma bathyphilum* (Gonostomatidae). J. Fish Biol., 29:589-603.

Badcock, J. and N.R. Merrett. 1976. Midwater fishes in the eastern North Atlantic I. Vertical distribution and associated biology in 30 ° N, 23 ° W, with developmental notes on certain myctophids. Prog. Oceanogr., 7:3-58.

Baeza, J.A. 2013. Molecular phylogeny of broken-back shrimps (genus *Lysmata* and allies): A test of the 'Tomlinson-Ghiselin' hypothesis explaining the evolution of hermaphroditism. Mol. Phylogenet. Evol., 69:46-62.

Baeza, J.A. 2018. Sexual systems in shrimps (infraorder Caridea Dana, 1852), with special reference to the historical origin and adaptive value of protandric simultaneous hermaphroditism. Pages 269-310 in J.L. Leonard, ed. Transitions between sexual systems: understanding the mechanisms of, and pathways between, dioecy, hermaphroditism and other sexual systems. Springer International Publishing, Cham.

Baird, T.A. 1988. Female and male territoriality and mating system of the sand tilefish, *Malacanthus plumieri*. Environ. Biol. Fish., 22:101-116.

Baldwin, C.C. and G.D. Johnson. 1996. Interrelationships of Aulopiformes. Pages 355-404 in M.L.J. Stiassny, L.R. Parenti and G.D. Johnson, eds. Interrelationships of fishes. Academic Press, San Diego, CA.

Bani, A. and N.A. Moltschaniwskyj. 2008. Spatio-temporal variability in reproductive ecology of sand flathead, *Platycephalus bassensis*, in three Tasmanian inshore habitats: potential implications for management. J. Appl. Ichthol., 24:555-561.

Bañón, R., Á. Roura, C. García-Fernández et al. 2022. Coastal habitat evidences and biological data of *Alepisaurus ferox* (Aulopiform; Alepisauridae) from northwestern Iberian Peninsula. Mar. Biodivers., 52:22.

Barazona, C.A., C.G. Demayo, M.A.J. Torres et al. 2 0 1 5 . Landmark-based geometric morphometric analysis on bodyshape variation of *Mesopristes cancellatus* (Cuvier, 1829). Adv. Environ. Biol., 9 (19 S 4): 32-37 .

Barlow, G.W. 1975 . On the sociobiology of some hermaphroditic serranid fishes, the hamlets, in Puerto Rico. Mar. Biol., 33 : 295-300 .

Barlow, G. W. 1984 . Patterns of monogamy among teleost fishes. Arch. Fisch. Wiss., 35 : 75-123

Barnes, LM, C.A. Gray and J.E. Williamson. 2011 . Divergence of the growth characteristics and longevity of coexisting Platycephalidae(Pisces). Mar. Freshw. Res., 62 :1308-1317 .

Bauer, R.T. 2 0 0 7 . Hermaphroditism in caridean shrimps: mating systems, sociobiology, and evolution, with special reference to *Lysmata*. Pages 2 3 2- 2 4 8 in J.E. Duffy and M. Thiel, eds. Evolutionary ecology of social and sexual systems. Oxford University Press, New York.

Bell, L.J. 1 9 8 3 . Aspects of the reproductive biology of the wrasse, *Cirrhilabrus temminckii*, at Miyake-jima, Japan. Jpn. J. Ichthyol., 30 : 158-167 .

Bentivegna, F. and M.B. Rasotto. 1987 . Protogynous hermaphroditism in *Xyrichthys novacula* (L. 1758). Cybium, 3 : 75-78 .

Berbel-Filho, W.M., H.M.V. Espírito-Santo and S.M.Q. Lima. 2016 . First record of a male of *Kryptolebias hermaphroditus* Costa, 2 0 1 1 (Cyprinodontiformes: Cynolebiidae) . Neotrop. Ichthyol., 1 4 : e160024 .

Berbel-Filho, W.M., A. Tatarenkov, H.M.V. Espírito-Santo et al. 2020 . More than meets the eye: syntopic and morphologically similar mangrove killifish species show different mating systems and patterns of genetic structure along the Brazilian coast. Heredity, 125 : 340-352 .

Bertelsen, E., G. Krefft and N.B. Marshall. 1976 . The fishes of the family Notosudidae. Dana Rep., 86 : 1-114 .

Besseau, L. and S. Bruslé-Sicard. 1 9 9 5 . Plasticity of gonad development in hermaphroditic sparids: ovotestis ontogeny in a protandric species, *Lithognathus mormyrus*. Environ. Biol. Fish., 4 3 : 2 5 5- 267 .

Betancur-R, R., E.O. Wiley, G. Arratia et al. 2017 . Phylogenetic classification of bonyfishes. BMC Evol. Biol., 17 : 162 .

Blaber, S.J.M., D.T. Brewer, D.A. Milton et al. 1 9 9 9 . The life history of the protandrous tropical shad *Tenualosa macrura* (Alosinae: Clupeidae) : fishery implications. Estuar. Coast. Shelf Sci., 49 : 6 8 9- 701 .

Blaber, S.J.M., G. Fry, D.A. Milton et al. 2005 . The life history of *Tenualosa macrura* in Sarawak, further notes on protandry in the genus and management strategies. Fish. Manag. Ecol., 12 : 201-210 .

Blaber, S.J.M., D.A. Milton, J. Pang et al.1996 . The life history of the tropical shad *Tenualosa toli* from Sarawak: first evidence of protandry in the Clupeiformes? Environ. Biol. Fish., 46 : 225-242 .

Black, M.P., J. Balthazart, M. Baillien et al. 2005 a. Socially induced and rapid increases in aggression are inversely related to brain aromatase activity in a sex-changing fish, *Lythrypnus dalli*. Proc. R. Soc. B. Biol. Sci., 272 : 2435-2440 .

Black, M.P., B. Moore, A.V.M. Canario et al. 2 0 0 5 b. Reproduction in context: field testing a laboratory model of socially controlled sex change in *Lythrypnus dalli* (Gilbert). J. Exp. Mar. Biol. Ecol., 318 : 127-143 .

Black, M.P., R.H. Reavis and M.S. Grober. 2004 . Socially induced sex change regulates forebrain isotocin in *Lythrypnus dalli*. Neuroreport, 15 : 185-189 .

Boddington, D.K., C.B. Wakefield, E.S. Harvey et al. 2023. Life-history characteristics and mortality of the protogynous hermaphroditic frostback rockcod (*Epinephelus bilobatus*) from the Eastern Indian Ocean. Estuar. Coast. Shelf Sci., 108408.

Bortone, S.A. 1971. Studies on the biology of the sand perch, *Diplectrum formosum* (Linnaeus), (Perciformes: Serranidae). Florida Dept. Nat. Res. Tech. Ser., 65: 1-27.

Bortone, S.A. 1974. *Diplectrum rostrum*, a hermaphroditic new species (Pisces: Serranidae) from the eastern Pacific coast. Copeia, 1974: 61-65.

Bortone, S.A. 1977 a. Revision of the sea basses of the genus *Diplectrum* (Pisces: Serranidae). US Dept Com, NOAA Tech. Rep., NMFS Circ., 404: 1-49.

Bortone, S.A. 1977 b. Gonad morphology of the hermaphroditic fish *Diplectrum pacificum* (Serranidae). Copeia, 1977: 448-453.

Brickle, P., V. Laptikhovsky and A. Arkhipkin. 2005. Reproductive strategy of a primitive temperate notothenioid *Eleginops maclovinus*. J. Fish Biol., 66: 1044-1059.

Brulé, T., D. Caballero-Arango, X. Renán et al. 2015. Confirmation of functional hermaphroditism in six grouper species (Epinephelidae: Epinephelinae) from the Gulf of Mexico. Cybium, 40: 83-92.

Bruslé, S. 1983. Contribution to the sexuality of a Hermaphroditic teleost, *Serranus hepatus* L. J. Fish. Biol., 22: 283-292.

Brusléa-Sicard, S. and B. Fourcault. 1997. Recognition of sex-inverting protandric *Sparus aurata*: ultrastructural aspects. J. Fish Biol., 50: 1094-1103.

Bullock, L.H. and G.B. Smith. 1991. Seabasses (Pisces: Serranidae). Mem. Hourglass Cruises, 8: 1-206.

Buston, P. 2003. Size and growth modification in clownfish. Nature, 424: 145-146.

Butler, E.C., A-R. Childs, A.C. Winkler et al. 2018. Evidence for protandry in *Polydactylus quadrifilis* in the Kwanza Estuary, Angola, and its implications for local fisheries. Environ. Biol. Fish., 101: 301-313.

Butler, E.C., A-R. Childs, M.V. Milner et al. 2021. Do contemporary age-growth models overlook life-history complexities in protandrous fishes? A case study on the large protandrous polynemid, the giant African threadfin *Polydactylus quadrifilis*. Fish. Res., 233: 105770

Cabiddu, S., M.C. Follesa, C. Porcu et al. 2010. Gonad development and reproduction in the monoecious species *Chlorophthalmus agassizi* (Actinopterygii: Aulopiformes: Chlorophthalmidae) from the Sardinian waters (central-western Mediterranean). Acta Ichthyol. Piscat., 40: 167-177.

Calvo, J., E. Morriconi, G.A. Rae et al. 1992. Evidence of protandry in a subantarctic notothenid, *Eleginops maclovinus* (Cuv. & Val., 1830) from the Beagle Channel, Argentina. J. Fish Biol., 40: 157-164.

Carlson, B.A. 1982. The masked angelfish *Genicanthus personatus* Randall 1974. Freshwater Mar. Aquar., 5: 31-32.

Casas, L. and F. Saborido-Rey. 2021. Environmental cues and mechanisms underpinning sex change in fish. Sexual Development, DOI: 10.1159/00515274.

Chang, C.F. and W.S. Yueh. 1990. Annual cycle of gonadal histology and steroid profiles in the juvenile males and adult females of the protandrous black porgy, *Acanthopagrus schlegeli*. Aquaculture, 91: 179-196.

Chaouch, H., O. Hamida-Ben Abdallah, M. Ghorbel et al. 2013. Reproductive biology of the annular seabream, *Diplodus annularis* (Linnaeus, 1758), in the Gulf of Gabes (central Mediterranean). J. Appl. Ichthyol., 29: 796-800.

Charnov, E. L. 1 9 8 2 . The theory of sex allocation. Monographs in population biology, 1 8 , Princeton University Press, Princeton, N. J. x + 355 pp.

Charnov, E.L., J.J. Bull and J.M. Smith. 1976 . Why be an hermaphrodite? Nature, 263 : 125-126 .

Chen, J., C. Peng, J. Huang et al. 2 0 2 1 . Physical interactions facilitate sex change in the protogynous orange-spotted grouper, *Epinephelus coioides*. J. Fish Biol., 98 : 1308-1320 .

Chen, J., H. Chen, C. Peng et al. 2 0 2 0 . A highly efficient method of inducing sex change using social control in the protogynous orange-spotted grouper (*Epinephelus coioides*) . Aquaculture, 5 1 7 : 734787 .

Chen, J., L. Xiao, C. Peng et al. 2019 . Socially controlled male-to-female sex reversal in the protogynous orange-spotted grouper, *Epinephelus coioides*. J. Fish Biol., 94 : 414-421 .

Chira, A.M. and G.H. Thomas. 2 0 1 6 . The impact of rate heterogeneity on inference of phylogenetic models of trait evolution. J. Evol. Biol. 29 : 2502-2518 .

Choat, J.H. and D.R. Robertson. 1 9 7 5 . Protogynous hermaphroditism in fishes of the family Scaridae. Pages 263-283 in R. Reinboth, ed. Intersexuality in the animal kingdom. Springer, Berlin.

Clark, E. 1983 . Sand-diving behavior and territoriality of the red sea razorfish, *Xyrichtys pentadactylus*. Bulletin of Institution of Oceanography and Fisheries, Cairo, 9 : 225-242 .

Clark, E., M. Pohle and J. Rabin. 1 9 9 1 . Stability and flexibility through community dynamics of the spotted sandperch. Nat. Geogr. Res. Expl., 7 : 138-155 .

Clarke, T.A. and P.J. Wagner. 1 9 7 6 . Vertical distribution and other aspects of the ecology of certain mesopelagic fishes taken near Hawaii. Fish. Bull., 74 : 635-645 .

Clavijo, I.E. 1983 . Pair spawning and formation of a lek-like mating system in the parrotfish *Scarus vetula*. Copeia, 1983 : 253-256 .

Clavijo, I.E. and P.L. Donaldson. 1 9 9 4 . Spawning behavior in the labrid, *Halichoeres bivittatus*, on artificial and natural substrates in Onslow Bay, North Carolina, with notes on early life history. Bull. Mar. Sci., 55 : 383-387 .

Claydon, J. 2 0 0 4 . Spawning aggregations of coral reef fishes: characteristics, hypotheses, threats and management. Oceanography and Marine Biology: An Annual Review, 42 : 265-302 .

Claydon, J.A.B. 2 0 0 5 . The structure and dynamics of spawning aggregations of coral reef fish. PhD dissertation, James Cook University, Townsville. 179 pp.

Coates, D. 1982 . Some observations on the sexuality of humbug damselfish, *Dascyllus aruanus* (Pisces, Pomacentridae) in the field. Z. Tierpsychol., 59 : 7-18 .

Cocker, J. 1978 . Adaptations of deep sea fishes. Environ. Biol. Fish., 3 : 389-399 .

Cole, K.S. 1 9 8 3 . Protogynous hermaphroditism in a temperate zone territorial marine goby, *Coryphopterus nicholsi*. Copeia, 1983 : 809-812 .

Cole, K.S. 1 9 9 0 . Patterns of gonad structure in hermaphroditic gobies (Teleostei, Gobiidae) . Environ. Biol. Fish., 28 : 125-142 .

Cole, K.S. 2002 . Gonad morphology, sexual development, and colony composition in the obligate coral-dwelling damselfish *Dascyllus aruanus*. Mar. Biol., 140 : 151-163 .

Cole, K.S. and A.C. Gill. 2000 . Specialization of the urinary bladder in two pseudoplesiopines (Teleostei: Pseudochromidae). Copeia, 2000 : 1083-1089 .

Cole, K.S. and D.F. Hoese. 2 0 0 1 . Gonad morphology, colony demography and evidence for hermaphroditism in *Gobiodon okinawae* (Teleostei, Gobiidae). Environ. Biol. Fish., 61 : 161-173 .

Cole, K.S. and D.R. Robertson. 1988. Protogyny in the Caribbean reef goby, *Coryphopterus personatus*: gonad ontogeny and social influences on sex-change. Bull. Mar. Sci., 42 : 317-333.

Cole, K.S. and D.Y. Shapiro. 1990. Gonad structure and hermaphroditism in the gobiid genus *Coryphopterus* (Teleostei: Gobiidae). Copeia, 1990 : 996-1003.

Cole, K.S. and D.Y. Shapiro. 1992. Gonadal structure and population characteristics of the protogynous goby *Coryphopterus glaucofraenum*. Mar. Biol., 113 : 1-9.

Colin, P.L. 1978. Daily and summer-winter variation in mass spawning of the striped parrotfish, *Scarus croicensis*. Fish B-NOAA, 76 : 117-124.

Colin, P.L. 1982. Spawning and larval development of the hogfish, *Lachnolaimus maximus* (Pisces: Labridae). Fish. Bull., 80 : 853-862.

Colin, P.L. 2010. Aggregation and spawning of the humphead wrasse *Cheilinus undulatus* (Pisces: Labridae): general aspects of spawning behaviour. J. Fish Biol., 76 : 987-1007.

Colin, P.L. and L.J. Bell. 1991. Aspects of the spawning of labrid and scarid fishes (Pisces: Labroidei) at Enewetak Atoll, Marshall Islands with notes on other families. Environ. Biol. Fish., 3 : 229-260.

Costa e Silva, G.H., M.O. Freitas and V. Abilhoa. 2021. Reproductive biology of the fat snook *Centropomus parallelus* Poey, 1860 (Teleostei, Centropomidae) and implications for its management in the southern Atlantic Ocean. J. Fish Biol., 99 : 669-672.

Costa, W.J.E.M. 2006. Redescription of *Kryptolebias ocellatus* (Hensel) and *K. caudomarginatus* (Seegers) (Teleostei: Cyprinodontiformes: Rivulidae), two killifishes from mangroves of southeastern Brazil. Aqua, 11 : 5-12.

Costa, W.J.E.M., S.M.Q. Lima and R. Bartolette. 2010. Androdioecy in *Kryptolebias* killifish and the evolution of self-fertilizing hermaphroditism. Biol. Bull., 99 : 344-349.

Coulson, P.G., N.G. Hall and I.C. Potter. 2017. Variations in biological characteristics of temperate gonochoristic species of Platycephalidae and their implications: a review. Estuar. Coast. Shelf Sci., 190 : 50-68.

Craig, P.C. 1998. Temporal spawning patterns of several surgeonfishes and wrasses in American Samoa. Pac. Sci., 52 : 35-39.

David, G.S., R. Coutinho, I. Quagio-Grassiotto et al. 2005. The reproductive biology of *Diplodus argenteus* (Sparidae) in the coastal upwelling system of Cabo Frio, Rio de Janeiro, Brazil. Afr. J. Mar. Sci., 27 : 439-447.

Davies, N.B., J.R. Krebs and S.A. West. 2012. An introduction to behavioural ecology fourth edition. Wiley-Blackwell, ix+506 pp. (野間口眞太郎・山岸 哲・巌佐 庸 (訳). 2015. 行動生態学 原著第 4 版. 共立出版, 東京).

Davis, M.P. and P. Chakrabarty. 2011. Tripodfish (Aulopiformes: Bathypterois) locomotion and landing behaviour from video observation at bathypelagic depths in the Campos Basin of Brazil. Mar. Biol. Res., 7 : 297-303.

Davis, M.P. and C. Fielitz. 2010. Estimating divergence times of lizardfishes and their allies (Euteleostei: Aulopiformes) and the timing of deep-sea adaptations. Mol. Phylogenet. Evol., 57 : 1194-1208.

Dawkins, R. 1976. The selfish gene. Oxford University Press, New York. (日髙敏隆・岸 由二・羽田節子 (訳). 1980. 生物=生存機械論: 利己主義と利他主義の生物学. 紀伊國屋書店, 書店).

de Girolamo, M., M. Scaggiante and M.B. Rasotto. 1999. Social organization and sexual pattern in the Mediterranean parrotfish *Sparisoma cretense* (Teleostei: Scaridae). Marine Biology, 135 : 353-360.

Debelius, H. 1978. Neuv Erkenntnisse über die kaiserfische der gattung *Genicanthus Tatsach*. Inf Aquar (TI), 12 : 31-34.

Devine, B. and L.V. Guelpen. 2021. Loss of gill rakers and teeth in adult specimens of barracudina *Arctozenus risso* (Aulopiformes: Paralepididae) from the western North Atlantic. J. Fish. Biol., 98: 329-332.

出羽慎一. 2006. 桜島の海へ―錦江湾生き物万華鏡―. 南日本新聞社, 鹿児島市.

Dipper, F.A. and R.S.V. Pullin. 1979. Gonochorism and sex-inversion in British Labridae (Pisces). J. Zool., Lond., 187: 97-112.

Domínguez-Castanedo, O., S. Valdez-Carbajal, T.M. Muñoz-Campos et al. 2022. Protogynous functional hermaphroditism in the North American annual killifish, *Millerichthys robustus*. Sci. Rep., 12: 9230.

Donaldson, T.J. 1987. Social organization and reproductive behavior of the hawkfish *Cirrhitichthys falco* (Cirrhitidae). Bull. Mar. Sci., 41: 531-540.

Donaldson, T.J. 1989 Facultative monogamy in obligate coral-dwelling hawkfishes (Cirrhitidae). Environ. Biol. Fish., 26: 295-302.

Donaldson, T.J. 1990. Reproductive behavior and social organization of some Pacific hawkfishes (Cirrhitidae). Jpn. J. Ichthyol., 36: 439-458.

Donaldson, T.J. 1995. Courtship and spawning of nine species of wrasses (Labridae) from the Western Pacific. Jpn. J. Ichthyol., 42: 311-319.

Dorairaj, K. 1973. Hermaphroditism in the threadfin fish, *Polynemus microstoma* Bleeker. Indian. J. Fish., 20: 256-259.

Earley, R.L., A.F. Hanninen, A. Fuller et al. 2012. Phenotypic plasticity and integration in the mangrove rivulus (*Kryptolebias marmoratus*): a prospectus. Integr. Comp. Biol., 52: 814-827.

Ebisawa, A. 1990. Reproductive biology of *Lethrinus nebulosus* (Pisces: Lethrinidae) around the Okinawan waters. Nippon Suisan Gakkaishi, 56: 1941-1954.

Ebisawa, A. 1999. Reproductive and sexual characteristics in the Pacific yellowtail emperor, *Lethrinus atkinsoni*, in waters off the Ryukyu Islands. Ichthyol. Res., 46: 341-358.

Ellison, A., J. Allainguillaume, S. Girdwood et al. 2012. Maintaining functional major histocompatibility complex diversity under inbreeding: the case of a selfing vertebrate. Proc. R. Soc. B., 279: 5004-5013.

Ellison, A., J. Cable and S. Consuegra. 2011. Best of both worlds? Association between outcrossing and parasite loads in a selfing fish. Evolution, 65: 3021-3026.

Ellison, A., J. Jones, C. Inchley et al. 2013. Choosy males could help explain androdioecy in a selfing fish. Am. Nat., 181: 855-862.

Emlen, S.T. and L.W. Oring. 1977. Ecology, sexual selection, and the evolution of mating systems. Science, 197: 215-223.

Erisman, B.E., M.T. Craig and P.A. Hastings. 2009. A phylogenetic test of the size-advantage model: evolutionary changes in mating behavior influence the loss of sex change in a fish lineage. Am. Nat., 174: E83-E99.

Erisman, B.E., M.T. Craig and P.A. Hastings. 2010. Reproductive biology of the Panama graysby *Cephalopholis panamensis* (Teleostei: Epinephelidae). J. Fish Biol., 76: 1312-1328.

Erisman, B.E. and P.A. Hastings. 2011. Evolutionary transitions in the sexual patterns of fishes: insights from a phylogenetic analysis of the seabasses (Teleostei: Serranidae). Copeia, 2011: 357-364.

Erisman, B.E., C.W. Petersen, P.A. Hastings et al. 2013. Phylogenetic perspectives on the evolution of functional hermaphroditism in teleost fishes. Integr. Comp. Biol., 53: 736-754.

Etessami, S. 1983. Hermaphroditism in one Sparidae of the Persian Gulf: *Acanthopagrus bifasciatus* (Forssk.). Cybium, 7 : 87-91.

Fairclough, D.V., N.G. Hall and I.C. Potter. 2023. Length and age compositions, hermaphroditic traits and reproductive characteristics vary among five congeneric species of labrid in a large embayment. Estuar. Coast. Shelf Sci., 291 : 108429.

Fautin, D.G. 1991. The anemonefish symbiosis: what is known and what is not. Symbiosis, 10 : 23-46.

Fischer, E.A. 1980. The relationship between mating system and simultaneous hermaphroditism in the coral reef fish, *Hypoplectrus nigricans* (Serranidae). Anim. Behav., 28 : 620-633.

Fischer, E.A. 1981. Sexual allocation in a simultaneously hermaphroditic coral reef fish. Am. Nat., 117 : 64-82.

Fischer, E.A. 1984a. Egg trading in the chalk bass, *Serranus tortugarum*, a simultaneous hermaphrodite. Z. Tierpsychol., 66 : 143-151.

Fischer, E.A. 1984b. Local mate competition and sex allocation in simultaneous hermaphrodites. Am. Nat., 124 : 590-596.

Fischer, E.A. and P.D. Hardison. 1987. The timing of spawning and egg production as constraints on male mating success in a simultaneously hermaphroditic fish. Environ. Biol. Fish., 20 : 301-310.

Fischer, E.A. and C.W. Petersen. 1986. Social behavior of males and simultaneous hermaphrodites in the lantern bass. Ethology, 73 : 235-246.

Fischer, E.A. and C.W. Petersen. 1987. The evolution of sexual patterns in the seabasses. BioScience, 37 : 482-489.

Fishelson, L. 1970. Protogynous sex reversal in the fish *Anthias squamipinnis* (Teleostei, Anthiidae) regulated by the presence or absence of a male fish. Nature, 227 : 90-91.

Fishelson, L. 1992. Comparative gonad morphology and sexuality of the Muraenidae (Pisces, Teleostei). Copeia, 1992 : 197-209.

Fishelson, L. and B.S. Galil. 2001. Gonad structure and reproductive cycle in the deep-sea hermaphrodite tripodfish, *Bathypterois mediterraneus* (Chlorophthalmidae, Teleostei). Copeia, 2001 : 556-560.

Fisher, R.A. 1983. Protandric sex reversal in *Gonostoma elongatum* (Pisces: Gonostomatidae) from the eastern Gulf of Mexico. Copeia, 1983 : 554-557.

Follesa, M.C., S. Cabiddu, M.A. Davini et al. 2004. Reproductive biology of *Chlorophthalmus agassizi* in the central-western Mediterranean. Rapp. Comm. int. Mer Médit., 37 : 356

Forrester, G., L. Harmon, J. Helyer et al. 2011. Experimental evidence for density-dependent reproductive output in a coral reef fish. Popul. Ecol., 53 : 155-163.

Fricke, H.W. 1979. Mating system, resource defence and sex change in the anemonefish *Amphiprion akallopisos*. Z. Tierpsychol., 50 : 313-326.

Fricke, H.W. 1980. Control of different mating systems in a coral reef fish by one environmental factor. Anim. Behav., 28 : 561-569.

Fricke, H.W. 1983. Social control of sex: field experiments with the anemonefish *Amphiprion bicinctus*. Z. Tierpsychol., 61 : 71-77.

Fricke, H. and S. Fricke. 1977. Monogamy and sex change by aggressive dominance in coral reef fish. Nature, 266 : 830-832.

Fricke, H.W. and S. Holzberg. 1974. Social units and hermaphroditism in a pomacentrid fish. Naturwissenschaften, 61 : 367-368.

Fujii, T. 1971. Hermaphroditism and sex reversal in the fishes of the Platycephalida II. *Kumococius detrusus* and *Inegocia japonica*. Jpn. J. Ichthyol., 18 : 109-117.

藤井武人. 1970. コチ科魚類における雌雄同体性と性転換現象—I. アネサゴチの性転換. 魚類学雑誌, 17 : 14-21.

Fukuda, K. and T. Sunobe. 2020. Group structure and putative mating system of three hermaphrodite gobiid fish, *Priolepis akihitoi*, *Trimma emeryi*, and *Trimma hayashii* (Actinopterygii: Gobiiformes). Ichthyol. Res., 67 : 552-558.

Fukuda, K, T. Tanazawa and T. Sunobe. 2017. Polygynous mating system and field evidence for bidirectional sex change in the gobiid fish *Trimma grammistes*. Int. J. Pure. Appl. Zool., 5 : 92-99.

福井行雄・具島健二・角田俊平・橋本博明. 1991. キュウセンの成長に伴う色彩変化と性転換. 魚類学雑誌, 37 : 395-401.

Furness, A.I., A. Tatarenkov and J.C. Avise. 2015. A genetic test for whether pairs of hermaphrodites can cross-fertilize in a selfing killifish. J. Hered., 106 : 749-752.

García-Cagide, A. and T. García. 1996. Reproducción de Mycteroperca bonaci y *Mycteroperca venenosa* (Pisces: Serranidae) en la plataforma Cubana. Rev. Biol. Trop., 44 : 771-780.

García-Díaz, M.M., M.J. Lorente, J.A. González et al. 2002. Morphology of the ovotestis of *Serranus atricauda* (Teleostei, Serranidae). Aquat. Sci., 64 : 87-96.

García-Díaz, M.M., V.M. Tuset, J.A. González et al. 1997. Sex and reproductive aspects in *Serranus cabrilla* (Osteichthyes: Serranidae): macroscopic and histological approaches. Mar. Biol., 127 : 379-386.

Gardner, A. and L. Ross. 2011. The evolution of hermaphroditism by an infectious male-derived cell lineage: an inclusive-fitness analysis. Am. Nat., 178 : 191-201.

Ghiselin, M.T. 1969. The evolution of hermaphroditism among animals. Q. Rev. Biol., 44 : 189-208.

Ghiselin, M.T. 1974. The economy of nature and the evolution of sex. University of California Press, Berkeley, California. xii + 346 pp.

Gibbs, R.H. 1960. *Alepisaurus brevirostris*, a new species of lancetfish from the western North Atlantic. Breviora, 123 : 1-14.

Gilmore, R.G. and R.S. Jones. 1992. Color variation and associated behavior in the epinepheline groupers, *Mycteroperca microlepis* (Goode & Bean) and *M. phenax* (Jordan & Swain). Bull. Mar. Sci., 51 : 83-103.

Godwin, J. 1994a. Histological aspects of protandrous sex change in the anemonefish *Amphiprion melanopus* (Pomacentridae, Teleostei). J. Zool. Lond., 232 : 199-213.

Godwin, J. 1994b. Behavioural aspects of protandrous sex change in the anemonefish, *Amphiprion melanopus*, and endocrine correlates. Anim. Behav., 48 : 551-567.

Godwin, J. 1995. Phylogenetic and habitat influences on mating system structure in the humbug damselfishes (*Dascyllus*, Pomacentridae). Bull. Mar. Sci., 57 : 637-652.

Godwin, J., D. Crews and R.R. Warner. 1996. Behavioural sex change in the absence of gonads in a coral reef fish. Proc. R. Soc. Lond. B., 263 : 1683-1688.

Goldsworthy, N. C., M. Srinivasan, P. Smallhorn-West et al. 2022. Life-history constraints, short adult life span and reproductive strategies in coral reef gobies of the genus *Trimma*. J. Fish Biol., 101 : 996-1007.

Gonçalves, J.M.S. and K. Erzini. 2000. The reproductive biology of the two-banded sea bream (*Diplodus vulgaris*) from the southwest coast of Portugal. J. Appl. Ichthyol., 16 : 110-116.

後藤 晃・前川光司. 1989. 魚類の繁殖行動：その様式と戦略をめぐって. 東海大学出版会, 東京. viii + 201 + 30 pp.

Gray, C.A. and L.M. Barnes. 2015. Spawning, maturity, growth and movement of *Platycephalus fuscus* (Cuvie, 1829) (Platycephalidae): fishery management considerations. J. Appl. Ichthyol., 31 : 442-450.

Gresham, J.D., K.M. Marson, A. Tatarenkov et al. 2020. Sex change as a survival strategy. Evol. Ecol., 34 : 27-40.

Guiguen, Y., C. Cauty, A. Fostier et al. 1994. Reproductive cycle and sex inversion of the seabass, *Lates calcarifer*, reared in sea cages in French Polynesia: histological and morphometric description. Environ. Biol. Fish., 39 : 231-247.

Gust, N. 2004. Variation in the population biology of protogynous coral reef fishes over tens of kilometres. Can. J. Fish. Aquat. Sci., 61 : 205-218.

Haedrich, R.L. 1996. Deep-water fishes: evolution and adaptation in the Earth's largest living spaces. J. Fish. Biol., 49 : 40-53.

Hamaguchi, Y., Y. Sakai, F. Takasu et al. 2002. Modeling spawning strategy for sex change under social control in haremic angelfishes. Behav. Ecol., 13 : 75-82.

Hamilton, W. D., R. Axelrod and R. Tanese. 1990. Sexual reproduction as an adaptation to resist parasites (a review). Proc. Natl. Acad. Sci. U. S. A., 87 : 3566-3573.

Hara, N. and T. Sunobe. 2021. Mating system and protandrous sex change in "Magochi" Platycephalus sp. 2 (Platycephalidae). Ichthyol. Res., 68 : 541-547.

Harrington, R.W. Jr. 1961. Oviparous hermaphroditic fish with internal self-fertilization. Science, 134 : 1749-1750.

Harrington, R.W. Jr. 1963. Twenty-four-hour rhythms of internal self-fertilization and of oviposition by hermaphrodites of *Rivulus marmoratus*. Physiol. Zool., 36 : 325-341.

Harrington, R.W. Jr. 1967. Environmentally controlled induction of primary male gonochorists from eggs of the self-fertilizing hermaphroditic fish, *Rivulus marmoratus* Poey. Biol. Bull., 132 : 174-199.

Harrington, R.W. Jr. 1971. How ecological and genetic factors interact to determine when self-fertilizing hermaphrodites of *Rivulus marmoratus* change into functional secondary males, with a reappraisal of the modes of intersexuality among fishes. Copeia, 1971 : 389-432.

Harris, P.J., D.M. Wyanski, D.B. White et al. 2002. Age, growth, and reproduction of scamp, *Mycteroperca phenax*, in the southwestern North Atlantic, 1979-1997. Bull. Mar. Sci., 70 : 113-132.

Hart, M.K. 2016. Phenotypic plasticity in sex allocation and body size leads to trade-offs between male function and growth in a simultaneously hermaphroditic fish. Evol. Ecol., 30 : 173-190.

Hart, M.K., A.W. Kratter and P.H. Crowley. 2016. Partner fidelity and reciprocal investments in the mating system of a simultaneous hermaphrodite. Behav. Ecol., 27 : 1471-1479.

Hart, M.K., A.W. Kratter, A.M. Svoboda et al. 2010. Sex allocation in a group-living simultaneous hermaphrodite: effects of density at two different spatial scales. Evol. Ecol. Res., 12 : 189-202.

長谷川眞理子（訳）. 1998. Williams, G. C.（著）, 生物はなぜ進化するのか. 草思社, 東京. 288 pp.

Hastings, P.A. and S.A. Bortone. 1980. Observations on the life history of the belted sandfish, *Serranus subligarius* (Serranidae). Environ. Biol. Fish., 5 : 365-374.

Hastings, P.A. and C. Petersen. 1986. A novel sexual pattern in serranid fishes: simultaneous hermaphrodites and secondary males in *Serranus fasciatus*. Environ. Biol. Fish., 15 : 59-68.

Hastings, R.W. 1973. Biology of the pygmy sea bass, *Serraniculus pumilio* (Pisces: Serranidae). Fish. Bull., 1 : 235-242.

Hattori, A. 1991. Socially controlled growth and size-dependent sex change in the anemonefish *Amphiprion frenatus* in Okinawa, Japan. Jpn. J. Ichthyol., 38 : 165-177.

Hattori, A. 2000. Social and mating systems of the protandrous anemonefish *Amphiprion perideraion* under the influence of a larger congener. Austral. Ecol., 25 : 187-192.

Hattori, A. 2012. Determinants of body size composition in limited shelter space: why are anemonefishes protandrous? Behav. Ecol., 23 : 512-520.

Hattori, A. and Y. Yanagisawa. 1991. Life-history pathways in relation to gonadal sex differentiation in the anemonefish, *Amphiprion clarkii*, in temperate waters of Japan. Environ. Biol. Fish., 31 : 139-155.

Hayasaka, O., H. Matsui, M. Matsuoka et al. 2019. Sex change in protogynous fish red-belted anthias *Pseudanthias rubrizonatus* (Serranidae) in Kagoshima Bay, Japan. Jpn. J. Ichthyol., 59 : 366-371.

Henshaw, J.M., H. Kokko and M.D. Jennions. 2015. Direct reciprocity stabilizes simultaneous hermaphroditism at high mating rates: A model of sex allocation with egg trading. Evolution, 69 : 2129-2139.

Henshaw, J.M., D.J. Marshall, M.D. Jennions et al. 2014. Local gamete competition explains sex allocation and fertilization strategies in the sea. Am. Nat., 184 : E32-E49.

Herring, P. 2001. The Biology of the Deep Ocean. Oxford University Press, Oxford. 314 pp.

Herring, P.J. 2007. Review. Sex with the lights on? A review of bioluminescent sexual dimorphism in the sea. J. Mar. Biol. Assoc. U.K., 87 : 829-842.

Hesp, S.A. and I.C. Potter. 2003. Reproductive biology of *Rhabdosargus sarba* (Sparidae) in Western Australian waters, in which it is a rudimentary hermaphrodite. J. Mar. Biol. Ass. UK, 83 : 1333-1346.

Hesp, S.A., I.C. Potter and N.G. Hall. 2004. Reproductive biology and protandrous hermaphroditism in *Acanthopagrus latus*. Environ. Biol. Fish., 70 : 257-272.

日置勝三. 2002. キンチャクダイ科アブラヤッコ属魚類の雌雄性及び生殖腺の構造と亜属間の関係. 海・人・自然 (東海大博研報), 4 : 37-43.

日置勝三・大山卓司・吉中敦史. 2001. 水槽内で観察されたスミレナガハナダイ (ハタ科) の繁殖行動と卵・仔魚の形態及び雌雄性. 海・人・自然 (東海大博研報), 3 : 19-27.

日置勝三・鈴木克美・田中洋一. 1982. 水槽内で観察されたヤイトヤッコ *Genicanthus melanospilos* の産卵習性, 卵, 前期仔魚及び性の変換. 東海大学紀要海洋学部, 15 : 359-366.

日置勝三・鈴木克美. 1995. 水槽内で観察されたシテンヤッコ *Apolemichthys trimaculatus* (キンチャクダイ科) の繁殖行動・卵・仔魚および雌雄性. 東海大学海洋研究所研究報告, 16 : 13-22.

日置勝三・鈴木克美. 1996. 雌性先熟雌雄同体性アブラヤッコ属 (キンチャクダイ科) 3種の雄から雌への性変換. 東海大学海洋研究所研究報告, 17 : 27-34.

日置勝三・田中洋一・鈴木克美. 1995. 水槽内で観察されたタテジマヤッコ属 (キンチャクダイ科) の2種, ヒレナガヤッコ *Genicanthus watanabei* と *G. bellus* の繁殖行動と卵・仔魚及び雌雄性. 東海大学紀要海洋学部, 40 : 151-171.

平川直人. 2016. ウナギ並みの大回遊 メヒカリの生態. 猿渡敏郎 (編), pp. 61-74, 生きざまの魚類学 魚の一生を科学する. 東海大学出版部, 平塚.

Hodge, J., F. Santini and P.C. Wainwright. 2020. Correlated evolution of sex allocation and mating system in wrasses and parrotfishes. Am. Nat., 196 : 57-73.

Hoffman, S.G. 1983. Sex-related foraging behavior in sequentially hermaphroditic hogfishes (*Bodianus* spp.). Ecology, 64 : 798-808.

Hoffman, S.G. 1985. Effects of size and sex on the social organization of reef-associated hogfishes, *Bodianus* spp. Environ. Biol. Fish., 14 : 185-197.

Hoffman, S.G., M.P. Schildhauer and R.R. Warner. 1985. The costs of changing sex and the ontogeny of males under contest competition for mates. Evolution, 39 : 915-927.

Hotta, T., K. Ueno, Y. Hataji et al. 2020. Transitive inference in cleaner wrasses (*Labroides dimidiatus*). PLoS ONE, 15 : e0237817.

Hourigan, T.F. 1986. A comparison of haremic social systems in two reef fishes. Pages 23-28 in L.C. Dickamer, ed. Behavioral ecology and population biology, readings from the 19 th International Ethological Conference, Toulouse.

Hourigan, T.F. and C.D. Kelley. 1985. Histology of the gonads and observations on the social behavior of the Caribbean angelfish *Holacanthus tricolor*. Mar. Biol., 88 : 311-322.

Hubble, M. 2003. The ecological significance of body size in tropical wrasses (Pisces: Labridae). PhD dissertation, James Cook University, Townsville. xiii + 187 pp.

Hughes, L.C., G. Ortí, Y. Huang et al. 2018. Comprehensive phylogeny of ray-finned fishes (Actinopterygii) based on transcriptomic and genomic data. Proc. Natl. Acad. Sci. U. S. A., 115 : 6249-6254.

Ibarra-Zatarain, Z. and N. Duncan. 2015. Mating behaviour and gamete release in gilthead seabream (*Sparus aurata*, Linnaeus 1758) held in captivity. Span. J. Agric. Res., 13 : e04-001.

Ishihara, M. and T. Kuwamura. 1996. Bigamy or monogamy with maternal egg care in the triggerfish, *Sufflamen chrysopterus*. Ichthyol. Res., 43 : 307-313.

伊藤嘉昭. 2009. 植物における性淘汰と「精子競争」一面白く動物では困難な実験も可能,研究の発展に期待. 生物科学, 60 : 167-182.

Iwami, T. and M. Takahashi. 1992. Notes on some fishes associated with the Antarctic krill. III. *Anotopterus pharao* ZUGMAYER (Family Anotopteridae). Proc. NIPR Symp. Polar Biol., 5 : 90-97.

Iwasa, Y. 1991. Sex change evolution and cost of reproduction. Behav. Ecol., 2 : 56-68.

Iwasa, Y. and S. Yamaguchi. 2022. On the role of eviction in group living sex changers. Behav. Ecol. Sociobiol., 76 : 49.

Johnson, R.K. and E. Bertelsen. 1991. The fishes of the family Giganturidae: systematics, development, distribution and aspects of biology. Dana Rep., 91 : 1-45.

Jones, G.P. 1980. Growth and reproduction in the protogynous hermaphrodite *Pseudolabrus celidotus* (Pisces: Labridae) in New Zealand. Copeia, 1980 : 660-675.

Jones, G.P. 1981. Spawning-site choice by female *Pseudolabrus celidotus* (Pisces: Labridae) and its influence on the mating system. Behav. Ecol. Sociobiol., 8 : 129-14.

Joubert, C.S.W. 1981. Aspects of the biology of five species of inshore reef fishes on the Natal coast, South Africa. Invest. Rep. Oceanogr. Res. Ins., 51 : 1-16.

Junnan, L.A.N., O.U. Youjun, W.E.N. Jiufu et al. 2020. A preliminary study on process of sex reversal in *Eleutheronema tetradactylum*. S. China Fish. Sci., 16 : 67-74.

門田 立. 2013. 一夫多妻社会における逆方向性転換―サラサゴンベを中心に. 桑村哲生・安房田智司(編), pp. 94-121. 魚類行動生態学入門. 東海大学出版会, 秦野.

Kadota, T. 2023. Bidirectional sex change in fishes. Pages 145-180 in T. Kuwamura, K. Sawada, T. Sunobe et al., eds. Hermaphroditism and mating systems in fish. Springer Nature, Singapore.

Kadota, T., J. Osato, H. Hashimoto et al. 2011. Harem structure and female territoriality in the dwarf hawkfish *Cirrhitichthys falco* (Cirrhitidae). Environ. Biol. Fish., 92 : 79-88.

Kadota, T., J. Osato, K. Nagata et al. 2012. Reversed sex change in the haremic protogynous hawkfish *Cirrhitichthys falco* in natural conditions. Ethology, 118 : 226-234.

Kadota, T. and Y. Sakai 2016. Mating system of the freckled hawkfish, *Paracirrhites forsteri* (Cirrhitidae) on Kuchierabu-jima Island reefs, southern Japan. Environ. Biol. Fishes, 99 : 761-769.

Kadota, T., N. Shimizu, M. Tsuboi et al. 2024a. Change in the subtidal reef fish assemblage at Kuchierabu-jima Island, southern Japan, between 1972 and 2005. Ichthyol. Res. https://doi.org/10.1007/s10228-024-00963-3

Kadota, T., Y. Sakai, N. Shimizu et al. 2024b. Histological notes on diandric protogyny in the freckled hawkfish *Paracirrhites forsteri* (Cirrhitidae) from Kuchierabu-jima Island, Japan. Ichthyol. Res. https://doi.org/10.1007/s10228-024-00988-8

Kagwade, P.V. 1967. Hermaphroditism in a teleost, *Polynemus heptadactylus* Cuv. and Val. Indian J. Fish., 14 : 187-197.

狩野賢司. 1996. 魚類における性淘汰. 桑村哲生・中嶋康裕 (編), pp. 78-133. 魚類の繁殖戦略1. 海游舎, 東京.

狩野賢司. 2004. カザリキュウセンの性淘汰と性転換. 幸田正典・中嶋康裕 (編), pp. 1-48. 魚類の社会行動3. 海游舎, 東京.

Karino, K., T. Kuwamura, Y. Nakashima et al. 2000. Predation risk and the opportunity for female mate choice in a coral reef fish. J. Ethol., 18 : 109-114.

Kawaguchi, K. and R. Marumo. 1967. Biology of *Gonostoma gracile* (Gonostomatidae). I. Morphology, life history, and sex reversal. Pages 53-69 in Information bulletin on planktology in Japan, commemoration number of Dr. Y Matsue's sixtieth birthday.

Kawatsu, K. 2013. Sexual conflict over the maintenance of sex: effects of sexually antagonistic coevolution for reproductive isolation of parthenogenesis. PLoS ONE, 8 : e58141.

Kazancıoğlu, E. and S.H. Alonzo. 2010. A comparative analysis of sex change in Labridae supports the size advantage hypothesis. Evolution, 64 : 2254-2264.

菊池 潔・井尻成保・北野 健 (編). 2021. 魚類の性決定・性分化・性転換―これまでとこれから. e-水産学シリーズ2, 恒星社厚生閣, 東京. xvi + 242 pp.

菊沢喜八郎. 1995. 植物の繁殖生態学. 蒼樹書房, 東京. 283 pp.

木村祐貴・日比野友亮・三木涼平ほか (編). 2017. 緑の火山島 口永良部島の魚類. 鹿児島大学総合研究博物館, 鹿児島市.

Kinoshita, Y. 1935. Effects of gonadectomies on the secondary sexual characters in *Halichoeres poecilopterus* (Temminck & Schlegel). J. Sci. Hiroshima Univ., Ser B, 4 : 1-14.

Kinoshita, Y. 1936. On the conversion of sex in *Sparus longispinis* (Temminck & Schlegel), (Teleostei). J. Sci. Hiroshima Univ., Ser. B, Div., 1., 4 : 69-79.

Kinoshita, Y. 1939. Studies on the sexuality of genus *Sparus* (Teleostei). J. Sci. Hiroshima Univ., Ser. B, Div., 1., 7 : 25-38.

Kline, R.J., I.A. Khan and G.J. Holt. 2011. Behavior, color change and time for sexual inversion in the protogynous grouper (*Epinephelus adscensionis*). PLoS ONE, 6 : e19576.

Kobayashi, M, N.E. Stacey, K. Aida and S. Watabe. 2000. Sexual plasticity of behavior and gonadotropin secretion in goldfish and gynogenetic crucian carp. Pages 117-124 in B. Norberg, O.S. Kjesbu, G.L. Taranger, E. Anderson and S.O. Stefanson, eds. Proceedings of the 6th international symposium of the reproductive physiology of fish. University of Bergen.

Kobayashi, K. and K. Suzuki. 1990. Gonadogenesis and sex succession in the protogynous wrasse, *Cirrhilabrus temmincki*, in Suruga Bay, Central Japan. Jpn. J. Ichthyol., 37 : 256-264.

小林弘治・鈴木克美. 1992. オキゴンベを中心とする日本産ゴンベ科魚類の雌雄同体現象と性機能. 魚類学雑誌, 38 : 397-410.

Koeda, K., S. Takashima, T. Yamakita et al. 2021. Deep-sea fish fauna on the seamounts of southern Japan with taxonomic notes on the observed species. J. Mar. Sci. Eng., 9 : 1294.

Kohda, M., R. Bshary, N. Kubo et al. 2023. Cleaner fish recognize self in a mirror via self-face recognition like humans. PNAS, 120 : e2208420120.

Kohda, M., T. Hotta, T. Takeyama et al. 2019. If a fish can pass the mark test, what are the implications for consciousness and self-awareness testing in animals? PLoS Biol., 17 : e3000021.

幸田正典・中嶋康裕. 2004. 魚類の社会行動 3. 海游舎, 東京. viii + 234 pp.

Kohda, M., K. Sasaki, Y. Sakai et al. 2005. Preliminary study on female choice of mates versus sites in a wrasse, *Cirrhilabrus temminckii*. Ichthyol. Res., 52 : 406-409.

Kohda, M., S. Sogawa, A.L. Jordan et al. 2022 Further evidence for the capacity of mirror self-recognition in cleaner fish and the significance of ecologically relevant marks. PLoS Biol., 20 : e3001529.

Koide, Y. and Y. Sakai. 2021. Feeding habits of the white-spotted boxfish *Ostracion meleagris* reveal a strong preference for colonial ascidians. Ichthyol. Res., 68 : 461-470.

Koide, Y. and Y. Sakai. 2022. Male territory-visiting polygamy of the white-spotted boxfish *Ostracion meleagris* (Ostraciidae) involving daily spawning migration. Environ. Biol. Fish., 105 : 1165-1178.

Krebs, J.R. and N.B. Davies, eds. 1978. Behavioural ecology: an evolutionary approach. Blackwell Scientific Publications, Oxford. xi + 494 pp.

Krebs, J.R. and N.B. Davies. 1981. An introduction to behavioural ecology. Blackwell Scientific Publications, Oxford. x + 292 pp. (城田安幸・上田恵介・山岸 哲 (訳). 1984. 行動生態学を学ぶ人に. 蒼樹書房, 東京. v + 400 pp.).

Kristensen, I. 1970. Competition in three Cyprinodont fish species in the Netherlands Antilles. Stud. Fauna Curaçao Carib. Isl., 119 : 82-101.

Kroon, F.J., P.L. Munday and N.W. Pankhurst. 2003. Steroid hormone levels and bi-directional sex change in *Gobiodon histrio*. J. Fish. Biol., 62 : 153-167.

Krug, H. 1998. Variation in the reproductive cycle of the blackspot seabream, *Pagellus bogaraveo* (Brünnich, 1768) in the Azores. ARQUIPÉLAGO. Life Mar. Sci., 16 : 37-47.

Krug, H.M. 1990. The Azorean blackspot seabream, *Pagellus bogaraveo* (Brünnich, 1768) (Teleostei, Sparidae). Reproductive cycle, hermaphroditism, maturity and fecundity. Cybium, 14 : 151-159.

工藤 岳. 2000. プロローグ 植物の有性繁殖様式の多様性—さまざまな有性繁殖様式の中での両性花. 種生物学会 (編), pp. 10-17. 花生態学の最前線 : 美しさの進化的背景を探る. 文一総合出版, 東京.

Kupchik, M.J., M.C. Benfield and T.T. Sutton. 2018. The first in situ encounter of *Gigantura chuni* (Giganturidae: Giganturoidei: Aulopiformes: Cyclosquamata: Teleostei), with a preliminary investigation of pair-bonding. Copeia, 106 : 641-645.

Kutsyn, D.N. 2023. Age, growth, maturation and mortality of Picarel *Spicara flexuosa* (Sparidae) from the Crimea Water Area (Black Sea). J. Ichthyol., 63 : 493-505.

桑村哲生. 1987. ハレムにおける性転換の社会的調節. 中園明信・桑村哲生 (編), pp. 100-119. 魚類の性転換. 東海大学出版会, 東京.

桑村哲生. 2004. 性転換する魚たち—サンゴ礁の海から. 岩波書店, 東京. v + 205 pp.

桑村哲生. 2013. 行動生態学の歴史と使命. 桑村哲生・安房田智司（編）, pp. 240-253. 魚類行動生態学入門. 東海大学出版会, 東京.

Kuwamura, T. 1984. Social structure of the protogynous fish *Labroides dimidiatus*. Publ. Seto Mar. Biol. Lab., 29 : 117-177.

Kuwamura, T. 1997. The evolution of parental care and mating systems among Tanganyikan cichlids. Pages 57-86 in H. Kawanabe, M. Hori and M. Nagoshi, eds. Fish communities in Lake Tanganyika. Kyoto University Press, Kyoto.

Kuwamura, T. 2022. Behavioral ecology of coral reef fishes studied at Sesoko Station since 1982. Galaxea, J. Coral Reef Stud., 24 : 19-30.

Kuwamura, T. 2023. Evolution of hermaphroditism in fishes: phylogeny and theory. Pages 1-30 in T. Kuwamura, K. Sawada, T. Sunobe et al., eds. Hermaphroditism and mating systems in fish. Springer Nature, Singapore.

桑村哲生・安房田智司. 2013. 魚類行動生態学入門. 東海大学出版会, 秦野. xii + 265 pp.

Kuwamura, T., T. Kadota and S. Suzuki. 2014. Testing the low-density hypothesis for reversed sex change in polygynous fish: experiments in *Labroides dimidiatus*. Sci. Rep., 4 : 4369.

Kuwamura, T., T. Kadota and S. Suzuki. 2015. Bidirectional sex change in the magenta dottyback *Pictichromis porphyrea*: first evidence from the field in Pseudochromidae. Environ. Biol. Fish., 98 : 201-207.

桑村哲生・狩野賢司. 2008. 魚類の社会行動 1. 海游舎, 東京. viii + 209 pp.

Kuwamura, T., K. Karino and Y. Nakashima. 2000. Male morphological characteristics and mating success in a protogynous coral reef fish, *Halichoeres melanurus*. J. Ethol., 18 : 17-23.

桑村哲生・中嶋康裕. 1996. 魚類の繁殖戦略 1. 海游舎, 東京. viii + 196 pp.

桑村哲生・中嶋康裕. 1997. 魚類の繁殖戦略 2. 海游舎, 東京. vi + 198 pp.

Kuwamura, T. and Y. Nakashima. 1998. New aspects of sex change among reef fishes: recent studies in Japan. Environ. Biol. Fish., 52 : 125-135.

Kuwamura, T., Y. Nakashima and Y. Yogo. 1994a. Sex change in either direction by growth-rate advantage in the monogamous coral goby, *Paragobiodon echinocephalus*. Behav. Ecol., 5 : 434-438.

Kuwamura, T., T. Sagawa and S. Suzuki. 2009. Interspecific variation in spawning time and male mating tactics of the parrotfishes on a fringing coral reef at Iriomote Island, Okinawa. Ichthyol. Res., 56 : 354-362.

Kuwamura, T., K. Sawada, T. Sunobe et al. 2023a. Hermaphroditism and mating systems in fish. Springer Nature, Singapore. ix + 250 pp.

Kuwamura, T., K. Sawada, T. Sunobe et al. 2023b. Database of hermaphroditic fish species and references. Pages 181-250 in T. Kuwamura, K. Sawada, T. Sunobe et al., eds. Hermaphroditism and mating systems in fish. Springer Nature, Singapore.

Kuwamura, T., T. Sunobe, Y. Sakai et al. 2020. Hermaphroditism in fishes: an annotated list of species, phylogeny, and mating system. Ichthyol. Res., 67 : 341-360.

Kuwamura, T., S. Suzuki and T. Kadota 2011. Reversed sex change by widowed males in polygynous and protogynous fishes: female removal experiments in the field. Naturwissenschaften, 98 : 1041-1048.

Kuwamura, T., S. Suzuki and T. Kadota. 2016a. Male-to-female sex change in widowed males of the protogynous damselfish *Dascyllus aruanus*. J. Ethol., 34 : 85-88.

Kuwamura, T., S. Suzuki and T. Kadota. 2016b. Interspecific variation in the spawning time of labrid fish on a fringing reef at Iriomote Island, Okinawa. Ichthyol. Res., 63 : 460-469.

Kuwamura, T., S. Suzuki, N. Tanaka et al. 2 0 0 7 . Sex change of primary males in a diandric labrid *Halichoeres trimaculatus*: coexistence of protandry and protogyny within a species. J. Fish Biol., 70 : 1898-1906 .

Kuwamura, T., N. Tanaka, Y. Nakashima et al. 2 0 0 2 . Reversed sex-change in the protogynous reef fish *Labroides dimidiatus*. Ethology, 108 : 443-450 .

Kuwamura, T., Y. Yogo and Y. Nakashima. 1993 . Size-assortative monogamy and paternal egg care in a coral goby *Paragobiodon echinocephalus*. Ethology, 95 : 65-75 .

Kuwamura, T., Y. Yogo and Y. Nakashima. 1 9 9 4 b. Population dynamics of goby *Paragobiodon echinocephalus* and host coral *Stylophora pistillata*. Mar. Ecol. Prog. Ser., 103 : 17-23 .

Lamrini, A. 1986 . Sexualité de *Pagellus acarne* (Risso, 1826) (Teleosteen Sparidae) de la cote Atlantique Meridionale du Maroc (21 °-26 ° N). Cybium, 10 : 3-14 .

Langston, R.C. 2 0 0 4 . Gonad morphology and sex change in sandburrowers (Teleostei: Creediidae) . Doctoral dissertation, University of Hawaii.

Lassig, B.R. 1976 . Field observations on the reproductive behaviour of *Paragobiodon* spp. (Osteichthyes: Gobiidae) at Heron Island Great Barrier Reef. Mar. Behav. Physiol., 3 : 283-293 .

Lassig, B.R. 1 9 7 7 . Socioecological strategies adopted by obligate coral dwelling fishes. Proc. 3 rd Int. Coral Reef Symp., 565-570 .

Law, C.S.W. and Y. Sadovy de Mitheson. 2 0 1 7 . Reproductive biology of black seabream *Acanthopagrus schlegelii*, threadfin porgy *Evynnis cardinalis* and red pargo *Pagrus major* in the northern South China Sea with consideration of fishery status and management needs. J. Fish Biol., 91 : 101-125 .

Lee, Y.H., J.L. Du, W.S. Yueh et al. 2 0 0 1 . Sex change in the protandrous black porgy, *Acanthopagrus schlegeli*: a review in gonadal development, estradiol, estrogen receptor, aromatase activity and gonadotropin. J. Exp. Zool., 290 : 715-726 .

Lejeune, P. 1987 . The effect of local stock density on social behavior and sex change in the Mediterranean labrid *Coris julis*. Environ. Biol. Fish., 18 : 135-141 .

Leonard, J., ed. 2019 . Transitions between sexual systems. Springer Cham, Switzerland. xii + 363 pp.

Leonard, J.L. 2 0 1 3 . Williams' paradox and the role of phenotypic plasticity in sexual systems. Integr. Comp. Biol., 53 : 671-688 .

Leonard, J.L. 2 0 1 8 . The evolution of sexual systems in animals. Pages 1 - 5 8 in J.L. Leonard, ed. Transitions Between Sexual Systems: Understanding the Mechanisms of, and Pathways Between, Dioecy, Hermaphroditism and Other Sexual Systems. Springer International Publishing, Cham.

Leu, M.Y. 1994 . Natural spawning and larval rearing of silver bream, *Rhabdosargus sarba* (Forsskål), in captivity. Aquaculture, 120 : 115-122 .

Licandeo, R.R., C.A. Barrientos and M.T. Gonzalez. 2 0 0 6 . Age, growth rates, sex change and feeding habits of nototheniold fish *Eleginops maclovinus* from the central-southern Chilean coast. Environ. Biol. Fish., 77 : 51-61 .

Lin, H.-C., J.T. Høeg, Y. Yusa et al. 2 0 1 5 . The origins and evolution of dwarf males and habitat use in thoracican barnacles. Mol. Phylogenet. Evol., 91 : 1-11 .

Lissia-Frau, A.M., M. Pala and S. Casu. 1 9 7 6 . Observations and considerations on protandrous hermaphroditism in some species of sparid fishes (Teleostei, Perciformes). Studi Sassaresi., 54 : 147-167 .

Liu, M. and Y. Sadovy de Mitcheson. 2 0 1 1 . The influence of social factors on juvenile sexual differentiation in a diandric, protogynous grouper *Epinephelus coioides*. Ichthyol. Res., 58 : 84-89 .

Liu, M. and Y. Sadovy. 2004a. Early gonadal development and primary males in the protogynous epinepheline, *Cephalopholis boenak*. J. Fish Biol., 65 : 987-1002.

Liu, M. and Y. Sadovy. 2004b. The influence of social factors on adult sex change and juvenile sexual differentiation in a diandric, protogynous epinepheline, *Cephalopholis boenak* (Pisces, Serranidae). J. Zool., 264 : 239-248.

Liu, M. and Y. Sadovy. 2005. Habitat association and social structure of the chocolate hind, *Cephalopholis boenak* (Pisces: Serranidae: Epinephelinae), at Ping Chau Island, northeastern Hong Kong waters. Environ. Biol. Fish., 74 : 9-18.

Lobel, P.S. 1978. Diel, lunar, and seasonal periodicity in the reproductive behavior of the pomacanthud fish, *Centropyge potteri*, and some other reef fishes in Hawaii. Pac. Sci., 32 : 193-207.

Lodi, E. 1967. Sex reversal of *Cobitis taenia* L. (Osteichthyes, fam. Cobitidae). Experientia, 23 : 446-447.

Lodi, E. 1980a. Hermaphroditic and gonochoric populations of *Cobitis taenia bilineata* Canestrini (Cobitidae Osteichthyes). Moni. Zool. Ital.- Ital. J. Zool., 14 : 235-243.

Lodi, E. 1980b. Sex inversion in domesticated strains of the swordtail *Xiphophorus helleri* Heckel (Pisces, Osteichthyes). Bulletin of Zoologico, 47 : 1-8.

Loh, K.-H. and H.-M. Chen. 2018. Pre-spawning snout-gripping behaviors of *Gymnothorax pictus* and *Gymnothorax thyrsoideus* (Muraenidae) in captivity. J. Mar. Sci. Technol., 26 : 111-116.

Lone, K.P. and A. Al-Marzouk. 2000. First observations on natural sex reversal in a protandrous bream (*Sparidentex hasta*: Sparidae) from Kuwait. Pakistan J. Zool., 32 : 229-243.

Longhurst, A.R. 1965. The biology of West African polynemid fishes. J. Conseil., 30 : 58-74.

Lorenzi, V., R.L. Earley and M.S. Grober. 2006. Preventing behavioural interactions with a male facilitates sex change in female bluebanded gobies, *Lythrypnus dalli*. Behav. Ecol. Sociobiol., 59 : 715-722.

Lorenzo, J.M., J.C. Pajuelo, M. Méndez-Villamil et al. 2002 Age, growth, reproduction and mortality of the striped seabream, *Lithognathus mormyrus* (Pisces, Sparidae), off the Canary Islands (central-east Atlantic). J. Appl. Ichthyol., 18 : 204-209.

Lutnesky, M.M.F. 1994. Density-dependent protogynous sex change in territorial-haremic fishes: models and evidence. Behav. Ecol., 5 : 375-383.

Lutnesky, M.M.F. 1996. Size-dependent rate of protogynous sex change in the pomacanthid angelfish, *Centropyge potteri*. Copeia, 1996 : 209-212.

Mackie, M.C. 2003. Socially controlled sex-change in the half-moon grouper, *Epinephelus rivulatus*, at Ningaloo Reef, Western Australia. Coral Reefs, 22 : 133-142.

Mackiewicz, M., A. Tatarenkov, D.S. Taylor et al. 2006a. Extensive outcrossing and androdioecy in a vertebrate species that otherwise reproduces as a self-fertilizing hermaphrodite. Proc. Natl. Acad. Sci. U.S.A., 103 : 9924-8.

Mackiewicz, M., A. Tatarenkov, B.J. Turner et al. 2006b. A mixed-mating strategy in a hermaphroditic vertebrate. Proc. R. Soc. B., 273 : 2449-2452.

Madhu, K. and R. Madhu. 2006. Protandrous hermaphroditism in the clown fish *Amphiprion percula* from Andaman and Nicobar islands. Indian J. Fish., 53 : 373-382.

Madhu, R., K. Madhu and K.M. Venugopalan. 2010. Sex change of hatchery produced *Amphiprion ocellaris*: influence of mating system removal on gonad maturation and nesting success. J. Mar. Biol. Ass. India., 52 : 62-69.

Maile, A.J., Z.A. May, E.S. DeArmon et al. 2020. Marine habitat transitions and body-shape evolution in lizardfishes and their allies (Aulopiformes). Copeia, 108 : 820-832.

Manabe, H., M. Ishimura, A. Shinomiya et al. 2007 a. Inter-group movement of females of the polygynous gobiid fish *Trimma okinawae* in relation to timing of protogynous sex change. J. Ethol., 25 : 133-137.

Manabe, H., M. Ishimura, A. Shinomiya et al. 2007 b. Field evidence for bi-directional sex change in the polygynous gobiid fish *Trimma okinawae*. J. Fish Biol., 70 : 600-609.

Manabe, H., M. Matsuoka, K. Goto et al. 2008. Bi-directional sex change in the gobiid fish *Trimma* sp.: does size-advantage exist? Behaviour, 145 : 99-113.

Manabe, H., K. Toyoda, K. Nagamoto et al. 2013. Bidirectional sex change in seven species of *Priolepis* (Actinopterygii: Gobiidae). Bull. Mar. Sci., 89 : 635-642.

Mank, J.E., D.E. Promislow and J. C. Avise. 2006. Evolution of alternative sex-determining mechanisms in teleost fishes. Biol. J. Linn. Soc., 87 : 83-93.

Mann, B.Q. and C.D. Buxton. 1998. The reproductive biology of *Diplodus sargus capensis* and *D. cervinus hottentotus* (Sparidae) off the southeast Cape coast, South Africa. Cybium, 22 : 31-34.

Marconato, A., V. Tessari and G. Marin. 1995. The mating system of *Xyrichthys novacula*: sperm economy and fertilization success. J. Fish Biol., 47 : 292-301.

Marriott, R.J., N.D.C. Jarvis, D.J. Adams, A.E. Gallash, J. Norriss and S.J. Newman. 2010. Maturation and sexual ontogeny in the spangled emperor *Lethrinus nebulosus*. J. Fish Biol., 76 : 1396-1414.

Marson, K.M., D.S. Taylor and R.L. Earley. 2018. Cryptic male phenotypes in the mangrove rivulus fish, *Kryptolebias marmoratus*. Biol. Bull., 236 : 13-28.

Martin, S.B. 2007. Association behaviour of the self-fertilizing *Kryptolebias marmoratus* (Poey)：the influence of microhabitat use on the potential for a complex mating system. J. Fish. Biol., 71 : 1383-1392.

Masuda, Y., T. Ozawa, O. Onoue et al. 2000. Age and growth of the flathead, *Platycephalus indicus*, from the coastal waters of west Kyushu, Japan. Fish. Res., 46 : 113-121.

Matos, E., M.N.S. Santos and C. Azevedo. 2002. Biflagellate spermatozoon structure of the hermaphrodite fish *Satanoperca jurupari* (Heckel, 1840) (Teleostei, Cichlidae) from the Amazon River. Braz. J. Biol., 62 : 847-852.

Matsumoto, S., T. Takeyama, N. Ohnishi et al. 2011. Mating system and size advantage of male mating in the protogynous swamp eel *Monopterus albus* with paternal care. Zool. Sci., 28 : 360-367.

松浦啓一・宮 正樹. 1999. 魚の自然史：水中の進化学. 北海道大学図書刊行会, 札幌. ix + 234 pp.

Maxfield, J.M. and K.S. Cole. 2019 a. Patterns of structural change in gonads of the divine dwarfgoby *Eviota epiphanes* as they sexually transition. J. Fish. Biol., 94 : 142-153.

Maxfield, J.M. and K.S. Cole. 2019 b. Structural changes in the ovotestis of the bidirectional hermaphrodite, the blue-banded goby (*Lythrypnus dalli*), during transition from ova production to sperm production. Environ. Biol. Fish., 102 : 1393-1404.

Maynard-Smith, J. 1978. The evolution of sex. Cambridge University Press, New York. x + 222 pp.

McBride, R.S. and M.R. Johnson. 2007. Sexual development and reproductive seasonality of hogfish (Labridae: *Lachnolaimus maximus*), an hermaphroditic reef fish. J. Fish Biol., 71 : 1270-1292.

Mead, G.W. 1960. Hermaphroditism in archibenthic and pelagic fishes of the order Iniomi. Deep Sea Res., 6 : 234-235.

Mead, G.W., E. Bertelsen and D.M. Cohen. 1964. Reproduction among deep-sea fishes. Deep Sea Res. Oceanogr. Abstr., 11 : 569-596.

Merrett, N.R. 1980. *Bathytyphlops sewelli* (Pisces: Chlorophthalmidae) a senior synonym of *B. azorensis*, from the eastern North Atlantic with notes on its biology. Zool. J. Linn. Soc., 68 : 99-109.

Merrett, N.R. 1994. Reproduction in the North Atlantic oceanic ichthyofauna and the relationship between fecundity and species' sizes. Environ. Biol. Fish., 41 : 207-245.

Merrett, N.R., J. Badcock and P.J. Herring. 1973. The status of *Benthalbella infans* (Pisces: Myctophoidei), its development, bioluminescence, general biology and distribution in the eastern North Atlantic. J. Zool., 170 : 1-48.

Meyer, K.A. 1977. Reproductive behavior and patterns of sexuality in the Japanese labrid fish *Thalassoma cupido*. Jpn. J. Ichthyol., 24 : 101-112.

Micale, V., G. Maricchiolo and L. Genovese. 2002. The reproductive biology of blackspot sea bream *Pagellus bogaraveo* in captivity. I. Gonadal development, maturation and hermaphroditism. J. Appl Ichthyol., 18 : 172-176.

Militelli, M.I. and Rodrigues, K.A. 2011. Morphology of the ovotestis of a hermaphroditic teleost, *Serranus auriga* (Osteichthyes: Serranidae). Panam. J. Aquat. Sci., 6 : 320-324.

Mitchell, J. 2005. Queue selection an switching by false clown anemonefish, *Amphiorion ocellaris*. Anim. Behav., 69 : 643-652.

Miya, M. and T. Nemoto. 1985. Protandrous sex reversal in *Cyclothone atraria* (Family Gonostomatidae). Jpn. J. Ichthyol., 31 : 438-440.

Miya, M. and T. Nemoto. 1987. Reproduction, growth and vertical distribution of the meso-and bathypelagic fish *Cyclothone atraria* (Pisces: Gonostomatidae) in Sagami Bay, central Japan. Deep-Sea Res., 34 : 1565-1577.

Miyake, Y., Y. Fukui, H. Kuniyoshi et al. 2008. Examination of the ability of gonadal sex change in primary males of the diandric wrasses *Halichoeres poecilopterus* and *Halichoeres tenuispinus*: estrogen implantation experiments. Zool. Sci., 25 : 220-224.

Miyake, Y., J. Nishigakiuchi, Y. Sakai et al. 2012. Ovarian degeneration during the female-to-male sex change in the protogynous hermaphroditic fish, *Halichoeres poecilopterus*. Ichthyol. Res., 59 : 276-281.

Mohan, P.J., M.K. Anil, A. Gopalakrishnan et al. 2024. Unravelling the spawning and reproductive patterns of tomato hind grouper, *Cephalopholis sonnerati* (Valenciennes, 1828) from south Kerala waters. J. Fish Biol., 105 : 186-200.

Moiseeva, E.B., O. Sachs, T. Zak et al. 2001. Protandrous hermaphroditism in Australian silver perch, *Bidyanus bidyanus* (Mitchell, 1836). Israeli J. Aquaculture-Bamidgeh, 53 : 57-68.

Moore, B.R., J.M. Stapley, A.J. Williams et al. 2017. Overexploitation causes profound demographic changes to the protandrous hermaphrodite king threadfin (*Polydactylus macrochir*) in Queensland's Gulf of Carpentaria, Australia. Fish. Res., 187 : 199-208.

Moritoshi, E.H. 2023. Reproductive ecology of red-belted anthias *Pseudanthias rubrizonatus* in Kagoshima Bay, Japan. Master's thesis, Kagoshima University. 35 pp.

Moser, M., J. Whipple, J. Sakanari et al. 1983. Protandrous hermaphroditism in striped bass from Coos Bay, Oregon. T. Am. Fish. Soc., 112 : 567-569.

本村浩之. 2023. 日本産魚類全種目録. これまでに記録された日本産魚類全種の現在の標準和名と学名. Online ver. 20 : https://www.museum.kagoshima-u.ac.jp/staff/motomura/jaf.html. (参照 2023-06-28)

Motomura, H. 2004. Threadfins of the world (family Polynemidae). An annotated and illustrated catalogue of Polynemid species known to date. FAO, Rome. vii + 117 pp.

Mouine, N., P. Francour, M.H. Ktari et al. 2007. The reproductive biology of *Diplodus sargus sargus* in the Gulf of Tunis (central Mediterranean). Sci. Mar., 71 : 461-469.

Moyer, J.T. 1979. Mating strategies and reproductive behavior of ostraciid fishes at Miyake-jima, Japan. Jpn. J. Ichthyol., 26 : 148-160.

Moyer, J.T. 1980. Influence of temperate waters on the behavior of the tropical anemonefish *Amphiprion clarkii* at Miyake-jima, Japan. Bull. Mar. Sci., 30 : 261-272.

Moyer, J.T. 1984 a. Reproductive behavior and social organization of the pomacanthid fish *Genicanthus lamarck* at Mactan Island, Philippines. Copeia, 1984 : 194-200.

Moyer, J.T. 1984 b. Social organization and reproductive behavior of ostraciid fishes from Japan and the western Atlantic Ocean. J. Ethol., 2 : 85-98.

Moyer, J.T. 1987. キンチャクダイ科魚類の社会構造と雌性先熟. 中園明信・桑村哲生 (編), pp. 120-147. 魚類の性転換. 東海大学出版会, 東京.

Moyer, J.T. 1990. Social and reproductive behavior of *Chaetodontoplus mesoleucus* (Pomacanthidae) at Bantayan Island, Philippines, with notes on pomacanthid relationships. Jpn. J. Ichthyol., 36 : 459-467.

Moyer, J.T. 1991. Comparative mating strategies of labrid fishes. The Watanabe Ichthyological Institute Monograph, 1 : 1-90.

Moyer, J.T. and L.J. Bell. 1976. Reproductive behavior of the anemonefish *Amphiprion clarkii* at Miyake-Jima, Japan. Jpn. J. Ichthyol., 23 : 23-32.

Moyer, J.T. and A. Nakazono. 1978 a. Protandrous hermaphroditism in six species of the anemonefish genus *Amphiprion* in Japan. Jpn. J. Ichthyol., 25 : 101-106.

Moyer, J. T. and A. Nakazono. 1978 b. Population structure, reproductive behavior and protogynous hermaphroditism in the angelfish *Centropyge interruptus* at Miyake-jima, Japan. Jpn. J. Ichthyol., 25 : 25-39.

Moyer, J.T. and C.E. Sawyers. 1973. Territorial behavior of the anemonefish *Amphiprion xanthurus* with a note on the life history. Jpn. J. Ichthyol., 20 : 85-93.

Moyer, J.T. and R.C. Steene. 1979. Nesting behavior of the anemonefish *Amphiprion polymus*. Jpn. J. Ichthyol., 26 : 209-214.

Moyer, J.T., R.E. Thresher and P.L. Colin. 1983. Courtship, spawning and inferred social organization of American angelfishes (Genera *Pomacanhthus*, *Holacanthus* and *Centropyge*; Pomacanthidae). Environ. Biol. Fish., 9 : 25-39.

Moyer, J.T. and Y. Yogo. 1982. The lek-like mating system of *Halichoeres melanochir* (Pisces: Labridae) at Miyake-jima, Japan. Z. Tierpsychol., 60 : 209-226.

Moyer, J.T. and M.J. Zaiser. 1984. Early sex change: a possible mating strategy of *Centropyge angelfishes* (Pisces: Pomacanthidae). J. Ethol., 2 : 63-67.

Munday, P.L. 2002. Bi-directional sex change: testing the growth-rate advantage model. Behav. Ecol. Sociobiol., 52 : 247-254.

Munday, P.L. and B.W. Molony. 2002. The energetic cost of protogynous versus protandrous sex change in the bi-directional sex-changing fish *Gobiodon histrio*. Mar. Biol., 141 : 1011-1017.

Munday, P.L., P.M. Buston and R.R. Warner. 2006 a. Diversity and flexibility of sex-change strategies in animals. Trends Ecol. Evol., 21 : 89-95.

Munday, P.L., M.J. Caley and G.P. Jones. 1998. Bi-directional sex change in a coral-dwelling goby. Behav. Ecol. Sociobiol., 43 : 371-377.

Munday, P.L., A.M. Cardoni and C. Syms. 2006 b. Cooperative growth regulation in coral-dwelling fishes. Biol. Lett., 2 : 355-358.

Munday, P.L., T. Kuwamura and F.J. Kroon. 2010. Bidirectional sex change in marine fishes. Page 241-271 in K.S. Cole, ed. Reproduction and sexuality in marine fishes: patterns and processes. University of California Press, Berkeley.

Munday, P.L., C.A. Ryen, M.I. McCormick et al. 2009. Growth acceleration, behavior and otolith check marks associated with sex change in the wrasse *Halichoeres miniatus*. Coral Reefs, 28 : 623-634.

Munday, P.L., J.W. White and R.R. Warner. 2006 c. A social basis for the development of primary males in a sex-changing fish. Proc. R. Soc. B., 273 : 2845-2851.

Muñoz, R.C. and R.R. Warner. 2003 a. Alternative contexts of sex change with social control in the bucktooth parrotfish, *Sparisoma radians*. Environ. Biol. Fish., 68 : 307-319.

Muñoz, R. C. and R. R. Warner. 2003 b. A new version of the size-advantage hypothesis for sex changer: incorporating sperm competition and size-fecundity skew. Am. Nat., 161 : 749-761.

Muñoz, R.C. and R.R. Warner. 2004. Testing a new version of the size-advantage hypothesis for sex change: sperm competition and size-skew effects in the bucktooth parrotfish, *Sparisoma radians*. Behav. Ecol., 15 : 129-136.

Muñoz, R.C., B.J. Zgliczynski, B.Z. Teer et al. 2014. Spawning aggregation behavior and reproductive ecology of the giant bumphead parrotfish, *Bolbometopon muricatum*, in a remote marine reserve. PeerJ., 2 : e681.

Muñoz-Arroyo, S., C. Rodríguez-Jaramillo and E. F. Balart. 2019. The goby *Lythrypnus pulchellus* is a bi-directional sex changer. Environ. Biol. Fish., 102 : 1377-1391.

Murie, D.J., D.C. Parkyn, C.C. Koenig et al. 2023. Age, growth, and functional gonochorism with a twist of diandric protogyny in Goliath Grouper from the Atlantic Coast of Florida. Fishes, 8 : 412.

中坊徹次（編）. 2013. 日本産魚類検索 全種の同定. 第3版. 東海大学出版会, 秦野. xlix + 2428 pp.

中村潤平・本村浩之. 2022. ハタ科Serranidaeとされていた日本産各種の帰属, および高次分類群に適用する標準和名の検討. Ichthy, 19 : 26-43.

中嶋康裕. 1997. 雌雄同体の進化. 桑村哲生・中嶋康裕（編）, pp. 1-36. 魚類の繁殖戦略2. 海游舎, 東京.

中嶋康裕・狩野賢司. 2003. 魚類の社会行動2. 海游舎, 東京. vii + 210 pp.

Nakashima, Y., T. Kuwamura and Y. Yogo. 1995. Why be a both-ways sex changer? Ethology, 101 : 301-307.

Nakashima, Y., T. Kuwamura and Y. Yogo. 1996. Both-ways sex change in monogamous coral gobies, *Gobiodon* spp. Environ. Biol. Fish., 46 : 281-288.

Nakashima, Y., Y. Sakai, K. Karino et al. 2000. Female-female spawning and sex change in a haremic coral-reef fish, *Labroides dimidiatus*. Zool. Sci., 17 : 967-970.

中園明信. 1979. 日本産ベラ科魚類5種の性転換と産卵行動に関する研究. 九州大学農学部附属水産実験所報告, 4 : 1-64.

中園明信. 1991. 雌雄同体現象. 板沢靖男・羽生 功（編）, pp. 327-361. 魚類生理学. 恒星社厚生閣, 東京.

中園明信. 2003. 水産動物の性と行動生態. 恒星社厚生閣, 東京. 137 pp.

Nakazono, A. and J.D. Kusen. 1991. Protogynous hermaphroditism in the wrasse *Choerodon azurio*. Nippon Suisann Gakkaishi, 57 : 417-420.

中園明信・桑村哲生（編）. 1987. 魚類の性転換. 東海大学出版会, 東京. ix + 283 pp.

Nakazono, A., H. Nakatani and H. Tsukahara. 1985. Reproductive ecology of the Japanese reef fish, *Parapercis snyderi*. Proceedings of the Fifth International Coral Reef Congress, Tahiti, 5 : 355-360.

Nanami, A., T. Sato, I. Ohta et al. 2013. Preliminary observations of spawning behavior of white-streaked grouper (*Epinephelus ongus*) in an Okinawan coral reef. Ichthyol. Res., 60 : 380-385.

Nanami, A. and H. Yamada. 2008. Size and spatial arrangement of home range of checkered snapper *Lutjanus decussatus* (Lutjanidae) in an Okinawan coral reef determined using a portable GPS receiver. Mar. Biol., 153 : 1103-1111.

Nayak, P.D. 1959. Occurrence of hermaphroditism in *Polynemus heptadactylus* Cuv. & Val. J. Mar. Biol. Ass. India, 1 : 257-258.

Nelson, J.S., T.C. Grande and M.V.H. Wilson. 2016. Fishes of the world, 5th edn. John Wiley & Sons, New Jersey. xxxix + 752 pp.

Nemeth, R.S., J. Blondeau, S. Herzlieb et al. 2007. Spatial and temporal patterns of movement and migration at spawning aggregations of red hind, *Epinephelus guttatus*, in the U.S. Virgin Islands. Environ. Biol. Fish., 78 : 365-381.

Nemtzov, S.C. 1985. Social control of sex change in the Red Sea razorfish *Xyrichtys pentadactylus* (Teleostei, Labridae). Environ. Biol. Fish., 14 : 199-211.

Nielsen, J.G. 1966. Synopsis of the Ipnopidae (Pisces, Iniomi) with description of two new abyssal species. Galathea Rep., 8 : 49-75.

越智晴基. 1987. スズメダイ科における性のパターン. 中園明信・桑村哲生 (編), pp. 201-220. 魚類の性転換. 東海大学出版会, 東京.

Ochi, H. 1989a. Acquisition of breeding space by nonbreeders in the anemonefish *Amphiprion clarkii* in temperate waters of southern Japan. Ethology, 83 : 279-294.

Ochi, H. 1989b. Mating behavior and sex change of the anemonefish, *Amphiprion clarkii*, in the temperate waters of southern Japan. Environ. Biol. Fish., 26 : 257-275.

Oh, S.R., H.C. Kang, C.H. Lee et al. 2013. Sex reversal and masculinization according to growth in longtooth grouper *Epinephelus bruneus*. Dev. Reprod., 17 : 79-85.

Ohnishi, N. 1998. Studies on the life history and the reproductive ecology of the polygynous sandperch *Parapercis snyderi*. PhD dissertation, Osaka City University, Osaka.

大西信弘. 2004. なわばり型ハレムをもつコウライトラギスの性転換. 幸田正典・中嶋康裕 (編), pp. 117-150. 魚類の社会行動 3. 海游舎, 東京.

Ohnishi, N., Y. Yanagisawa and M. Kohda. 1997. Sneaking by harem masters of the sandperch, *Parapercis snyderi*. Environ. Biol. Fish., 50 : 217-223.

Ohta, K. 1987. Study on life history and sex change in a haremic protogynous sandperch, *Parapercis snyderi*. Bulletin of Biological Society, Hiroshima University, 53 : 11-19.

Ohta, I. and A. Ebisawa. 2015. Reproductive biology and spawning aggregation fishing of the white-streaked grouper, *Epinephelus ongus*, associated with seasonal and lunar cycles. Environ. Biol. Fish., 98 : 1555-1570.

及川香世. 1996. コチの水槽内自然産卵について. 千葉県水産試験場研究報告, 54 : 29-34.

奥田 昇. 2001. 口内保育魚テンジクダイ類の雄による子育てと子殺し. 桑村哲生・狩野賢司 (編), pp. 153-194. 魚類の社会行動 1. 海游舎, 東京.

Okumura, S. 2001. Evidence of sex reversal towards both directions in reared red spotted grouper *Epinephelus akaara*. Fish. Sci., 67 : 535-537.

Oliver, A.S. 1997. Size and density dependent mating tactics in the simultaneously hermaphroditic seabass *Serranus subligarius* (Cope, 1870). Behaviour, 134 : 563-594.

おさかな普及センター資料館. 2022. 輸入される外国産魚類の標準和名について (第 19 版). おさかな普及センター資料館年報, 41 : 5-15.

Ota, K., T. Kobayashi, K. Ueno et al. 2000. Evolution of heteromorphic sex chromosomes in the order Aulopiformes. Gene, 259 : 25-30.

Oyama, T., K. Abe, T. Sunobe et al. 2024. Protogynous sexuality and gonad structures in the coral-dwelling goby *Pleurosicya mossambica*. Ichthyol. Res., 71 : 174-179.

Oyama, T., T. Sonoyama, M. Kasai et al. 2023. Bidirectional sex change and plasticity of gonadal phases in the goby *Lubricogobius exiguus*. J. Fish Biol., 102 : 1079-1087.

Oyama, T., S. Tomatsu, H. Manabe et al. 2022. Monogamous mating system and protandrous-like sexuality in the goby *Trimma taylori*. Ichthyol. Res., 70 : 287-292.

Pajuelo, J.G. and J.M. Lorenzo. 2001. Biology of the annular seabream, *Diplodus annularis* (Sparidae), in coastal waters of the Canary Islands. J. Appl. Ichthyol., 17 : 121-125.

Pajuelo, J.G. and J.M. Lorenzo. 2004. Basic characteristics of the population dynamic and state of exploitation of Moroccan white seabream *Diplodus sargus cadenati* (Sparidae) in the Canarian Archipelago. J. Appl. Ichthyol., 20 : 15-21.

Pajuelo, J.G., J.M. Lorenzo and R. Domínguez-Seoane. 2008. Gonadal development and spawning cycle in the digynic hermaphrodite sharpsnout seabream *Diplodus puntazzo* (Sparidae) off the Canary Islands, northwest of Africa. J. Appl. Ichthyol., 24 : 68-76.

Pajuelo, J.G., J. Socorro, J.A. González et al. 2006. Life history of the red-banded seabream *Pagrus auriga* (Sparidae) from the coasts of the Canarian archipelago. J. Appl. Ichthyol., 22 : 430-436.

Pannell, J.R. 2002. What is functional androdioecy? Funct. Ecol., 16 : 862-865.

Parker, C.G., J.S. Lee, A.R. Histed et al. 2022. Stable and persistent male-like behavior during male-to-female sex change in the common clownfish *Amphiprion ocellaris*. Horm. Behav., 145 : 105239.

Pears, R., J.H. Choat, B.D. Mapstone et al. 2007. Reproductive biology of a large, aggregation-spawning serranid, *Epinephelus fuscoguttatus* (Forskål) : management implications. J. Fish Biol., 71 : 795-817.

Petersen, C.W. 1987. Reproductive behaviour and gender allocation in *Serranus fasciatus*, a hermaphroditic reef fish. Anim. Behav., 35 : 1601-1614.

Petersen, C.W. 1990a. The relationships among population density, individual size, mating tactics, and reproductive success in a hermaphroditic fish, *Serranus fasciatus*. Behaviour, 113 : 57-80.

Petersen, C.W. 1990b. Variation in reproductive success and gonadal allocation in the simultaneous hermaphrodite, *Serranus fasciatus*. Oecologia, 83 : 62-67.

Petersen, C.W. 1991. Sex allocation in hermaphroditic sea basses. Am. Nat., 138 : 650-667.

Petersen, C.W. 1995. Reproductive behavior, egg trading, and correlates of male mating success in the simultaneous hermaphrodite, *Serranus tabacarius*. Environ. Biol. Fish., 43 : 351-361.

Petersen, C.W. 2006. Sexual selection and reproductive success in hermaphroditic seabasses. Integr. Comp. Biol., 46 : 439-448.

Petersen, C.W. and E.A. Fischer. 1986. Mating system of the hermaphroditic coral-reef fish, *Serranus baldwini*. Behav. Ecol. Sociobiol., 19 : 171-178.

Picchi, L. and M.C. Lorenzi. 2018. Polychaete worms on the brink between hermaphroditism and separate sexes. Pages 123-163 in J.L. Leonard, ed. Transitions between sexual systems: understanding the mechanisms of, and pathways between, dioecy, hermaphroditism and other sexual systems. Springer International Publishing, Cham.

Pietsch, T.W. 2005. Dimorphism, parasitism, and sex revisited: modes of reproduction among deep-sea ceratioid anglerfishes (Teleostei: Lophiiformes). Ichthyol. Res., 52 : 207–236.

Pla, S., C. Benvenuto, I. Capellin et al. 2022. Switches, stability and reversals in the evolutionary history of sexual systems in fish. Nat. Commun., 13 : 3029.

Pla, S., F. Maynou and F. Piferrer. 2021. Hermaphroditism in fish: incidence, distribution and associations with abiotic environmental factors. Rev. Fish. Biol. Fish., 31 : 935–955.

Pollock, B.R. 1985. The reproductive cycle of yellowfin bream, *Acanthopagrus australis* (Günther), with particular reference to protandrous sex inversion. J. Fish Biol., 26 : 301–311.

Porcu, C., M.C. Follesa, E. Grazioli et al. 2010. Reproductive biology of a bathyal hermaphrodite fish, *Bathypterois mediterraneus* (Osteichthyes: Ipnopidae) from the south-eastern Sardinian Sea (central-western Mediterranean). J. Mar. Biol. Assoc. U.K., 90 : 719–728.

Pressley, P.H. 1981. Pair formation and joint territoriality in a simultaneous hermaphrodite: the coral reef fish *Serranus tigrinus*. Z. Tierpsychol., 56 : 33–46.

Pyle, R.L. 1989. Rare and unusual marine boxfish. Freshwater and Marine Aquarium, 12 : 61–64.

Quinitio, G.F., N.B. Caberoy and D.M. Reyes. 1997. Induction of sex change in female *Epinephelus coioides* by social control. Isr. J. Aquac., 49 : 77–83.

Rasotto, M.B. 1992. Gonadal differentiation and the mode of sexuality in *Cobitis taenia* (Teleostei; Cobitidae). Copeia, 1992 : 223–228.

Rattanayuvakorn, S., P. Mungkornkarn, A. Thongpan et al. 2006. Gonadal development and sex inversion in Saddleback anemonefish *Amphiprion polymnus* Linnaeus (1758). Kasetsart J (Nat Sci), 40 : 196–203.

Reavis, R.H. and M.S. Grober. 1999. An integrative approach to sex change: social, behavioural and neurochemical changes in *Lythrypnus dalli* (Pisces). Acta. Ethol., 2 : 51–60.

Reid, M.J. and J.W. Atz. 1958. Oral incubation in the cichlid fish *Geophagus jurupari* Heckel. Zool. Sci. Contrib. N.Y. Zool. Soc., 43 : 77–88.

Reinboth, R. 1970. Intersexuality in fishes. Memoirs of the Society for Endocrinology, 18 : 515–543.

Reinboth, R. 1973. Dualistic reproductive behavior in the protogynous wrasse *Thalassoma bifasciatum* and some observations on its day-night changeover. Helgoländer. wiss. Meeresunters., 24 : 174–191.

Richardson, T.J., W.M. Potts and W.H.H. Sauer. 2011. The reproductive style of *Diplodus capensis* (Sparidae) in southern Angola: rudimentary hermaphroditism or partial protandry? African J. Mar. Sci., 33 : 321–326.

Roberts, B.H., J.R. Morrongiello, D.I. Morgan et al. 2021. Faster juvenile growth promotes earlier sex change in a protandrous hermaphrodite (barramundi *Lates calcarifer*). Sci. Rep., 11 : 2276.

Robertson, D.R. 1972. Social control of sex reversal in a coral-reef fish. Science, 177 : 1007–1009.

Robertson, D.R. 1974. A study of the ethology and reproductive biology of the labrid fish, *Labroides dimidiatus*, at Heron Island, Great Barrier Reef. Ph.D. Thesis, University of Queensland, Brisbane. 295 pp.

Robertson, D.R. 1981. The social and mating systems of two labrid fishes, *Halichoeres maculipinna* and *H. garnoti*, off the Caribbean coast of Panama. Mar. Biol., 64 : 327–340.

Robertson, D.R. 1983. On the spawning behavior and spawning cycles of eight surgeonfishes (Acanthuridae) from the Indo-Pacific. Environ. Biol. Fish., 9 : 193–223.

Robertson, D.R. and J.H. Choat. 1974. Protogynous hermaphroditism and social systems in labrid fish. Proc. 2nd Int. Coral Reef Symp., 1 : 217–224.

Robertson, D.R. and S.G. Hoffman. 1977. The roles of female mate choice and predation in the mating systems of some tropical labroid fishes. Z. Tierpsychol., 45 : 298-320.

Robertson, D.R., R. Reinboth and R.W. Bruce. 1982. Gonochorism, protogynous sex-change and spawning in three sparisomatinine parrotfishes from the western Indian Ocean. Bull. Mar. Sci., 32 : 868-879.

Robertson, D.R. and R.R. Warner. 1978. Sexual patterns in the labroid fishes of the western Caribbean, II: the parrotfishes (Scaridae). Smithson. Contr. Zool., 255 : 1-26.

Rodgers, E.W., S. Drane and M.S. Grober. 2005. Sex reversal in pairs of *Lythrypnus dalli*: behavioral and morphological changes. Biol. Bull., 208 : 120-126.

Rodgers, E.W., R.L. Earley and M.S. Grober. 2007. Social status determines sexual phenotype in the bi-directional sex changing bluebanded goby *Lythrypnus dalli*. J. Fish Biol., 70 : 1660-1668.

Ross, R.M. 1978. Reproductive behavior of the anemonefish *Amphiprion melanopus* on Guam. Copeia, 1978 : 103-107.

Ross, R.M. 1982. Sex change in the endemic Hawaiian labrid *Thalassoma duperrey* (Quoy and Gaimard): a behavioral and ecological analysis. PhD dissertation, University of Hawaii, Honolulu. 184 pp.

Ross, R.M. 1990. The evolution of sex-change mechanisms in fishes. Environ. Biol. Fish., 29 : 81-93.

Ross, R.M., G.S. Losey and M. Diamond. 1983. Sex change in a coral-reef fish: dependence of stimulation and inhibition on relative size. Science, 221 : 574-575.

Sadovy, Y. and T.J. Donaldson. 1995. Sexual pattern of *Neocirrhites armatus* (Cirrhitidae) with notes on other hawkfish species. Environ. Biol. Fish., 42 : 143-150.

Sadovy, Y., A. Rosario and A. Román. 1994. Reproduction in an aggregating grouper, the red hind, *Epinephelus guttatus*. Environ. Biol. Fish., 41 : 269-286.

Sadovy, Y. and D.Y. Shapiro. 1987. Criteria for the diagnosis of hermaphroditism in fishes. Copeia, 1987 : 136-156.

Sadovy de Mitcheson Y. and M. Liu. 2008. Functional hermaphroditism in teleosts. Fish Fish., 9 : 1-43.

Sadovy de Mitcheson, Y., M. Liu and S. Suharti. 2010. Gonadal development in a giant threatened reef fish, the humphead wrasse *Cheilinus undulatus*, and its relationship to international trade. J. Fish Biol., 77 : 706-718.

Sakai, Y. 1997. Alternative spawning tactics of female angelfish according to two different contexts of sex change. Behav. Ecol., 8 : 372-377.

坂井陽一. 1997. ハレム魚類の性転換戦術―アカハラハッコを中心に. 桑村哲生・中嶋康裕 (編), pp. 37-65. 魚類の繁殖戦略 2. 海游舎, 東京.

坂井陽一. 2003. ホンソメワケベラの雌がハレムを離れるとき. 中嶋康裕・狩野賢司 (編), pp. 112-150. 魚類の社会行動 2. 海游舎, 東京.

Sakai, Y. 2023. Protogyny in fishes. Pages 87-143 in T. Kuwamura, K. Sawada, T. Sunobe et al., eds. Hermaphroditism and mating systems in fish. Springer Singapore.

Sakai, Y. and M. Kohda. 1997. Harem structure of the protogynous angelfish, *Centropyge ferrugatus* (Pomacanthidae). Environ. Biol. Fish., 49 : 333-339.

Sakai, Y., K. Karino, Y. Nakashima et al. 2002. Status-dependent behavioural sex change in a polygynous coral-reef fish, *Halichoeres melanurus*. J. Ethol., 20 : 101-105.

Sakai, Y., K. Karino, T. Kuwamura et al. 2003 a. Sexually dichromatic protogynous angelfish *Centropyge ferrugata* (Pomacanthidae) males can change back to females. Zool. Sci., 20 : 627-633.

Sakai, Y., M. Kohda and T. Kuwamura. 2001. Effect of changing harem on timing of sex change in female cleaner fish *Labroides dimidiatus*. Anim. Behav., 62 : 251-257.

Sakai, Y., H. Kuniyoshi, M. Yoshida et al. 2007. Social control of terminal phase transition in primary males of the diandric wrasse, *Halichoeres poecilopterus* (Pisces: Labridae). J. Ethol., 25 : 57-61.

Sakai, Y., Y. Muranaka, H. Nakayama, K. Baba, K. Matsushita, H. Kuwahara and H. Kuniyoshi. 2024. The potential for egg-guarding care in females of the damselfish, *Dascyllus reticulatus*, in the absence of uniparental male care. J. Fish Biol., 104 : 979-988.

Sakai, Y., C. Tsujimura, Y. Nakata et al. 2003 b. Rapid transition in sexual behaviors during protogynous sex change in the haremic angelfish *Centropyge vroliki* (Pomacanthidae). Ichthyol. Res., 50 : 30-35.

Sakakura. Y. and D.L.G. Noakes. 2000. Age, growth, and sexual development in the self-fertilizing hermaphroditic fish *Rivulus marmoratus*. Environ. Biol. Fish., 59 : 309-317.

Sakakura, Y., K. Soyano, D.L.G. Noakes et al. 2006. Gonadal morphology in the self-fertilizing mangrove killifish, *Kryptolebias marmoratus*. Ichthyol. Res., 53 : 427-430.

Sakanoue, R. and Y. Sakai. 2019. Dual social structures in harem-like colony groups of the coral-dwelling damselfish *Dascyllus reticulatus* depending on body size and sheltering coral structures. J. Ethol., 37 : 175-186.

Sakanoue, R. and Y. Sakai. 2022. Cryptic bachelor sex change in harem colonial groups of the coral-dwelling damselfish *Dascyllus reticulatus*. J. Ethol., 40 : 181-192.

Sakurai, M., S. Nakakoji, H. Manabe et al. 2009. Bi-directional sex change and gonad structure in the gobiid fish *Trimma yanagitai*. Ichthyol. Res., 56 : 82-86.

Salinas-de-León, P., E. Rastoin and D. Acuña-Marrero. 2015. First record of a spawning aggregation for the tropical eastern Pacific endemic grouper *Mycteroperca olfax* in the Galapagos Marine Reserve. J. Fish Biol., 87 : 179-186.

Samoilys, M.A. and L.C. Squire. 1994. Preliminary observations on the spawning behavior of coral trout *Plectropomus leopardus* (Pisces: Serranidae), on the Great Barrier Reef. Bull. Mar. Sci., 54 : 332-342.

Sancho, G., A.R. Solow and P. Lobel. 2000. Environmental influences on the diel timing of spawning in coral reef fishes. Mar. Ecol. Prog. Ser., 206 : 193-212.

猿渡敏郎. 2006. 魚類環境生態学入門：渓流から深海まで，魚と棲みかのインターアクション. 東海大学出版会，秦野. xi + 318 pp.

猿渡敏郎. 2016. 生きざまの魚類学：魚の一生を科学する. 東海大学出版部，平塚. vi + 240 pp.

猿渡敏郎・平川直人・茂木正人ほか. 2006. トモメヒカリの生活史，塩基配列が明かすその概略. DNA多型，14 : 215-221.

Sato, T., M. Kobayashi, T. Takebe et al. 2018. Induction of female-to-male sex change in a large protogynous fish, *Choerodon schoenleinii*. Mar. Ecol., 39 : e12484.

Sato, T. and T. Nakabo. 2003. A revision of the *Paraulopus oblongus* group (Aulopiformes: Paraulopidae) with description of a new species. Ichthyol. Res., 50 : 164-177.

Sawada, K. 2023. Simultaneous hermaphroditism in fishes. Pages 31-62 in T. Kuwamura, K. Sawada, T. Sunobe et al., eds. Hermaphroditism and mating systems in fish. Springer Nature, Singapore.

澤田紘太. 2022. 社会行動としての性表現：ハゼの性転換から考える. 月刊海洋，54 : 117-125.

Sawada, K., S. Yamaguchi and Y. Iwasa. 2017. Be a good loser: A theoretical model for subordinate decision-making on bi-directional sex change in haremic fishes. J. Theor. Biol., 421 : 127-135.

Sawada, K and S. Yamaguchi. 2 0 2 0 . An evolutionary ecological approach to sex allocation and sex determination in crustaceans. Pages 177-196 in R.D. Cothran and M. Thiel, eds. The natural history of the Crustacea: reproductive biology: volume VI. Oxford University Press, New York, N.Y.

Sawada, K., R. Yoshida, K. Yasuda et al. 2 0 1 5 . Dwarf males in the epizoic barnacle *Octolasmis unguisiformis* and their implications for sexual system evolution. Invertebr. Biol., 134 : 162-167 .

Schärer, L. 2009 . Tests of sex allocation theory in simultaneously hermaphroditic animals. Evolution, 63 : 1377-1405 .

Schärer, M.T., M.I. Nemeth, D. Mann et al. 2 0 1 2 . Sound production and reproductive behavior of yellowfin grouper, *Mycteroperca venenosa* (Serranidae) at a spawning aggregation. Copeia, 2 0 1 2 : 135-144 .

Schemmel, E. and K. Dahl. 2023 . Age, growth, and reproduction of the yellow-edged lyretail *Variola louti* (Forssakal, 1775). Environ. Biol. Fish., 106 : 1247-1263 .

Schemmel, E.M., M.K. Donovan, C. Wiggins et al. 2 0 1 6 . Reproductive life history of the introduced peacock grouper *Cephalopholis argus* in Hawaii. J. Fish Biol., 89 : 1271-1284 .

Schwarz, A.L. and C.L. Smith. 1 9 9 0 . Sex change in the damselfish *Dascyllus reticulatus* (Richardson) (Perciformes: Pomacentridae). Bull. Mar. Sci., 46 : 790-798 .

Schwarzhans, W. 1994 . Sexual and ontogenetic dimorphism in otoliths of the family Ophidiidae. Cybium, 18 : 71-98 .

Seiwa, R., M. Kato, K. Nakaguchi et al. 2024 . Presence of a bisexual gonad: implications for protogynous sex change in the white-edged lyretail *Variola albimarginata* (Serranidae). J. Ichthyol. https://doi.org/ 10 .1134 /S0032945224700498

Seki, S., M. Kohda, G. Takamoto et al. 2 0 0 9 . Female defense polygyny in the territorial triggerfish *Sufflamen chrysopterum*. J. Ethol., 27 : 215-220 .

Sekizawa, A., S.G. Goto and Y. Nakashima. 2 0 1 9 . A nudibranch removes rival sperm with a disposable spiny penis. J. Ethol., 37 : 21-29 .

瀬底研究施設. 2023 . https://tbc.skr.u-ryukyu.ac.jp/sesoko/.

Shapiro, D.Y. 1 9 7 7 . The structure and growth of social groups of the hermaphroditic fish *Anthias squamipinnis* (Peters). Proc. 3 rd Int. Coral Reef Symp., 571-577 .

Shapiro, D.Y. 1981 . Size, maturation and the social control of sex reversal in the coral reef fish *Anthias squamipinnis*. J. Zool. Lond., 193 : 105-128 .

Shapiro, D.Y. 1984 . Sex reversal and sociodemographic processes in coral reef fishes. Pages 103-118 in G.W. Potts and R.J. Wootton, eds. Fish reproduction: strategies and tactics, Academic Press, London.

Shapiro, D.Y. and R.H. Boulon Jr. 1982 . The influence of females on the initiation of female to male sex change in a coral reef fish. Horm. Behav., 16 : 66-75 .

Shapiro, D.Y., G. Garcia-Moliner and Y. Sadovy. 1994 . Social system of an inshore stock of the red hind grouper, *Epinephelus guttatus* (Pisces: Serranidae). Environ. Biol. Fish., 41 : 415-422 .

Shapiro, D.Y. and R. Lubbock. 1980 . Group sex ratio and sex reversal. J. Theor. Biol., 82 : 411-426 .

Shen, S.C., R.P. Lin and F.C.C. Liu. 1 9 7 9 . Redescription of a protandrous hermaphroditic moray eel (*Rhinomuaena quaesita* Garman). Bull. Inst. Zool., Acad. Sin., 18 : 79-87 .

渋野拓郎・千葉 功・橋本博明・具島健二. 1994 a. 口永良部島におけるヤマブキベラの繁殖行動. 生物生産学研究, 33 : 43-50 .

渋野拓郎・緒方信一・橋本博明・具島健二. 1994 b. 口永良部島におけるブダイの繁殖行動. 生物生産学研究, 33 : 37-41 .

Shibuno, T., I. Chiba, K. Gushima et al. 1 9 9 3 a. Reproductive behavior of the wrasse, *Halichoeres marginatus*, at Kuchierabu-jima. Jpn. J. Ichthyol., 40 : 351-359.

Shibuno, T., K. Gushima and S. Kakuda. 1993 b. Female spawning migrations of the protogynous wrasse, *Halichoeres marginatus*. Jpn. J. Ichthyol., 39 : 357-362.

Shihab, I., A. Gopalakrishnan, N. Vineesh et al. 2 0 1 7. Histological profiling of gonads depicting protandrous hermaphroditism in *Eleutheronema tetradactylum*. J. Fish Biol., 90 : 2402-2411.

Shimizu, N., Y. Sakai, H. Hashimoto et al. 2 0 0 6. Terrestrial reproduction by the air-breathing fish *Andamia tetradactyla* (Pisces; Blenniidae) on supralittoral reefs. J. Zool., 269 : 357-364.

Shimizu, S., S. Endo, M. Sasaki et al. 2016. Mating system and group spawning in the wrasse *Pteragogus aurigarius* in Tateyama, central Japan. Coast. Ecosys., 3 : 38-49.

Shimizu, S., S. Endo, S. Kihara et al. 2022. Size, age and social control of protogynous sex change in the labrid fish *Pteragogus aurigarius*. Ichthyol. Res., 69 : 75-81.

清水建美. 2001. 図説 植物用語事典. 八坂書房, 東京. xii + 323 pp.

Shinomiya, A., M. Yamada and T. Sunobe. 2003. Mating system and protandrous sex change in the lizard flathead, *Inegocia japonica* (Platycephalidae). Ichthyol. Res., 50 : 383-386.

塩原美敞. 2000. 駿河湾から得られたイチモンジハゼの繁殖と雌雄同体現象. 東海大学博物館研究報告：海・人・自然, 2 : 19-30.

Shitamitsu, T. and T. Sunobe. 2017. Notes on protandry in the creediid fishes *Limnichthys fasciatus* and *L. nitidus* (Teleostei: Creediidae). Ichthyol. Res., 64 : 365-367.

Shitamitsu, T. and T. Sunobe. 2 0 1 8. Protandry of the flathead *Suggrundus meerdervoortii* (Teleostei: Platycephalidae). Ichthyol. Res., 65 : 507-509.

Shpigel, M. and L. Fishelson. 1 9 8 6. Behavior and physiology of coexistence in two species of *Dascyllus* (Pomacentridae, Teleostei). Environ. Biol. Fish., 17 : 253-265.

Shpigel, M. and L. Fishelson. 1 9 9 1. Territoriality and associated behaviour in three species of the genus *Cephalopholis* (Pisces: Serranidae) in the Gulf of Aqaba, Red Sea. J. Fish Biol., 38 : 887-896.

Singh, T., F. Sinniger, Y. Nakano et al. 2022. Long-term trends and seasonal variations in environmental conditions in Sesoko Island, Okinawa, Japan. Galaxea, J. Coral Reef Stud., 24 : 121-133.

Smith, C.L. 1 9 5 9. Hermaphroditism in some serranid fishes from Bermuda. Pap. Michigan Acad. Sci. Arts, Let., 44 : 111-119.

Smith, C.L. 1975. The evolution of hermaphroditism in fishes. Pages 295-310 in P.D.R. Reinboth, ed. Intersexuality in the Animal Kingdom. Springer Berlin, Heidelberg.

Smith, C.L. and E.H. Atz. 1969. The sexual mechanism of the reef bass *Pseudogramma bermudensis* and its implications in the classification of the Pseudogrammidae (Pisces: Perciformes). Z. Morph. Tiere, 65 : 315-326.

Smith, C.L. and E.H. Atz. 1 9 7 3. Hermaphroditism in the mesopelagic fishes *Omosudis lowei* and *Alepisaurus ferox*. Copeia, 1973 : 41-44.

Smith, C.L. and D.S. Erdman. 1973. Reproductive anatomy and color pattern of *Bullisichthys caribbaeus* (Pisces: Serranidae). Copeia, 1973 : 149-151.

曽我部 篤. 2013. ヨウジウオ科魚類の多様な配偶システムとその進化要因. 桑村哲生・安房田智司 (編), pp. 122-151. 魚類行動生態入門. 東海大学出版会, 東京.

Sordi, L. 1964. Ermafroditismo proteroginico in *Labrus bimaculatus* L. Monitore Zool. Ital., 72 : 21-30.

Soto, C.G., J.F. Leatherland and D.L.G. Noakes. 1992. Gonadal histology in the self-fertilizing hermaphroditic fish *Rivulus marmoratus* (Pisces, Cyprinodontidae). Can. J. Zool., 70 : 2338-2347.

St. Mary, C.M. 1994. Sex allocation in a simultaneous hermaphrodite, the blue-banded goby (*Lythrypnus dalli*): the effects of body size and behavioral gender and the consequences for reproduction. Behav. Ecol., 5 : 304-313.

St. Mary, C.M. 1996. Sex allocation in a simultaneous hermaphrodite, the zebra goby *Lythrypnus zebra*: insights gained through a comparison with its sympatric congener, *Lythrypnus dalli*. Environ. Biol. Fish., 45 : 177-190.

St. Mary, C.M. 2000. Sex allocation in *Lythrypnus* (Gobiidae): variations on a hermaphroditic theme. Environ. Biol. Fish., 58 : 321-333.

Stauffer Jr, J.R. and R.A. Ruffing. 2008. Behaviorally induced sex reversal of *Metriaclima* cf. *livingstoni* (Cichlidae) from Lake Malawi. Copeia, 2008 : 618-620.

Stroud, G.J. 1982. The taxonomy and biology of fishes of the genus *Parapercis* (Teleostei: Mugiloididae) in Great Barrier Reef waters. PhD dissertation, James Cook University, Townsville. xxii + 428 pp.

Sulak, K.J., C.A. Wenner, G.R. Sedberry et al. 1985. The life history and systematics of deep-sea lizard fishes, genus *Bathysaurus* (Synodontidae). Can. J. Zool., 63 : 623-642.

須之部友基. 2021. 水産研究のフロントから：東京海洋大学水圏科学フィールド教育研究センター館山ステーション. 日本水産学会誌, 87 : 168.

Sunobe, T. 2023. Protandry in fishes. Pages 63-85 in T. Kuwamura, K. Sawada, T. Sunobe et al., eds. Hermaphroditism and mating system in fish, Springer Nature, Singapore.

Sunobe, T., S. Iwata, C. Shi et al. 2022. Monogamy and protandry caused by exclusion of the same sex and random pairing in anemonefishes: a simulation model and aquarium experiments. J. Ethol., 40 : 265-272.

Sunobe, T., M. Nakamura, Y. Kobayashi et al. 2005. Aromatase immunoreactivity and the role of enzymes in steroid pathways for inducing sex change in the hermaphrodite gobiid fish *Trimma okinawae*. Comp. Biochem. Phys. A, 141 : 54-59.

Sunobe, T. and A. Nakazono. 1990. Polygynous mating system of *Trimma okinawae* (Pisces, Gobiidae) at Kagoshima, Japan with a note on sex change. Ethology, 84 : 133-143.

Sunobe, T. and A. Nakazono. 1993. Sex change in both directions by alteration of social dominance in *Trimma okinawae* (Pisces: Gobiidae). Ethology, 94 : 339-345.

Sunobe, T. and A. Nakazono. 1999. Mating system and hermaphroditism in the gobiid fish, *Priolepis cincta*, at Kagoshima, Japan. Ichthyol. Res., 46 : 103-105.

Sunobe, T., T. Sado, K. Hagiwara et al. 2017. Evolution of bidirectional sex change and gonochorism in fishes of the gobiid genera *Trimma*, *Priolepis*, and *Trimmatom*. Sci. Nat., 104 : 15.

Sunobe, T., S. Sakaida and T. Kuwamura. 2016. Random mating and protandrous sex change of the platycephalid fish *Thysanophrys celebica* (Platycephalidae). J. Ethol., 34 : 15-21.

鈴木克美・日置勝三・田中洋一・岩佐和裕. 1979. 水槽内で観察されたタテジマヤッコ *Genicanthus lamarck* 及びトサヤッコ *G. semifasciatus* の産卵習性・卵・仔魚及び性転換. 東海大学紀要海洋学部, 12 : 149-165.

Suzuki, S., T. Kuwamura, Y. Nakashima et al. 2010. Social factors of group spawning as an alternative mating tactic in the territorial males of the threespot wrasse *Halichoeres trimaculatus*. Environ. Biol. Fish., 89 : 71-77.

Suzuki, T. and H. Senou. 2007. Two new species of the gobiid fish genus *Trimma* (Perciformes: Gobioidei) from Southern Japan. Bull. Natl. Mus. Nat. Sci., Ser. A, Suppl., 1 : 175-184.

Suzuki, T. and H. Senou. 2008. Two new species of the gobiid fish genus *Trimma* (Perciformes: Gobioidei) from Southern Japan. Bull. Natl. Mus. Nat. Sci., Ser. A, Suppl., 2: 97-106.

Suzuki, S., K. Toguchi, Y. Makino et al. 2008. Group spawning results from the streaking of small males into a sneaking pair: male alternative reproductive tactics in the threespot wrasse *Halichoeres trimaculatus*. J. Ethol., 26: 397-404.

高木基裕・平田智法・平田しおり・中田 親. 2010. えひめ愛南お魚図鑑. 創風社出版, 愛媛. 250 pp.

Takamoto, G., S. Seki, Y. Nakashima et al. 2003. Protogynous sex change in the haremic triggerfish *Sufflamen chrysopterus* (Tetraodontiformes). Ichthyol. Res., 50: 281-283.

Takegaki, T. 2005. Female egg care subsequent to removal of egg-tending male in a monogamous goby, *Amblygobius phalaena* (Gobiidae). J. Mar. Biol. Ass. U.K., 85: 189-190.

田中秀樹・広瀬慶二・野上欣也ほか. 1990. キジハタの性成熟と性転換. 養殖研究所研究報告, 17: 1-15.

田中三次郎商店. 2023. イラストマー蛍光タグ. https://www.tanaka-sanjiro.com/products/detail/203?PHPSESSID=9njo3fcttvl0qgj483kl8bkrua.

田中洋一. 1999. 飼育下におけるミスジリュウキュウスズメダイ属4種の繁殖習性と卵・仔魚. 東海大学紀要海洋学部, 47: 223-244.

Taru, M., T. Kanda and T. Sunobe. 2002. Alternative mating tactics of the gobiid fish *Bathygobius fuscus*. J. Ethol., 20: 9-12.

Tatarenkov, A., R.L. Earley, B.M. Perlman et al. 2015. Genetic subdivision and variation in selfing rates among Central American populations of the mangrove rivulus, *Kryptolebias marmoratus*. J. Hered., 106: 276-284.

Tatarenkov, A., S.M.Q. Lima and J.C. Avise. 2011. Extreme homogeneity and low genetic diversity in *Kryptolebias ocellatus* from south-eastern Brazil suggest a recent foundation for this androdioecious fish population. J. Fish. Biol., 79: 2095-2105.

Tatarenkov, A., S.M.Q. Lima and D.S. Taylor et al. 2009. Long-term retention of self-fertilization in a fish clade. Proc. Natl. Acad. Sci. U.S.A., 106: 14456-14459.

Taylor, D.S. 2000. Biology and ecology of *Rivulus marmoratus*: new insights and a review. Florida Sci., 63: 242-255.

Taylor, D.S. 2012. Twenty-four years in the mud: what have we learned about the natural history and ecology of the mangrove rivulus, *Kryptolebias marmoratus*? Integr. Comp. Biol., 52: 724-736.

Taylor, R.G., H.J. Grier and J.A. Whittington. 1998. Spawning rhythms of common snook in Florida. J. Fish Biol., 53: 502-520.

Taylor, R.G., J.A. Whittington, H.J. Grier et al. 2000. Age, growth, maturation, and protandric sex reversal in common snook, *Centropomus undecimalis*, from the east and west coasts of south Florida. Fish. Bull., 98: 612-624.

Thompson, V.J., P.L. Munday and G.P. Jones. 2007. Habitat patch size and mating system as determinants of social group size in coral-dwelling fishes. Coral Reefs, 26: 165-174.

Thresher, R.E. 1982. Courtship and spawning in the emperor angelfish *Pomacanthus imperator*, with comments on reproduction by other pomacanthid fishes. Mar. Biol., 70: 149-156.

戸部 博. 2021. アンボレラの花と雌雄性と進化. 植物地理・分類研究, 69: 39-50.

Tobin, A.J., M.J. Sheaves and B.W. Molony. 1997. Evidence of protandrous hermaphroditism in the tropical sparid *Acanthopagrus berda*. J. Fish. Biol., 50: 22-33.

Tokunaga, S., T. Kadota, Y.Y. Watanabe et al. 2022. Idea paper: effects of gonad type and body mass on the time required for sex change in fishe. Ecol. Res., 37: 490-494.

Tomatsu, S., K. Ogiso, K. Fukuda et al. 2018. Multi-male group and bidirectional sex change in the gobiid fish, *Trimma caudomaculatum*. Ichthyol. Res., 65 : 502–506.

Tomlinson, J. 1966. The advantages of hermaphroditism and parthenogenesis. J. Theor. Biol., 11 : 54–58.

Touart, L.W. and S.A. Bortone. 1980. The accessory reproductive structure in the simultaneous hermaphrodite *Diplectrum bivittatum*. J. Fish. Biol., 16 : 397–403.

Tribble, G.W. 1982. Social organization, patterns of sexuality, and behavior of the wrasse *Coris dorsomaculata* at Miyake-jima, Japan. Environ. Biol. Fish., 7 : 29–38.

Tsuboi, M. and Y. Sakai. 2016. Polygamous mating system and protogynous sex change in the gobiid fish *Fusigobius neophytus*. J. Ethol., 34 : 263–275.

Turko, A.J. and P.A. Wright. 2015. Evolution, ecology and physiology of amphibious killifishes (Cyprinodontiformes). J. Fish. Biol., 87 : 815–835.

Turner, B.J., W.P. Davis and D.S. Taylor. 1992. Abundant males in populations of a selfing hermaphrodite fish, *Rivulus marmoratus*, from some Belize cays. J. Fish. Biol., 40 : 307–310.

Turner, B.J., M.T. Fisher, D.S. Taylor et al. 2006. Evolution of 'maleness' and outcrossing in a population of the self-fertilizing killifish, *Kryptolebias marmoratus*. Evol. Ecol. Res., 8 : 1475–1486.

Tuset, V.M., M.M. García-Díaz, J.A. González et al. 2005. Reproduction and growth of the painted comber *Serranus scriba* (Serranidae) of the Marine Reserve of Lanzarote Island (Central-Eastern Atlantic). Estuar. Coast. Shelf Sci., 64 : 335–346.

内田 亨. 1934. 動物の雌雄性. 岩波講座生物学 (増訂版) 第21回配本. 岩波書店, 東京. 132 + iii pp.

Uehara, M., I. Shiono, I. Ohta et al. 2022. Comparative demography of three black seabreams found in the Ryukyu Archipelago: implication for the definition of protandrous hermaphrodites. Environ. Biol. Fish., 105 ; 1617–1642.

Usseglio, P., A.M. Friedlander, E.E. DeMartini et al. 2015. Improved estimates of age, growth and reproduction for the regionally endemic Galapagos sailfin grouper *Mycteroperca olfax* (Jenyns, 1840). PeerJ, 3 : e1270.

van der Walt, B.A. and B.Q. Mann. 1998. Aspects of the reproductive biology of *Sarpa salpa* (Pisces: Sparidae) off the east coast of South Africa. South Afr. J. Zool., 33 : 241–248.

Victor, B.C. 1987. The mating system of the Caribbean rosy razorfish, *Xyrichtys martinicensis*. Bull. Mar. Sci., 40 : 152–160.

Walker, S.P.W. and C.A. Ryen. 2007. Opportunistic hybridization between two congeneric tropical reef fish. Coral Reefs, 26 : 539–539.

Walker, S.P.W. and M.I. McCormick. 2004. Otolith-check formation and accelerated growth associated with sex change in an annual protogynous tropical fish. Mar. Ecol. Prog. Ser., 266 : 201–212.

Walker, S.P.W. and M.I. McCormick. 2009. Sexual selection explains sex-specific growth plasticity and positive allometry for sexual size dimorphism in a reef fish. Proc. R. Soc. B., 276 : 3335–3343.

Warner, R.R. 1975. The adaptive significance of sequential hermaphroditism in animals. Am. Nat., 109 : 61–82.

Warner, R.R. 1978a. The evolution of hermaphroditism and unisexuality in aquatic and terrestrial vertebrates. Pages 77–101 in E.S. Reese and F.J. Lighter, eds. Contrasts in behavior. Wiley, New York.

Warner, R.R. 1978b. Patterns of sex and coloration in the Galapagos wrasses, *Bodianus eclancheri* and *Pimelometopon darwini*. Noticias de Galapagos, 27 : 16–18.

Warner, R.R. 1982. Mating systems, sex change and sexual demography in the rainbow wrasse, *Thalassoma lucasanum*. Copeia, 1982 : 653-661.

Warner, R.R. 1984. Mating behavior and hermaphroditism in coral reef fishes. Am. Sci., 72 : 128-136.

Warner, R.R. 1988. Sex change in fishes: hypotheses, evidence, and objections. Environ. Biol. Fish., 22 : 81-90.

Warner, R.R. 1991. The use of phenotypic plasticity in coral reef fishes as tests of theory in evolutionary ecology. Pages 387-398 in P. Sale, ed. The ecology of coral reef fishes. Academic Press, New York.

Warner, R.R. 2001. Synthesis: Environment, mating systems, and life history allocations in the bluehead wrasse. Pages 227-244 in L.A. Dugatkin, ed. Model systems in behavioral ecology, Princeton University Press, New Jersey.

Warner, R.R. and S.G. Hoffman. 1980. Local population size as a determinant of mating system and sexual composition in two tropical marine fishes (*Thalassoma* spp.). Evolution, 34 : 508-518.

Warner, R.R. and P. Lejeune. 1985. Sex change limited by paternal care: a test using four Mediterranean labrid fishes, genus *Symphodus*. Mar. Biol., 87 : 89-99.

Warner, R.R. and D.R. Robertson. 1978. Sexual patterns in the labroid fishes of the western Caribbean, I: the wrasses (Labridae). Smithson. Contr. Zool., 254 : 1-27.

Warner, R.R., D.R. Robertson and E.G. Leigh. 1975. Sex change and sexual selection. Science, 190 : 633-638.

Warner, R.R. and E.T. Schultz. 1992. Sexual selection and male characteristics in the blue-head wrasse, *Thalassoma bifasciatum*: mating site acquisition, mating site defense, and female choice. Evolution, 46 : 1421-1442.

Warner, R.R. and S.E. Swearer. 1991. Social control of sex change in the blue-head wrasse, *Thalassoma bifasciatum* (Pisces: Labridae). Biol. Bull., 181 : 199-204.

Weeks, S.C. 2012. The role of androdioecy and gynodioecy in mediating evolutionary transitions between dioecy and hermaphroditism in the Animalia. Evolution, 66 : 3670-3686.

Weeks, S.C., C. Benvenuto and S.K. Reed. 2006a. When males and hermaphrodites coexist: a review of androdioecy in animals. Integr. Comp. Biol., 46 : 449-464.

Weeks, S.C., C. Benvenuto, T.F. Sanderson et al. 2010. Sex chromosome evolution in the clam shrimp, *Eulimnadia texana*. J. Evol. Biol., 23 : 1100-1106.

Weeks, S.C., T.F. Sanderson, S.K. Reed et al. 2006b. Ancient androdioecy in the freshwater crustacean *Eulimnadia*. Proc. R. Soc. B, 273 : 725-734.

Weibel, A.C., T.E. Dowling and B.J. Turner. 1999. Evidence that an outcrossing population is a derived lineage in a hermaphroditic fish (*Rivulus marmoratus*). Evolution, 53 : 1217-1225.

Wernerus, F.M. and V. Tessari. 1991. The influence of population density on the mating system of *Thalassoma pavo*, a protogynous Mediterranean labrid fish. Mar. Ecol.-Evol. Persp., 12 : 361-368.

Wiley, J. and C. Pardee. 2023. Life history of the endemic Hawaiian hogfish *Bodianus albotaeniatus*: age, growth, and reproduction. J. Fish Biol., 103 : 443-447.

Williams, G.C. 1966. Adaptation and natural selection: a critique of some current evolutionary thought. Princeton University Press, Princeton. x + 308 pp. (辻 和希 (訳). 2022. 適応と自然選択: 近代進化論批評. 共立出版, 東京. xxvi + 285 pp.).

Wittenrich, M.L. and P.L. Munday. 2005. Bi-directional sex change in coral reef fishes from the family Pseudochromidae: an experimental evaluation. Zool. Sci., 22 : 797-803.

Wong, M.Y.L., C. Fauvelot, S. Planes et al. 2012. Discrete and continuous reproductive tactics in a hermaphroditic society. Anim. Behav., 84 : 897-906.

Wong, M.Y.L., P.L. Munday and G.P. Jones. 2005. Habitat patch size, facultative monogamy and sex change in a coral-dwelling fish, *Caracanthus unipinna*. Environ. Biol. Fish., 74 : 141-150.

Wong, M.Y.L., P.L. Munday, P.M. Buston et al. 2008. Monogamy when there is potential for polygyny: tests of multiple hypotheses in a group-living fish. Behav. Ecol., 19 : 353-361.

矢部 衞・桑村哲生・都木靖彰 (編). 2017. 魚類学. 恒星社厚生閣, 東京. x + 377 pp.

山口 幸. 2015. 海の生き物はなぜ多様な性を示すのか. 共立出版, 東京. ix + 163 pp.

Yamaguchi, S., E.L. Charnov, K. Sawada et al. 2012. Sexual systems and life history of barnacles: a theoretical perspective. Integr. Comp. Biol., 52 : 356-365.

Yamaguchi, S. and Y. Iwasa. 2017. Advantage for the sex changer who retains the gonad of the nonfunctional sex. Behav. Ecol. Sociobiol., 71 : 39.

Yamaguchi, S and Y. Iwasa. 2021. Evolutionary game in an androdioecious population: Coupling of outcrossing and male production. J. Theor. Biol., 513 : 110594.

Yamaguchi, S., S. Seki, K. Sawada et al. 2013. Small and poor females change sex: a theoretical and empirical study on protogynous sex change in a triggerfish under varying resource abundance. J. Theor. Biol., 317 : 186-191.

山口 幸・吉田隆太・遊佐陽一. 2016. サテライトシンポジウム報告「フジツボ類 (蔓脚亜綱) の生物学」. Cancer, 25 : 153-158.

山内信弥. 2008. メヒカリの飼育展示. 海洋と生物, 30 : 770-775.

Yanagisawa, Y. and H. Ochi. 1986. Step-fathering in the anemonefish *Amphiprion clarkii*: A removal study Anim. Behav., 34 : 1769-1780.

Yao, A., M. Nakamura, H. Kohtsuka et al. 2023. Gonadal and cellular dynamics during protogynous sex change in the harlequin sandsmelt *Parapercis pulchella*. J. Fish Biol., 103 : 1347-1356.

Yeung, W.S.B. and S.T.H. Chan. 1987. The gonadal anatomy and sexual pattern of the protandrous sex-reversing fish, *Rhabdosargus sarba* (Teleostei: Sparidae). J. Zool. Lond., 212 : 521-532.

余吾 豊. 1985. 雌性先熟性魚類3種の性成熟と産卵生態に関する研究. 九州大学農学部付属水産実験所報告, 7 : 37-83.

余吾 豊. 1987. 魚類にみられる雌雄同体現象とその進化. 中園明信・桑村哲生 (編), pp. 1-47. 魚類の性転換. 東海大学出版会, 東京.

余吾 豊・中園明信・塚原 博. 1980. ハゲブダイの産卵生態. 九州大学農学部学芸雑誌, 34 : 105-114.

吉田隆太・澤田紘太・為近昌美ほか. 2020. 公開国際シンポジウム報告「フジツボ類の繁殖生物学」. Cancer, 29 : 65-78.

吉川朋子. 2001. サンゴ礁魚類における精子の制約. 桑村哲生・狩野賢司 (編), pp. 1-40. 魚類の社会行動 1. 海游舎, 東京.

Young, J.M., B.G. Yeiser, J.A. Whittington et al. 2020. Maturation of female common snook *Centropomus undecimalis*: implications for managing protandrous fishes J. Fish Biol., 97 : 1317-1331.

遊佐陽一. 2017. フジツボ類にみられる性表現とその多様性. Sessile Organisms, 34 : 13-18.

遊佐陽一. 2022. 配偶様式と性表現——フジツボ類を例として. 京都大学フィールド科学教育研究センター瀬戸臨海実験所創立100周年記念出版編集委員会 (編), pp. 405-416. 海産無脊椎動物多様性学: 100年の歴史とフロンティア. 京都大学学術出版会, 京都.

Yusa, Y., M. Takemura, K. Miyazaki et al. 2010. Dwarf males of *Octolasmis warwickii* (Cirripedia: Thoracica) : the first example of coexistence of males and hermaphrodites in the suborder Lepadomorpha. Biol. Bull., 218 : 259-265.

Yusa, Y., M. Takemura, K. Sawada et al. 2013. Diverse, continuous, and plastic sexual systems in barnacles. Integr. Comp. Biol., 53 : 701-712.

Yusa, Y., S. Yamato, M. Kawamura et al. 2015. Dwarf males in the barnacle *Alepas pacifica* Pilsbry, 1907 (Thoracica, Lepadidae), a symbiont of jellyfish. Crustaceana, 88 : 273-282.

Yusa, Y., M. Yoshikawa, J. Kitaura et al. 2012. Adaptive evolution of sexual systems in pedunculate barnacles. Proc. R. Soc. B, 279 : 959-966.

Zabala, M., A. García-Rubies, P. Louisy et al. 1997a. Spawning behaviour of the Mediterranean dusky grouper *Epinephelus marginatus* (Lowe, 1834) (Pisces: Serranidae) in the Medes Islands Marine Reserve (NW Mediterranean, Spain). Sci. Mar., 61 : 65-77.

Zabala, M., P. Louisy, A. García-Rubies et al. 1997b. Socio-behavioural context of reproduction in the Mediterranean dusky grouper *Epinephelus marginatus* (Lowe, 1834) (Pisces: Serranidae) in the Medes Islands Marine Reserve (NW Mediterranean, Spain). Sci. Mar., 61 : 79-89.

Zohar, Y., M. Abraham and H. Gordin. 1978. The gonadal cycle of the captivity-reared hermaphroditic teleost *Sparus aurata* (L.) during the first two years of life. Ann. Biol. Anim. Bioch. Biophys., 18 : 877-888.

Zorica, B., G. Sinovčić and V.Č. Keč. 2005. Reproductive period and histological analysis of the painted comber, *Serranus scriba* (Linnaeus, 1758), in the Trogir Bay area (eastern mid-Adriatic). Acta Adriat., 46 : 77-82

コラム1

菊池 潔・井尻成保・北野 健（編）2021. 魚類の性決定・性分化・性転換―これまでとこれから. 恒星社厚生閣, 東京. xvi + 242 pp.

Chen, J., H. Chen, C. Peng et al. 2020. A highly efficient method of inducing sex change using social control in the protogynous orange-spotted grouper (*Epinephelus coioides*). Aquaculture, 517 : 734787.

Chen, J., L. Xiao, C. Peng et al. 2019. Socially controlled male-to-female sex reversal in the protogynous orange-spotted grouper, *Epinephelus coioides*. J. Fish Biol., 94 : 414-421.

Miura, S., R. Horiguchi and M. Nakamura. 2008. Immunohistochemical evidence for 11β-hydroxylase (P45011β) and androgen production in the gonad during sex differentiation and in adults in the protandrous anemonefish *Amphiprion clarkii*. Zool. Sci., 25 : 212-219.

Miura, S., Y. Kobayashi, R.K. Bhandari et al. 2013. Estrogen favors the differentiation of ovarian tissues in the ambisexual gonads of anemonefish *Amphiprion clarkii*. J. Exp. Zool. Part A Ecol. Genet. Physiol., 319 : 560-568.

Murata, R., R. Nozu, Y. Mushirobira et al. 2021. Testicular inducing steroidogenic cells trigger sex change in groupers. Sci. Rep., 11 : 11117.

Nakamura, M., T. Kobayashi, X. Chang et al. 1998. Gonadal sex differentiation in Teleost Fish. J. Exp. Zool., 281 : 362-372.

Nakamura, M., S. Miura, R. Nozu et al. 2015. Opposite-directional sex change in functional female protandrous anemonefish, *Amphiprion clarkii*: Effect of aromatase inhibitor on the ovarian tissue. Zool. Lett., 1 : 30.

Paul-Prasanth, B., R.K. Bhandari, T. Kobayashi et al. 2013. Estrogen oversees the maintenance of the female genetic program in terminally differentiated gonochorists. Sci. Rep., 3 : 2862.

コラム2

Arai, H., T. Takamatsu, S. R. Lin et al. 2023. Diverse molecular mechanisms underlying microbe-inducing male killing in the moth *Homona magnanima*. Appl. Environ. Microbiol., 89 : 1-15.

Charlat, S., E. A. Hornett, J. H. Fullard et al. 2007. Extraordinary flux in sex ratio. Science, 317 : 214.

Fujita, R., M. N. Inoue, T. Takamatsu et al. 2021. Late male-killing viruses in *Homona magnanima* identified as Osugoroshi viruses, novel members of Partitiviridae. Front. Microbiol., 11, 620623.

Fukui, T., M. Kawamoto, K. Shoji et al. 2015. The endosymbiotic bacterium *Wolbachia* selectively kills male hosts by targeting the masculinizing gene. PLoS Pathog., 11, e1005048.

Harumoto, T. and B. Lemaitre. 2018. Male-killing toxin in a bacterial symbiont of *Drosophila*. Nature, 557 : 252-255.

Hayashi, M., M. Nomura and D. Kageyama. 2018. Rapid comeback of males: evolution of male-killer suppression in a green lacewing population. Proc. R. Soc. B, 285, 20180369.

Herran, B., T. N. Sugimoto, K. Watanabe et al. 2023. Cell-based analysis reveals that sex-determining gene signals in *Ostrinia* are pivotally changed by male-killing *Wolbachia*. PNAS Nexus, 2, pgac293.

Hornett, E. A., D. Kageyama and G. D. D. Hurst. 2022. Sex determination systems as the interface between male-killing bacteria and their hosts. Proc. R. Soc. B, 289, 20212781.

Hurst, G. and M. Majerus. 1993. Why do maternally inherited microorganisms kill males? Heredity, 71 : 81-95.

Kageyama, D., T. Harumoto, K. Nagamine et al. 2023. A male-killing gene encoded by a symbiotic virus of *Drosophila*. Nat. Comm., 14, 1357.

Kageyama, D., S. Narita and M. Watanabe. 2012. Insect sex determination manipulated by their endosymbionts: incidences, mechanisms and implications. Insects, 3 : 161-199.

Kageyama, D., S. Ohno, S. Hoshizaki et al. 2003. Sexual mosaics induced by tetracycline treatment in the *Wolbachia*-infected adzuki bean borer, *Ostrinia scapulalis*. Genome, 46 : 983-989.

Katsuma, S., K. Hirota, N. Matsuda-Imai et al. 2022. A *Wolbachia* factor for male killing in lepidopteran insects. Nat. Comm., 13, 6764.

Nagamine, K., Y. Kanno, K. Sahara et al. 2023. Male-killing virus in a noctuid moth *Spodoptera litura*. PNAS, 120, e2312124120.

Sugimoto, T. N., T. Kayukawa, T. Shinoda et al. 2015. Misdirection of dosage compensation underlies bidirectional sex-specific death in *Wolbachia*-infected *Ostrinia scapulalis*. Insect Biochem. Mol. Biol., 66 : 72-76.

コラム3

Allsop, D. and S. West. 2004. Sex-ratio evolution in sex changing animals. Evolution, 58 : 1019-1027.

Avise, J. 2011. Hermaphroditism: a primer on the biology, ecology, and evolution of dual sexuality. Columbia University Press, New York. xiv + 256 pp.

Baeza, J.A. 2018. Sexual systems in shrimps (infraorder Caridea Dana, 1852, with special reference to the historical origin and adaptive value of protandric simultaneous hermaphroditism. Pages 269-310 in J.L. Leonard, ed. Transitions between sexual systems: understanding the mechanisms of, and pathways between, dioecy, hermaphroditism and other sexual systems. Springer International Publishing, Cham.

Brook, H.J., T.A. Rawlings, and R.W. Davies. 1994. Protogynous sex change in the intertidal isopod *Gnorimosphaeroma oregonense* (Crustacea: Isopoda). Biol. Bull., 187 : 99-111.

Eppley, S.M. and L.K. Jesson. 2008. Moving to mate: the evolution of separate and combined sexes in multicellular organisms. J. Evol. Biol., 21 : 727-736.

Henshaw, J.M., D.J. Marshall, M.D. Jennions et al. 2014. Local gamete competition explains sex allocation and fertilization strategies in the sea. Am. Nat., 184 : E32-E49.

Highsmith, R.C. 1983. Sex reversal and fighting behavior: coevolved phenomena in a tanaid crustacean. Ecology, 64 : 719-726.

Jarne, P. and J.R. Auld. 2006. Animals mix it up too: the distribution of self-fertilization among hermaphroditic animals. Evolution, 60 : 1816-1824.

Jarvis, G.C., C.R. White and D.J. Marshall. 2022. Macroevolutionary patterns in marine hermaphroditism. Evolution, 76 : 3014-3025.

Kakui, K. and C. Hiruta. 2022. Protogynous hermaphroditism in Crustacea: a new example from Tanaidacea. Can. J. Zool., 100 : 481-487.

Leonard, J.L. 2013. Williams' paradox and the role of phenotypic plasticity in sexual systems. Integr. Comp. Biol., 53 : 671-688.

Leonard, J.L. 2018. The evolution of sexual systems in animals. Pages 1-58 in J.L. Leonard, ed. Transitions between sexual systems: understanding the mechanisms of, and pathways between, dioecy, hermaphroditism and other sexual systems. Springer International Publishing, Cham.

Levy, T., S.L. Tamone, R. Manor et al. 2020. The protandric life history of the Northern spot shrimp *Pandalus platyceros*: molecular insights and implications for fishery management. Sci. Rep., 10 : 1287.

Loya, Y. and K. Sakai. 2008. Bidirectional sex change in mushroom stony corals. Proc. R. Soc. B, 275 : 2335-2343.

Michiels, N.K. 1998. Mating conflicts and sperm competition in simultaneous hermaphrodites. Pages 219-254 in: T.R. Birkhead and A.P. Møller, eds. Sperm competition and sexual selection. Academic Press, London.

Parker, G.A., S.A. Ramm, J. Lehtonen et al. 2018. The evolution of gonad expenditure and gonadosomatic index (GSI) in male and female broadcast-spawning invertebrates. Biol. Rev., 93 : 693-753.

Sawada, K., R. Yoshida, K. Yasuda et al. 2015. Dwarf males in the epizoic barnacle *Octolasmis unguisiformis* and their implications for sexual system evolution. Invertebr. Biol., 134 : 162-167.

Sekizawa, A., S.G. Goto and Y. Nakashima. 2019. A nudibranch removes rival sperm with a disposable spiny penis. J. Ethol., 37 : 21-29.

Weeks, S.C. 2012. The role of androdioecy and gynodioecy in mediating evolutionary transitions between dioecy and hermaphroditism in the Animalia. Evolution, 66 : 3670-3686.

Yasuoka, N. and Y. Yusa, 2017. Direct evidence of bi-directional sex change in natural populations of the oysters *Saccostrea kegaki* and *S. mordax*. Plankton Benthos Res., 12 : 78-81.

コラム4

Kinoshita, E. 1986. Size-sex relationship and sexual dimorphism in Japanese *Arisaema* (Araceae). Ecol. Res., 1：157-171.

Kinoshita, E. 1987. Sex change and population dynamics in *Arisaema* (Araceae) I. *Arisaema serratum* (Thunb.)Schott. Pl. Sp. Biol., 2：15-28.

Maekawa, T. 1924. On the phenomena of sex transition in *Arisaema japonica*. Journal of the College of Agriculture, Hokkaido Imperial University, 13：217-305.

Maekawa, T. 1927. On intersexualism in *Arisaema japonica* Bl. Jpn. J. Bot., 3：205-216.

西沢 徹. 2005. マムシグサ(サトイモ科)における雌雄性のサイズ依存性と花粉流動に関する研究. 金沢大学大学院自然科学研究科 博士学位論文.

Richards, A. J. 1997. Plant breeding systems, second edition. Chapman & Hall, London, UK.

Schaffner, J. H. 1922. Control of the sexual state in *Arisaema triphyllum* and *A. dracontium*. Am. J. Bot., 9：72-78.

Takasu, H. 1987. Life history studies of *Arisaema* (Araceae) I. Growth and reproductive biology of *Arisaema urashima* Hara. Pl. Spec. Biol., 2：29-56.

巻末付表

付表1-1 Kuwamura et al.(2023a)以降, 2024年8月までに報告された機能的雌雄同体魚類.

目 科	種	和名	雌雄同体のタイプ	文献
Aulopiformes ヒメ目				
Alepisauridae ミズウオ科	*Alepisaurus ferox*	ミズウオ	同時的	Bañón et al.,2022
Gobiiformes ハゼ目				
Gobiidae ハゼ科	*Lubricogobius exiguus*	ミジンベニハゼ	双方向	Oyama et al.,2023
	Pleurosicya mossambica	セボシウミタケハゼ	雌性先熟	Oyama et al.,2024
	Trimma capostriatum	–	双方向	Goldsworthy et al.,2022
	Trimma yanoi	ホテイベニハゼ	双方向	Goldsworthy et al.,2022
Cyprinodontiformes カダヤシ目				
Rivulidae	*Millerichthys robustus*	–	雌性先熟	Domínguez-Castanedo et al.,2022
Trachiniformes ワニギス目				
Pinguipedidae トラギス科	*Parapercis pulchella*	トラギス	雌性先熟	Yao et al.,2023
Labriformes ベラ目				
Labridae ベラ科	*Bodianus albotaeniatus*		雌性先熟	Wiley and Pardee,2023
	Choerodon cephalotes		雌性先熟	Fairclough et al.,2023
Perciformes スズキ目				
Serranidae (Epinephelinae)	*Cephalopholis sonnerati*	アザハタ	雌性先熟	Mohan et al. 2023
	Epinephelus bilobatus	–	雌性先熟	Boddington et al.,2023
ハタ科ハタ亜科	*Epinephelus itajara*	–	雌性先熟	Murie et al.,2023
	Variola albimarginata	オジロバラハタ	雌性先熟	Seiwa et al. 2024
	Variola louti	バラハタ	雌性先熟	Schemmel and Dahl,2023
Cirrhitidae ゴンベ科	*Paracirrhites forsteri*	ホシゴンベ	雌性先熟	Kadota et al. 2024b
Spariformes タイ目				
Sparidae タイ科	*Acanthopagrus chinshira*	オキナワキチヌ	雄性先熟	Uehara et al.,2022
	Acanthopagrus sivicolus	ミナミクロダイ	雄性先熟	Uehara et al.,2022
	Spicara flexuosa	–	雌性先熟	Kutsyn,2023

索 引

＜アルファベット＞

11ケトテストステロン（11KT） ………… 64, 66
AGS ……………………………………………… 30
doublesex（*dsx*）遺伝子 ……………………… 93
E2　➡雌性ホルモン
ERS配偶 ………………… 73, 74, 78, 85, 91
ESS ……………………………………………… 22
　　──モデル ……………………… 123, 132
facultative monogamy …………… 114, 167
GI（gonad index） …………………………… 211
GPS ……………………………………………… 198
GSI（gonad somatic index） ……………… 211
initial phase（IP） ……………… 120, 174, 212
Spaid ……………………………………………… 94
terminal phase（TP） ………… 120, 174, 212
TIS細胞 ………………………………… 65, 66
Ts（time required for sex change） …… 158

＜あ行＞

一次雄 … 47, 72, 115, 116, 118, 120, 174, 177, 200, 212
一次雌 ……………………………………………… 72
一夫一妻 …… 1, 26, 27, 29, 30, 73, 86, 89, 90, 91, 114, 116, 117, 120, 136, 148, 159, 165, 167, 168, 172, 176, 187, 189, 206
一夫多妻 …… 1, 23, 25, 26, 30, 57, 74, 80, 86, 89, 97, 101, 111, 114, 119, 120, 124, 148, 155, 164, 167, 169, 172, 189, 199, 201

遺伝子量補償システム …………………………… 93
遺伝的系統 ……………………………………… 47
移動リスク仮説 ………………………… 162, 177
イラストマー蛍光タグ ………… 79, 189, 209
隠蔽的独身性転換 ………… 131, 171, 176
ウィリアムズのパラドックス ………………… 61
エストラジオール　➡雌性ホルモン
　　──17β（E2）　➡雌性ホルモン
オイゲノール（クローブオイル） …………… 187
雄蕊 …………………………………………… iv, 3
雄間競争 …………………… 88, 112, 123, 129
雄殺し …………………………………………… 93
雄存在下の性転換 …… 108, 125, 129, 135
雄単型（雄単形） ………… 72, 116, 200, 213
雄二型（雄二形） ……… 72, 98, 116, 174, 212
雄花 ………………………………… 3, 42, 182
温度依存型性決定 …………………………… 64
温度ストレス …………………………………… 64

＜か行＞

拡張型体長有利性モデル …… 123, 155, 158
花粉媒介者制約 ……………………………… 181
擬似産卵 ………………………………… 26, 189
機能的雌雄同体 ……………… iii, 5, 51, 149
逆方向性転換 ………… 1, 3, 15, 26, 28, 114, 143, 144, 147, 149, 154, 158, 162, 164, 167, 168, 170, 172, 176
　　──に関する低密度仮説 … 27, 167, 168, 171, 172
球茎 ……………………………………………… 179

索引 | 253

共生ウイルス ……………………… 94

共生細菌 …………………………… 93

共存型ハレム ……………………… 107

局所精子競争 ……………………… 40

局所配偶競争 ……………………… 40

局所配偶子競争 …………… 40, 145

近交弱勢 ……………… 48, 49, 182

グループ産卵 ……… 112, 120, 174, 177

クローブオイル　➡オイゲノール

経時的雌雄同体 ……… 1, 4, 22, 24, 29, 31, 33, 34, 39, 53, 56, 59, 60, 62, 144, 147, 177, 182

系統関係 ………………… 18, 51, 61

系統群 …………… 43, 53, 58, 62, 144

結実率 ……………………………… 181

月例採集 …………… 75, 83, 200, 210

後継性転換 …… 124, 129, 130, 134, 137, 140

行動圏 …… 77, 81, 84, 90, 101, 110, 128, 163, 170, 195, 196, 198, 205

──重複型ハレム …… 107, 109, 124, 128, 130, 132, 136

行動生態学 ……… iii, 20, 22, 34, 39, 187

交尾器 ……………………………… 20

個体識別 ……… 77, 81, 84, 185, 187, 188, 196, 205, 209, 210

固着生活 …………………………… 182

コルチゾル ………………………… 64

混合交配 ………………………… 39, 48

混在型（生殖腺）…………… 115, 158

痕跡的雌雄同体 …………………… 5

＜さ行＞

サイズ有利性仮説　➡体長有利性説

サブハレム ………………………… 56

三性異株 …………………………… 42

三性異体 …………… 41, 42, 59, 60

産卵移動 …………… 110, 113, 197

産卵集合 …………………………… 114

自家受精 …… 22, 30, 39, 44, 47, 48, 50, 59, 60

自殖 ………………………………… 182

雌性先熟 ……………………… iii, 97

雌性ホルモン ………… 28, 63, 64, 66

雌性両性異体 …………… 41, 42, 144

雌性両全性異株 …………………… 42

耳石 ………………… 46, 83, 211

死亡率 ………… 120, 129, 130, 174, 176

社会行動 ………… 107, 134, 196, 205

社会的性決定 …………………… 1, 24

社会順位 ………………… 80, 86, 97

収穫逓減 …… 39, 41, 44, 53, 54, 58, 145

雌雄（異花）同株 …………… 42, 182

順位関係（優劣順位）…… 25, 89, 124, 137

順方向性転換 …………… 147, 149, 155, 158

生涯雄 ………………………… 23, 24

生涯繁殖成功 …… 23, 73, 97, 119, 135, 181

生涯雌 ……………… 23, 24, 123

進化経路 ………………… 31, 51, 172

進化的移行 …………… 61, 62, 101, 144

進化的に安定 …………… 50, 54, 58, 61

──な戦略（ESS）………………… 22

進化論 ……………………… 20, 22

ストリーキング ……… 55, 56, 85, 112, 116, 119, 120, 123, 174, 210

ストレス ……………… 50, 64, 179

スニーキング ……… 74, 112, 116, 155, 174, 177, 210

生活史戦略モデル …………… 23, 97, 171

性型の転換 ……………………… 179

性決定遺伝子 ……………………… 63, 66
性決定関連遺伝子 ………………………… 93
精原細胞 ……………………………………… 83
精細胞 ……………………………………… 3, 5
精子競争・精子間競争 ……… 22, 24, 55, 58, 73, 117, 123, 155
成熟前性転換 …………………………… 117, 118
生殖腺重量指数(GSI) ………… 76, 84, 211
生殖腺熟度指数(GI) …………………… 211
生殖突起 …………… 14, 20, 170, 187, 188
性染色体 ……………………………………… 93
生存率 ………………… 3, 23, 50, 171
成長有利性説 ………… 29, 160, 162, 176
成長率 …… 29, 82, 84, 92, 120, 123, 130, 160, 171
性的二型 …………… 45, 111, 154, 195
性転換の社会的調節 …… 25, 30, 56, 124, 135, 136, 143, 147, 159, 168
性転換プロセス …… 25, 26, 28, 100, 109, 128, 137
性淘汰 …………………………………… 45
性配分 ……………………… 41, 55, 58
性比閾値仮説 ……………………………… 134
性ホルモン ……………… 63, 93, 118, 137
双方向性転換 ……………………… iii, 147

<た行>
体サイズ構成モデル ……………………… 89
体長差の原則 ……………………… 25, 108
体長調和一夫一妻 …… 1, 28, 86, 92, 101, 114, 116, 120, 149, 160, 176
体長調和配偶 ………………… 24, 29, 160
体長有利性説 …… iv, 1, 22, 24, 29, 60, 67, 73, 74, 86, 89, 91, 119, 120, 147, 148, 163, 176, 181

他家受精 ………… 39, 47, 48, 50, 60
抵抗性遺伝子 ……………………………… 95
低密度説 …… iv, 1, 22, 30, 39, 41, 44, 48, 144
適応度 …… iii, 18, 20, 22, 40, 49, 95, 120, 181
同時雌雄同体 ……………………………… 33
同時的雌雄同体 ………………………… iii, 33
同性間競争 ……………………… 86, 88
独身雄 … 27, 97, 128, 130, 160, 167, 168, 170
独身化成長戦術 ………………………… 172
独身性転換 … 128, 130, 132, 142, 170, 172
独身雌 ……………………………… 90, 160
共食い ……………………………………… 95

<な行>
なわばり型ハレム ……… 108, 128, 130, 133
なわばり訪問型複婚 … 101, 111, 112, 115, 116, 117, 118, 123, 128, 130, 141, 142, 149, 154, 174, 176, 177, 197, 209, 213
二次雄 … 47, 72, 115, 116, 118, 120, 174, 212
二次雌 ……………………………………… 72
脳下垂体 ……………………… 26, 65

<は行>
配偶者選択 ……… 67, 72, 89, 91, 92, 112, 113, 141
早手回しの性転換 …………… 125, 129, 132
ハレム型一夫多妻 … 25, 74, 89, 101, 113, 114, 116, 119, 135, 149, 154, 162, 165, 167, 168, 172, 176, 195, 197, 209
ハレム引っ越し戦術 ……………… 135, 136
ハレム分割性転換 ……… 128, 132, 134, 168

索引 | 255

繁殖価 ……………… 161, 163, 176
非体長調和一夫一妻 ……………… 86, 91
複合ハレム ……………………… 56
複雄群 …………… 110, 134, 149, 154, 171
分割型ハレム ……………………… 108
分子進化の中立説 ………………… 18
分離型(生殖腺) ………… 56, 158, 172
ヘテロ接合度 ………………… 47, 50
捕食圧・捕食リスク …… 74, 88, 90, 113, 177

＜ま行＞

未受精(卵) ………………… 48, 139
無性生殖 ………………………… 2
群れ産卵 …… 24, 73, 85, 115, 149, 199, 200, 212, 213
雌蕊 ……………………… iv, 3
雌間競争 ……………………… 87, 88
雌単型(雌単形) ………………… 72
雌二型(雌二形) ………………… 72
雌花 …………………… 3, 42, 182

＜や行＞

有性生殖 ………………… 1, 2, 39
雄性先熟 ……………………… iii, 67
雄性ホルモン ……………… 63, 64
雄性両性異体 …… 33, 41, 42, 46, 48, 50, 53, 55, 56, 58, 61, 62, 144
雄性両全性異株 ……………… 41
優劣関係 ………… 107, 124, 136, 155
幼時雌雄同体 ……………… 44

＜ら行＞

卵精巣 ……………………… 47, 60
卵巣腔 ……………………… 115
ランダム配偶 ……… 23, 27, 28, 31, 72, 75,

78, 81, 85, 86, 89, 90
卵の取引 ……………… 52, 54, 58, 60
卵保護 ……… 27, 29, 30, 91, 92, 111, 137, 141, 160, 206
卵母細胞 ……………… 66, 78, 83
両性花 ……………… iv, 3, 42, 182
両性生殖腺
 …… 5, 30, 56, 65, 78, 98, 118, 187, 211
隣接的雌雄同体 ➡継時的雌雄同体
連続的単婚 ……………………… 54

＜わ行＞

矮小化 ……………………… 46
矮雄 ……………………… 42

生物名索引

＜A＞

Amphiprion akallopisos …… 85, 86, 88, 90
 A. bicinctus ……………… 27, 85
 A. melanopus ………………… 86
 A. percula ………………… 86

＜B＞

Bodianus eclancheri ……………… 118
 B. rufus ……………………… 107
Bullisichthys caribbaeus ……………… 53

＜C＞

Centropyge potteri ……… 107, 132, 133
Cephalopholis fulva ………………… 115
 C. hemistiktos ………………… 114
Clepticus parrae ………………… 115
Coryphopterus glaucofraenum ……… 111

\<D\>

Dascyllus carneus 109
　D. flavicaudus 109
　D. marginatus 109

\<E·F·G\>

Epinephelus adscensionsis 115
　E. guttatus 115
Filimanus heptadactyla 59
Genicanthus caudovittatus 110

\<H·K\>

Holacanthus tricolor 107, 125, 132, 134
Kryptolebias brasiliensis 51
　K. hermaphroditus 51
　K. ocellatus 51, 61

\<L\>

Labrus bergylta 118
　L. mixtus 118
Lates calcarifer 84
Lythrypnus dalli 111

\<M·N\>

Malacanthus plumieri 108
Mycteroperca microlepis 115
　M. phenax 115
Notolabrus celidotus 118, 119, 128

\<P\>

Pagrus ehrenbergii 118
　P. pagrus 118
Parapercis hexophtalma 108
Polydactylus macrochir 91
Pseudogramma gregoryi 53

Pseudoplesiops howensis 59

\<S\>

Satanoperca jurupari 59
Scarus iseri 113, 115
　S. vetula 113
Serranus psittacinus 55, 56, 58
Sparisoma cretense 118
　S. radians 113, 120, 128, 142
Symphodus ocellatus 74

\<T·X\>

Thallasoma duperry 211
Trimma nasa 173
Xyrichtys martinicensis 108, 125, 133
　X. novacula 108

\<あ行\>

アオメエソ 34, 44
アカオビハナダイ 198
アカネダルマハゼ 114
アカハタ 64
アカハラヤッコ 107, 132, 134, 136, 149, 154, 165, 168, 172, 189
アセウツボ 59
アネサゴチ 74
アブラヤッコ 107, 125, 128, 132
イシヨウジ 206
イソフエフキ 118
イチモンジハゼ 162, 164, 165, 167
イトヒキベラ 118, 205
イトヒキマメハタ 53
イネゴチ 74
イラ 200
ウスバノドグロベラ 133

索引 | 257

オオイトヒキイワシ ……………………… 44
オオスジイシモチ ……………………… 205
オキゴンベ ………………………………… 148
オキナワベニハゼ ……… 128, 131, 136, 148,
149, 155, 162, 164, 167, 170, 172
オトメベラ ………………………………… 200
オニベニハゼ …………………………… 201
オハグロベラ ………………… 200, 209, 211

<か行>
カクレクマノミ ………… 28, 86, 87, 89, 136
カザリキュウセン …………………… 113, 142
カスリモヨウベニハゼ ………………… 173
カノコベラ ………………………………… 194
カミナリベラ ………………… 209, 212, 213
キイロサンゴハゼ ……………………… 114
キジハタ …………………………………… 148
ギチベラ …………………………………… 113
キュウセン …………………………… 118, 213
キンギョハナダイ ……… 110, 133, 134, 135
クエ ………………………………… 143, 154
クマノミ … 31, 65, 66, 85, 86, 88, 90, 141,
200, 205
クモゴチ …………………………………… 74
クモハゼ …………………………………… 74
クレナイニセスズメ …………………… 169
クロダイ …………………………………… 65
クロハコフグ ………………………… 195, 197
ケサガケベラ …………………………… 115
コウライトラギス ……… 108, 118, 128, 130,
131, 205
コガシラボウエンギョ ………………… 44
コクテンベンケイハゼ ………………… 161

<さ行>
サビウツボ ………………………………… 59
サラサゴンベ …… 108, 133, 162, 163, 164,
167, 168, 169, 172, 174, 194
サンカクハゼ ………………… 111, 117, 137, 195
シロクラベラ …………………………… 134
スジアラ …………………………………… 115
スジブダイ ………………………………… 194
セジロクマノミ …………………………… 86
セレベスゴチ ………………… 75, 78, 80, 81
ソメワケヤッコ …… 107, 125, 128, 129, 132,
133

<た行>
タイワンアゴナシ ………………………… 59
タウナギ …………………………………… 111
タテジマヤッコ …………………………… 110
ダテハゼ …………………………………… 202
タバコフィッシュ ………………………… 54
ダルマハゼ …… 24, 28, 89, 91, 114, 120,
148, 159, 160, 162, 172, 187, 188, 189
ダンダラトラギス ………………………… 108, 133
チャイロマルハタ ………………… 64, 154
チョークバス ……………………… 54, 55
ツマジロモンガラ ……… 109, 132, 137, 189
トウアカクマノミ ………………………… 86
トカゲゴチ ………………… 74, 75, 77, 78
トサヤッコ ………………………………… 110

<な行>
ナガシメベニハゼ ………………… 155, 201
ナガヅエエソ ……………………………… 44
ナガニザ …………………………………… 194
ナミハタ …………………………………… 115
ナメラヤッコ ………………… 107, 139

ニシキベラ ························· 209, 212, 213
ネジリンボウ ······························ 202

＜は行＞
ハーレクインバス ··························· 58
ハナビラクマノミ ····················· 86, 89
ハマクマノミ ························· 85, 89
ハマフエフキ ···························· 118
ヒトスジタマガシラ ····················· 118
ヒメゴンベ ····························· 108
ヒラベラ ······························ 108
フタイロサンゴハゼ ····················· 114
フタスジリュウキュウスズメダイ ····· 109, 110,
111, 128, 131, 132, 133, 135, 141, 164,
167, 170, 172, 195
ブラックハムレット ······················ 54
ブルーヘッドラス ········ 113, 117, 118, 120,
128, 130, 140, 142
ベニゴンベ ····························· 109
ベニサシコバンハゼ ······ 114, 120, 161, 162
ボウエンギョ ····························· 44
ホシゴンベ ···················· 113, 118, 194
ホホワキュウセン ······················· 108
ホンソメワケベラ ········ 25, 26, 28, 30, 107,
108, 124, 132, 135, 136, 139, 140, 141,
149, 155, 165, 167, 168, 169, 172, 174,
189, 205
ホンベラ ···················· 118, 209, 212, 213

＜ま行＞
マゴチ ···················· 75, 82, 83, 84, 85
マングローブキリフィッシュ ··· 46, 47, 48, 49,
50, 51, 59, 60
ミジンベニハゼ ···················· 30, 31, 178
ミスジリュウキュウスズメダイ ········· 74, 109,

137, 169, 172, 189
ミツバモチノウオ ······················· 113
ミツボシキュウセン ········ 118, 143, 149, 174
ミナミゴンベ ··························· 108
メガネモチノウオ ··················· 113, 115
メゴチ ································· 74

＜や行＞
ヤイトヤッコ ··························· 110
ヤシャベラ ····························· 115
ユカタハタ ····························· 108
ヨーロッパヘダイ ····················· 74, 85
ヨスジリュウキュウスズメダイ ············· 109
ヨダレカケ ····························· 194

＜ら行＞
ランタンバス ························· 55, 61
リュウキュウニセスズメ ··················· 154
レンテンヤッコ ················ 107, 125, 128

索引 ｜ 259

執筆者紹介

編著者

桑村哲生（くわむら　てつお）　1章，6章1
1950 年生まれ　理学博士
京都大学大学院理学研究科博士課程修了
中京大学 名誉教授
著書：「魚類の性転換」東海大学出版会（共編著），「子育てする魚たち―性役割の起源を探る」海游舎，「性転換する魚たち―サンゴ礁の海から」岩波新書，「魚類の繁殖戦略 1，2」海游舎（共編著），「魚類の社会行動 1」海游舎（共編），「魚類行動生態学入門」東海大学出版会（共編著），「サンゴ礁を彩るブダイ―潜水観察で謎をとく」恒星社厚生閣，「魚類学」恒星社厚生閣（共編著）ほか

著者

澤田紘太（さわだ　こうた）　2章，コラム3
1986 年生まれ　理学博士
総合研究大学院大学先導科学研究科 5 年一貫博士課程修了
国立研究開発法人水産研究・教育機構 水産資源研究所 主任研究員

須之部友基（すのべ　ともき）　3章，6章3, 5
1957 年生まれ　農学博士
九州大学大学院農学研究科博士課程修了
東京海洋大学 水圏科学フィールド教育研究センター館山ステーション 元教授

坂井陽一（さかい　よういち）　4章，6章2, 4
1968 年生まれ　理学博士
大阪市立大学大学院理学研究科博士課程修了
広島大学大学院 統合生命科学研究科 教授

門田　立（かどた　たつる）　5章，6章2
1979 年生まれ　農学博士
広島大学大学院生物圏科学研究科博士課程後期修了
国立研究開発法人水産研究・教育機構 水産技術研究所 主任研究員

小出佑紀（こいで　ゆうき）　6章2

1992年生まれ　農学博士
広島大学大学院生物圏科学研究科博士課程後期修了
国立研究開発法人水産研究・教育機構 水産技術研究所 研究員

出羽慎一（でわ　しんいち）　6章3

1969年生まれ　水産学修士
鹿児島大学大学院水産学研究科修士課程修了
ダイビングサービス海案内

大西信弘（おおにし　のぶひろ）　6章4

1966年生まれ　理学博士
大阪市立大学大学院理学研究科博士課程単位取得退学
京都先端科学大学 バイオ環境学部 教授

奥田　昇（おくだ　のぼる）　6章4

1969年生まれ　理学博士
京都大学大学院理学研究科博士課程修了
神戸大学内海域環境教育センター 教授

村田良介（むらた　りょうすけ）　コラム1

1985年生まれ　理学博士
琉球大学大学院理工学研究科博士課程修了
長崎大学 海洋未来イノベーション機構 准教授

陰山大輔（かげやま　だいすけ）　コラム2

1973年生まれ　農学博士
東京大学大学院農学生命科学研究科博士課程修了
国立研究開発法人農業・食品産業技術総合研究機構 生物機能利用研究部門 グループ長補佐

山口　幸（やまぐち　さち）　コラム3

1982年生まれ　理学博士
奈良女子大学大学院人間文化研究科博士後期課程修了
東京女子大学 現代教養学部数理科学科 特任講師

西沢　徹（にしざわ　とおる）　コラム4

1972年生まれ　理学博士
金沢大学大学院自然科学研究科博士後期課程修了
福井大学学術研究院 教育・人文社会系部門教員養成領域 教授

| JCOPY | ＜出版者著作権管理機構 委託出版物＞

本書の無断複製は著作権法上での例外を除き禁じられています。複製される場合は、そのつど事前に、出版者著作権管理機構（電話 03-5244-5088、FAX 03-5244-5089、e-mail: info@jcopy.or.jp）の許諾を得てください。

魚類の雌雄同体と配偶システム

桑村哲生 編著／澤田紘太・須之部友基・坂井陽一・門田 立 著

2024 年 11 月 15 日　初版 1 刷発行

発行者　　　　片岡　一成
印刷・製本　　株式会社シナノ
発行所　　　　株式会社恒星社厚生閣
　　　　　　　〒160-0008　東京都新宿区四谷三栄町 3 番 14 号
　　　　　　　TEL　03（3359）7371（代）
　　　　　　　FAX　03（3359）7375
　　　　　　　http://www.kouseisha.com/

ISBN978-4-7699-1711-3 C3045
ⓒ Tetsuo Kuwamura, Kota Sawada, Tomoki Sunobe, Yoichi Sakai and Tatsuru Kadota, 2024

（定価はカバーに表示）

魚類学

矢部　衞・桑村哲生・都木靖彰 編

魚類研究の基本的な事柄を一冊に凝縮。『魚学入門』に続く魚類学の教科書。
●A5判・388頁・定価4,950円（税込）

もっと知りたい! 海の生きものシリーズ 2

サンゴ礁を彩るブダイ－潜水観察で謎を解く

桑村哲生 著

サンゴ礁の魚、ブダイの生態を潜水観察を通じて明らかにする。
●A5判・104頁・フルカラー・定価1,870円（税込）

LGBTQ＋ 性の多様性はなぜ生まれる?
－生物学的・医学的アプローチ

小林牧人 著／小澤一史 監修

ヒトの性の多様性があるのはなぜか?　自然科学の観点から脳の性分化をもとに解説。
●四六判・138頁・定価2,420円（税込）

耳石が語る魚の生い立ち－雄弁な小骨の生態学

片山知史 著

水産分野で幅広く用いられる耳石。輪紋や形状など耳石の基本から解説。
●A5判・114頁・ 定価2,200円（税込）

【オンデマンド版】 e-水産学シリーズ 2

魚類の性決定・性分化・性転換－これまでとこれから

菊池 潔・井尻成保・北野 健 編

多様な性様式を示す魚類において、性の研究に絞って水産増養殖への応用まで探る。
●A5判・258頁・電子書籍:定価2,640円（税込）、書籍:定価11,000円（税込）

増補改訂版 魚類生理学の基礎

会田勝美・金子豊二 編

進展著しい魚類生理学の新知見をもとに大改訂。大学等のテキストとして最適。
●B5判・260頁・定価4,180円（税込）

魚類生態学の基礎

塚本勝巳 編

幅広い魚類生態学を概論、方法論、各論に分けて解説。大学等のテキストに最適。
●B5判・320頁・ 定価4,950円（税込）

恒星社厚生閣